住房和城乡建设领域专业人员岗位培训考核系列用书

质量员专业管理实务
（市政工程）

（第二版）

江苏省建设教育协会　组织编写

中国建筑工业出版社

图书在版编目（CIP）数据

质量员专业管理实务（市政工程）/江苏省建设教育
协会组织编写. —2 版. —北京：中国建筑工业出版
社，2016.7
　住房和城乡建设领域专业人员岗位培训考核系列
用书
　ISBN 978-7-112-19631-9

　Ⅰ. ①质… Ⅱ. ①江… Ⅲ. ①建筑工程-质量管
理-岗位培训-教材②市政工程-质量管理-岗位培训-教
材 Ⅳ. ①TU712

中国版本图书馆 CIP 数据核字（2016）第 182922 号

本书作为《住房和城乡建设领域专业人员岗位培训考核系列用书》中的一本，
依据《建筑与市政工程施工现场专业人员职业标准》JGJ/T 250—2011、《建筑与
市政工程施工现场专业人员考核评价大纲》及全国住房和城乡建设领域专业人员
岗位统一考核评价题库编写。全书共 9 章，内容包括：工程质量管理的基本知识，
施工质量计划的内容和编制方法，工程质量控制的方法，施工质量控制点，市政
工程主要材料的质量评价，施工试验的内容、方法和判断标准，市政工程质量检
查、验收、评定，工程质量问题的分析、预防与处理方法，质量资料的收集、整
理、编写。

本书既可作为市政施工质量员岗位培训考核的指导用书，又可作为施工现场
相关专业人员的实用工具书，也可供职业院校师生和相关专业人员参考使用。

责任编辑：张伯熙　刘　江　岳建光　范业庶
责任校对：李欣慰　姜小莲

住房和城乡建设领域专业人员岗位培训考核系列用书
质量员专业管理实务（市政工程）（第二版）
江苏省建设教育协会　组织编写

*

中国建筑工业出版社出版、发行（北京西郊百万庄）
各地新华书店、建筑书店经销
霸州市顺浩图文科技发展有限公司制版
北京建筑工业印刷厂印刷

*

开本：787×1092 毫米　1/16　印张：17½　字数：424 千字
2016 年 9 月第二版　　2016 年 9 月第五次印刷
定价：48.00 元
ISBN 978-7-112-19631-9
（28772）

住房和城乡建设领域专业人员岗位培训考核系列用书

编审委员会

主　任：宋如亚

副主任：章小刚　戴登军　陈　曦　曹达双

　　　　漆贯学　金少军　高　枫

委　员：王宇旻　成　宁　金孝权　张克纯

　　　　胡本国　陈从建　金广谦　郭清平

　　　　刘清泉　王建玉　汪　莹　马　记

　　　　魏僡燕　惠文荣　李如斌　杨建华

　　　　陈年和　金　强　王　飞

出版说明

为加强住房和城乡建设领域人才队伍建设，住房和城乡建设部组织编制并颁布实施了《建筑与市政工程施工现场专业人员职业标准》JGJ/T 250—2011（以下简称《职业标准》），随后组织编写了《建筑与市政工程施工现场专业人员考核评价大纲》（以下简称《考核评价大纲》），要求各地参照执行。为贯彻落实《职业标准》和《考核评价大纲》，受江苏省住房和城乡建设厅委托，江苏省建设教育协会组织了具有较高理论水平和丰富实践经验的专家和学者，编写了《住房和城乡建设领域专业人员岗位培训考核系列用书》（以下简称《考核系列用书》），并于2014年9月出版。《考核系列用书》以《职业标准》为指导，紧密结合一线专业人员岗位工作实际，出版后多次重印，受到业内专家和广大工程管理人员的好评，同时也收到了广大读者反馈的意见和建议。

根据住房和城乡建设部要求，2016年起将逐步启用全国住房和城乡建设领域专业人员岗位统一考核评价题库，为保证《考核系列用书》更加贴近部颁《职业标准》和《考核评价大纲》的要求，受江苏省住房和城乡建设厅委托，江苏省建设教育协会组织业内专家和培训老师，在第一版的基础上对《考核系列用书》进行了全面修订，编写了这套《住房和城乡建设领域专业人员岗位培训考核系列用书（第二版）》（以下简称《考核系列用书（第二版）》）。

《考核系列用书（第二版）》全面覆盖了施工员、质量员、资料员、机械员、材料员、劳务员、安全员、标准员等《职业标准》和《考核评价大纲》涉及的岗位（其中，施工员、质量员分为土建施工、装饰装修、设备安装和市政工程四个子专业）。每个岗位结合其职业特点以及培训考核的要求，包括《专业基础知识》、《专业管理实务》和《考试大纲·习题集》三个分册。

《考核系列用书（第二版）》汲取了第一版的优点，并综合考虑第一版使用中发现的问题及反馈的意见、建议，使其更适合培训教学和考生备考的需要。《考核系列用书（第二版）》系统性、针对性较强，通俗易懂，图文并茂，深入浅出，配以考试大纲和习题集，力求做到易学、易懂、易记、易操作。既是相关岗位培训考核的指导用书，又是一线专业岗位人员的实用工具书；既可供建设单位、施工单位及相关高职高专、中职中专学校教学培训使用，又可供相关专业人员自学参考使用。

《考核系列用书（第二版）》在编写过程中，虽然经多次推敲修改，但由于时间仓促，加之编著水平有限，如有疏漏之处，恳请广大读者批评指正（相关意见和建议请发送至JYXH05@163.com），以便我们认真加以修改，不断完善。

本书编写委员会

主　　编：任　强

副 主 编：严家友　许琼鹤

编写人员：汪　莹　金广谦

　　　　　顾正华　刘　勤

第二版前言

根据住房和城乡建设部的要求，2016 年起将逐步启用全国住房和城乡建设领域专业人员岗位统一考核评价题库，为更好贯彻落实《建筑与市政工程施工现场专业人员职业标准》JGJ/T 250—2011，保证培训教材更加贴近部颁《建筑与市政工程施工现场专业人员考核评价大纲》的要求，受江苏省住房和城乡建设厅委托，江苏省建设教育协会组织业内专家和培训老师，在《住房和城乡建设领域专业人员岗位培训考核系列用书》第一版的基础上进行了全面修订，编写了这套《住房和城乡建设领域专业人员岗位培训考核系列用书（第二版）》（以下简称《考核系列用书（第二版）》），本书为其中的一本。

质量员（市政工程）培训考核用书包括《质量员专业基础知识（市政工程）》（第二版）、《质量员专业管理实务（市政工程）》（第二版）、《质量员考试大纲·习题集（市政工程）》（第二版）三本，反映了国家现行规范、规程、标准，并以国家质量检查和验收规范为主线，不仅涵盖了现场质量检查人员应掌握的通用知识、基础知识、岗位知识和专业技能，还涉及新技术、新设备、新工艺、新材料等方面的知识。

本书为《质量员专业管理实务（市政工程）》（第二版）分册，全书共 9 章，内容包括：工程质量管理的基本知识，施工质量计划的内容和编制方法，工程质量控制的方法，施工质量控制点，市政工程主要材料的质量评价，施工试验的内容、方法和判断标准，市政工程质量检查、验收、评定，工程质量问题的分析、预防与处理方法，质量资料的收集、整理、编写。

本书既可作为质量员（市政工程）岗位培训考核的指导用书，又可作为施工现场相关专业人员的实用工具书，也可供职业院校师生和相关专业人员参考使用。

第一版前言

为贯彻落实住房城乡建设领域专业人员新颁职业标准，受江苏省住房和城乡建设厅委托，江苏省建设教育协会组织编写了《住房和城乡建设领域专业人员岗位培训考核系列用书》，本书为其中的一本。

质量员（市政工程）培训考核用书包括《质量员专业基础知识（市政工程）》、《质量员专业管理实务（市政工程）》、《质量员考试大纲·习题集（市政工程）》三本，反映了国家现行规范、规程、标准，并以国家质量检查和验收规范为主线，不仅涵盖了现场质量检查人员应掌握的通用知识、基础知识和岗位知识，还涉及新技术、新设备、新工艺、新材料等方面的知识。

本书为《质量员专业管理实务（市政工程）》分册。全书共分8章，内容包括：城市道路工程施工；城市桥梁工程施工；城市管道工程施工；城市轨道交通与隧道工程施工；城市道路工程质量验收标准；城市桥梁工程质量验收标准；城市管道工程质量验收标准；城市轨道交通与隧道工程质量验收标准。本书中黑体字为强制性条文。

本书既可作为质量员（市政工程）岗位培训考核的指导用书，又可作为施工现场相关专业人员的实用手册，也可供职业院校师生和相关专业技术人员参考使用。

目　　录

第1章　工程质量管理的基本知识

1.1　工程质量管理

按照国际标准化组织的定义，质量是指一组固有特性满足要求的程度。质量是由一组固有特性组成，这些固有特性是指满足顾客和其他相关方的要求的特性，并以满足要求的程度进行表征。

1.1.1　工程质量管理的概念

质量管理是指"确定质量方针、目标和职责并在质量体系中通过诸如质量策划、质量控制、质量保证和质量改进使其实施的全部管理职能的所有活动"。

1. 质量方针

质量方针是"由组织的最高管理者正式颁布的、该组织总的质量宗旨和方向"。

质量方针是组织总方针的一个组成部分，由最高管理者批准。它是组织的质量政策；是组织全体职工必须遵守的准则和行动纲领；是企业长期或较长时期内质量活动的指导原则，它反映了企业领导的质量意识和决策。

2. 质量目标

质量目标是"与质量有关的、所追求或作为目的的事物"。

质量目标应覆盖那些为了使产品满足要求而确定的各种需求。因此，质量目标一般是按年度提出的在产品质量方面要达到的具体目标。

质量方针是总的质量宗旨、总的指导思想，而质量目标是比较具体的、定量的要求。因此，质量目标应是可测的，并且应该与质量方针，包括与改进的承诺相一致。

3. 质量体系

质量体系是指"为实现质量管理所需的组织结构、程序、过程和资源"。

组织结构是一个组织为行使其职能按某种方式建立的职责、权限及其相互关系，通常以组织结构图予以规定。一个组织的组织结构图应能显示其机构设置、岗位设置以及他们之间的相互关系。

资源可包括人员、设备、设施、资金、技术和方法，质量体系应提供适宜的各项资源以确保过程和产品的质量。

一个组织所建立的质量体系应既能满足本组织管理的需要，又满足顾客对本组织的质量体系的要求，但主要目的应是满足本组织管理的需要。顾客仅仅评价组织质量体系中与顾客订购产品有关的部分，而不是组织质量体系的全部。

质量体系和质量管理的关系是，质量管理需通过质量体系来运作，即建立质量体系并使之有效运行是质量管理的主要任务。

4. 质量策划

质量策划是"质量管理中致力于设定质量目标并规定必要的作业过程和相关资源以实现其质量目标的部分"。

最高管理者应对实现质量方针、目标和要求所需的各项活动和资源进行质量策划，并且策划的输出应文件化。质量策划是质量管理中的筹划活动，是组织领导和管理部门的质量职责之一。组织要在市场竞争中处于优胜地位，就必须根据市场信息、用户反馈意见、国内外发展动向等因素，对老产品改进和新产品开发进行筹划。就研制什么样的产品，应具有什么样的性能，达到什么样的水平，提出明确的目标和要求，并进一步为如何达到这样的目的和实现这些要求从技术、组织等方面进行筹划。

5. 质量控制

质量控制是指"为达到质量要求所采取的作业技术和活动"。

质量控制的对象是过程。控制的结果应能使被控制对象达到规定的质量要求。为使控制对象达到规定的质量要求，就必须采取适宜的有效的措施，包括作业技术和方法。

6. 质量保证

质量保证是指"为了提供足够的信任表明实体能够满足质量要求，而在质量体系中实施并根据需要进行证实的全部有计划和有系统的活动"。

质量保证定义的关键是"信任"，对达到预期质量要求的能力提供足够的信任。质量保证不是买到不合格产品后的保修、保换、保退。

信任的依据是质量体系的建立和运行。因为这样的质量体系将所有影响质量的因素，包括技术、管理和人员方面的，都采取了有效的方法进行控制，因而具有减少、消除、特别是预防不合格的机制。一言以蔽之，质量保证体系具有持续稳定地满足规定质量要求的能力。

供方规定的质量要求，包括产品的、过程的和质量体系的要求，必须完全反映顾客的需求，才能给顾客以足够的信任。

质量保证总是在有两方的情况下才存在，由一方向另一方提供信任。由于两方的具体情况不同，质量保证分为内部和外部两种。内部质量保证是企业向自己的管理者提供信任；外部质量保证是供方向顾客或第三方认证机构提供信任。

7. 质量改进

质量改进是指"质量管理中致力于提高有效性和效率的部分"。

质量改进的目的是向组织自身和顾客提供更多的利益，如更低的消耗、更低的成本、更多的收益以及更新的产品和服务等。质量改进是通过整个组织范围内的活动和过程的效果以及效率的提高来实现。组织内的任何一个活动和过程的效果以及效率的提高都会导致一定程度的质量改进。质量改进不仅与产品、质量、过程以及质量环等概念直接相关，而且也与质量损失、纠正措施、预防措施、质量管理、质量体系、质量控制等概念有着密切的联系，所以说质量改进是通过不断减少质量损失而为本组织和顾客提供更多的利益的；也是通过采取纠正措施、预防措施而提高活动和过程的效果及效率的。质量改进是质量管理的一项重要组成部分或者说支柱之一，它通常在质量控制的基础上进行。

8. 全面质量管理

全面质量管理是指"一个组织以质量为中心，以全员参与为基础，目的在于通过让顾客满意和本组织所有成员及社会受益而达到长期成功的管理途径"。

全面质量管理的特点是针对不同企业的生产条件、工作环境及工作状态等多方面因素的变化，把组织管理、数理统计方法以及现代科学技术、社会心理学、行为科学等综合运用于质量管理，建立适用和完善的质量工作体系，对每一个生产环节加以管理，做到全面运行和控制。通过改善和提高工作质量来保证产品质量；通过对产品的形成和使用全过程管理，全面保证产品质量；通过形成生产（服务）企业全员、全企业、全过程的质量工作系统，建立质量体系以保证产品质量始终满足用户需要，使企业用最少的投入获取最佳的利益。

1.1.2　工程质量管理的特点

工程质量的特点是由工程项目的特点决定的。工程项目的特点为单件性、产品的独特性和固定性、生产的流动性，生产周期长、投资大、风险大，具有重要的社会价值和影响等。因此，工程质量的特点可以归纳为：

1. 影响因素多

建设工程质量受到多种因素的影响，如决策、设计、材料、机具设备、施工方法、施工工艺、技术措施、人员素质、工期、工程造价等，这些因素直接或间接地影响工程项目质量。

2. 质量波动大

由于建筑项目的单件性、生产的流动性，不像一般工业产品的生产那样，有固定的生产流水线、有规范化的生产工艺和完善的检测技术、有成套的生产设备和稳定的生产环境，所以工程质量容易产生波动且波动大。

3. 质量隐蔽性

建设工程在施工过程中，分项工程交接多、中间产品多、隐蔽工程多，因此质量存在隐蔽性。若在施工中不及时进行质量检查，事后只能从表面上检查，就很难发现内在的质量问题，这样就容易产生判断错误。

4. 终检的局限性

工程项目建成后不可能像一般工业产品那样依靠终检来判断产品质量，或将产品拆卸、解体来检查其内在的质量，或对不合格零部件进行更换。而工程项目的终检（竣工验收）无法进行工程内在质量的检验，发现隐蔽的质量缺陷。因此，工程项目的终检存在一定的局限性。这就要求工程质量控制应以预防为主，防患于未然。

1.1.3　施工质量的影响因素

影响施工质量的因素主要包括五大方面：人员、机械、材料、方法和环境。在施工过程中对这五方面因素严加控制是保证工程质量的关键。

1. 人员

人是直接参与施工的决策者、管理者和作业者。人的因素影响主要是个人的质量意识和质量活动能力对施工质量形成造成的影响。在质量管理中，人的因素起决定性的作用。所以，施工质量控制应以控制人的因素为基本出发点。

2. 材料

材料包括工程材料和施工材料，又包括原材料、构配件、半成品、成品等。各类材料是工程施工的物资条件，材料质量是工程质量的基础，材料质量不符合要求，工程质量就不可能符合标准。所以加强材料的质量控制，是提高工程质量的重要保证。

3. 机械

机械设备包括工程设备、施工机械和各类施工器具。工程设备是指组成工程实体的工艺设备和各类玩具，如电梯、泵机、通风空调设备等，它们是工程项目的重要组成部分，其质量的优劣，直接影响工程使用功能的质量。

4. 方法

施工方法包括施工方案、施工工艺和技术措施等。在施工中由于方案、技术措施考虑不周而拖延进度、影响质量、增加投资的情况并不鲜见。因此，制定和审核方案时，必须结合工程实际，从技术、管理、工艺、组织、操作、经济等方面进行全面分析、综合考虑，以保证方案有利于提高质量、加快进度、降低成本。

5. 环境

环境因素主要包括现场自然环境、施工质量管理环境因素和施工作业环境因素。环境因素对工程质量的影响，具有复杂而多变以及不确定性的特点。

（1）现场自然环境因素

现场自然环境因素主要是指工程地质、水文、气象条件和周边建筑、地下障碍物以及其他不可抗力等对施工质量的影响因素。

（2）施工质量管理环境因素

施工质量管理环境因素主要是指施工单位质量保证体系、质量管理制度和各参建施工单位之间的协调等因素。

（3）施工作业环境因素

施工作业环境因素主要是指施工现场的给排水条件，各种能源介质供应（新加），施工照明、通风、安全防护措施、施工场地空间条件和通道以及交通运输和道路条件等。这些条件是否良好，直接影响到施工能否顺利进行，以及施工质量能否得到保证。

1.2 质量控制体系

形成文件的质量方针；质量管理手册；质量目标及管理方案以及相应的控制计划；质量标准要求的形成文件的程序；确保质量管理体系运行的作业指导书及其他运作文件，包括图纸、合同、相关的法律法规、施工组织设计、专项方案、精品工程策划书、过程识别与控制书等等；质量管理体系运行的表格和记录。

1.2.1 建立质量管理体系的程序

按照国家标准 GB/T 19000，建立一个新的质量管理体系或更新、完善现行的质量管理体系，一般有以下步骤。

1. 企业领导决策

企业主要领导要下决心走质量效益型的发展道路，有建立质量管理体系的迫切需要。

建立质量管理体系是企业内部很多部门参加的一项全面性的工作，如果没有企业主要领导亲自领导、亲自实践和统筹安排，是很难搞好这项工作的。因此，领导真心实意地要求建立质量管理体系，是建立健全质量管理体系的首要条件。

2. 编制工作计划

工作计划包括培训教育、体系分析、职能分配、文件编制、配备仪器仪表设备等内容。

3. 分层次教育培训

组织学习 GB/T 19000 系列标准。结合本企业的特点，了解建立质量管理体系的目的和作用，详细研究与本职工作有直接联系的要素，提出控制要素的办法。

4. 分析企业特点

结合建筑业企业的特点和具体情况，确定采用哪些要素和采用程度。要素要对控制工程实体质量起主要作用，能保证工程的适用性、符合性。

5. 落实各项要素

企业在选好合适的质量体系要素后，要进行二级要素展开，制定实施二级要素所必需的质量活动计划，并把各项质量活动落实到具体部门或个人。

企业在领导的亲自主持下，合理地分配各级要素与活动，使企业各职能部门都明确各自在质量管理体系中应担负的责任、应开展的活动和各项活动的衔接办法。分配各级要素与活动的一个重要原则就是责任部门只能是一个，但允许有若干个配合部门。

在各级要素和活动分配落实后，为了便于实施、检查和考核，还要把工作程序文件化，即把企业的各项管理标准、工作标准、质量责任制、岗位责任制形成与各级要素和活动相对应的有效运行的文件。

6. 编制质量管理体系文件

质量管理体系文件按其作用可分为法规性文件和见证性文件两类。质量管理体系法规性文件是用以规定质量管理工作的原则，阐述质量管理体系的构成，明确有关部门和人员的质量职能，规定各项活动的目的要求、内容和程序的文件。在合同环境下这些文件是供方向需方证实质量管理体系适用性的证据。质量管理体系的见证性文件是用以表明质量管理体系的运行情况和证实其有效性的文件（如质量记录、报告等）。这些文件记载了各质量管理体系要素的实施情况和工程实体质量的状态，是质量管理体系运行的见证。

1.2.2 质量管理体系的运行

保持质量管理体系的正常运行和持续实用有效，是企业质量管理的一项重要任务，是质量管理体系发挥实际效能、实现质量目标的主要阶段。

质量管理体系运行是执行质量体系文件、实现质量目标、保持质量管理体系持续有效和不断优化的过程。

质量管理体系的有效运行是依靠体系的组织机构进行组织协调、实施质量监督、开展信息反馈、进行质量管理体系审核和复审实现的。

1. 组织协调

质量管理体系的运行是借助于质量管理体系组织结构的组织和协调来进行的。组织和协调工作是维护质量管理体系运行的动力。质量管理体系的运行涉及企业众多部门的活动。就建筑业企业而言，计划部门、施工部门、技术部门、试验部门、测量部门、检查部门等都必须在目标、分工、时间和联系方面协调一致，责任范围不能出现空档，保持体系的有序性。这些都需要通过组织和协调工作来实现。实现这种协调工作的人，应是企业的主要领导，只有主要领导主持，质量管理部门负责，通过组织协调才能保持体系的正常运行。

2. 质量监督

质量管理体系在运行过程中，各项活动及其结果不可避免地会有发生偏离标准的可能。为此，必须实施质量监督。

质量监督有企业内部监督和外部监督两种，需方或第三方对企业进行的监督是外部质量监督。需方的监督权是在合同环境下进行的，就建筑业企业来说，叫作甲方的质量监督。按合同规定，从地基验槽开始，甲方对隐蔽工程进行检查签证。第三方的监督是指对单位工程和重要分部工程进行质量等级核定，并在工程开工前检查企业的质量管理体系的运行是否正常。

质量监督是符合性监督。质量监督的任务是对工程实体进行连续性的监视和验证。发现偏离管理标准和技术标准的情况时及时反馈，要求企业采取纠正措施，严重者责令停工整顿。从而促使企业的质量活动和工程实体质量均符合标准所规定的要求。

实施质量监督是保证质量管理体系正常运行的手段。外部质量监督应与企业本身的质量监督考核工作相结合，杜绝重大质量事故的发生，促进企业各部门认真贯彻各项规定。

3. 质量信息管理

企业的组织机构是企业质量管理体系的骨架，而企业的质量信息系统则是质量管理体系的神经系统，是保证质量体系正常运行的重要系统。在质量管理体系的运行中，通过质量信息反馈系统对异常信息的反馈和处理，进行动态控制，从而使各项质量活动和工程实体质量保持受控状态。

质量信息管理和质量监督、组织协调工作是密切联系在一起的。异常信息一般来自质量监督，异常信息的处理要依靠组织协调工作，三者有机结合，是使质量管理体系有效运行的保证。

4. 质量管理体系审核与评审

企业进行定期的质量管理体系审核与评审，一是对体系要素进行审核、评价，确定其有效性；二是对运行中出现的问题采取纠正措施，对体系的运行进行管理，保持体系的有效性；三是评价质量体系对环境的适应性，对体系结构中不适用的采取改进措施。开展质量管理体系审核和评审是保持质量管理体系持续有效运行的主要手段。

1.3　ISO 9000 质量管理体系简介

1.3.1　质量管理体系标准

1. ISO 9000：2000 质量管理体系标准的产生及修订

1979 年，国际标准化标准组织（ISO）成立了 176 技术委员会（ISO/TC 176,）负责制定质量管理和质量保证标准。ISO/TC 176 的目标是"要让全世界都接受和使用

ISO 9000标准，为提高组织的动作能力提供有效的方法；增进国际贸易，促进全球的繁荣和发展；使任何机构和个人，可以有信心从世界各地得到任何期望的产品，以及将自己的产品顺利地销到世界各地。"

1986 年，ISO/TC 176 发布了《质量管理和质量保证术语》ISO 8402：1986；1987 年发布了《质量管理和质量保证选择和使用指南》ISO 9000：1987、《质量体系设计、开发、生产、安装和服务的质量保证模式》ISO 9001：1987、《质量体系生产、安装和服务的质量保证模式》ISO 9002：1987、《质量体系最终检验和试验的质量保证模式》ISO 9003：1987 以及《质量管理和质量体系要素指南》ISO 9004：1987。这 6 项国际标准统称为1987 版 ISO 9000 系列国际标准。1990 年，ISO/TC 176 技术委员会开始对 ISO 9000 系列标准进行修订，并于 1994 年发布了 ISO 8402：1994，ISO 9000-1：1994，ISO 9001：1994，ISO 9002：1994，ISO 9003：1994，ISO 6 项 ISO 9000 国际标准，统称为 1994 版ISO 9000 族标准，这些标准分别取代 1987 版 6 项 ISO 9000 系列标准。随后，ISO 9000 族标准进一步扩充到 27 个标准和技术文件的庞大标准"家族"。

ISO 9001：2000 标准自 2000 年发布之后，ISO/TC176/SC2 一直在关注跟踪标准的使用情况，不断地收到来自各方面的反馈信息。这些反馈多数集中在两个方面：一是 ISO 9001：2000 标准部分条款的含义不够明确，不同行业和规模的组织在使用标准时容易产生歧义；二是与其他标准的兼容性不够。到了 2004 年 ISO/TC176/SC2 在其成员中就 ISO 9001：2000 标准组织了一次正式的系统评审，以便决定 ISO 9001：2000 标准是应该撤销、维持不变还是进行修订或换版，最后大多数意见是修订。与此同时，ISO/TC176/SC2 还就 ISO 9001：2000 和 ISO 9001：2004 的使用情况进行了广泛的"用户反馈调查"。之后，基于系统评审和用户进行了充分的合理性研究（Justification Study），并于 2004 年向ISO/TC176 提出了启动修订程序的要求，并制定了 ISO 9001 标准修订规范草案。该草案在 2007 年 6 月做了最后一次修订。修订规范规定了 ISO 9001 标准修订的原则、程序、修订意见收集时限和评价方法及工具等，是 ISO 9001 标准修订的指导文件。目前，《质量管理体系要求》ISO 9001：2008，国际标准已于 2008 年 11 月 15 日正式发布。

2. 2000 版 ISO 9000 的主要内容

1）一个中心：以顾客为关注焦点。

2）两个基本点：顾客满意和持续改进。

3）两个沟通：内部沟通、顾客沟通。

4）三种监视和测量：体系业绩监视和测量、过程的监视和测量、产品的监视和测量。

5）四大质量管理过程：管理职责过程，资源管理过程，产品实现过程，测量、分析和改进过程。

6）四种质量管理体系基本方法：管理的系统方法（系统分析、系统工程、系统管理、两个 PDCA）、过程方法（PDCA 循环方法）、基于事实的决策方法（数据统计）、质量管理体系的方法。

7）四个策划：质量管理体系策划、产品实现策划、设计和开发策划、改进策划。

8）十二个质量管理基础：质量管理体系的理论，质量管理体系要求和产品要求，质量管理体系方法，过程方法，质量方针和质量目标，最高管理者在质量管理体系中的作用，文件，质量管理体系评价，持续改进，统计技术的作用，质量管理体系与其他管理体系的关注点，质量管理体系与组织优秀模式之间的关系。

3. 质量管理的原则

（1）以顾客为中心

组织依存于顾客。因此，组织应理解顾客当前的和未来的需求，满足顾客要求并争取超越顾客期望。顾客是每一个组织的基础，顾客的要求是第一位的，组织应调查和研究顾客的潜在需求和期望，并把它转化为质量要求，采取有效措施使其实现。这个指导思想不仅领导要明确，还要在全体职工中贯彻。

（2）领导作用

领导必须将本组织的宗旨、方向和内部环境统一起来，并创造使员工能够充分参与实现组织目标的环境。领导的作用，即最高管理者具有决策和领导一个组织的关键作用。为了营造一个良好的环境，最高管理者应建立质量方针和质量目标，确保关注顾客要求，确保建立和实施一个有效的质量管理体系，确保应有的资源，并随时将组织运行的结果与目标比较，根据情况决定实现质量方针、目标的措施，决定持续改进的措施。在领导作风上还要做到透明、务实和以身作则。

（3）全员参与

各级人员是组织之本，只有他们的充分参与，才能使他们的才干为组织带来最大的收益。全体职工是每个组织的基础。组织的质量管理不仅需要最高管理者的正确领导，还有赖于全员的参与。所以要对职工进行质量意识、职业道德、以顾客为中心的意识和敬业精神的教育，还要激发他们的积极性和责任感。

（4）过程方法

将相关的资源和活动作为过程进行管理，可以更高效地进行管理，可以更高效地得到期望的结果。过程方法的原则不仅适用于某些简单的过程，也适用于许多过程构成的过程网络。在应用于质量管理体系时，2008 版 ISO 9001 标准建立了一个过程方法模式：即PDCA（P-策划，D-实施，C-检查，A-处置）。

（5）管理的系统方法

针对设定的目标，识别、理解并管理一个由相互关联的过程所组成的体系，有助于提高组织的有效性和效率。这种建立和实施质量管理体系的方法，既可用于新建体系，也可用于现有体系的改进。此方法的实施可在三方面受益：一是提供对过程能力及产品可靠性的信任；二是为持续性改进打好基础；三是使顾客满意，最终使组织获得成功。

（6）持续改进

持续改进是组织的一个永恒的目标。在质量管理体系中，改进指产品质量、过程及体系有效性和效率的提高，持续改进包括：了解现状；建立目标；寻找、评价和实施解决办法；测量、验证和分析结果，把更改纳入文件等活动。

（7）基于事实的决策方法

对数据和信息的逻辑分析或直觉判断是有效决策的基础。以事实为依据做决策，可防止决策失误。在对信息和资料做科学分析时，统计技术是最重要的工具之一。统计技术可用来测量、分析和说明产品和过程的变异性。统计技术可以为持续性改进的决策提供依据。

（8）互利的供方关系

通过互利的关系，增强组织及其供方创造价值的能力。供方提供的产品将对组织向顾客提供满意的产品产生重要影响，因此处理好与供方的关系，影响到组织能否持续稳定地提供顾客满意的产品。对供方不能只讲控制不讲合作互利，特别对关键供方，更要建立互利关系，这对组织和供方都有利。

1.3.2 质量管理体系的概念

质量管理体系，是指"在质量方面指挥和控制组织的管理体系"。它致力于建立质量方针和质量目标，并为实现质量方针和质量目标确定相关的过程、活动和资源。质量管理体系主要在质量方面能帮助组织提供持续满足要求的产品，以满足顾客和其他相关方的需求。组织的质量目标与其他管理体系的目标，如财务、环境、职业、卫生与安全等的目标应是相辅相成的，因此，质量管理体系的建立要注意与其他管理体系的整合，以方便组织的整体管理，其最终目的应使顾客和相关方都满意。

组织可通过质量管理体系来实施质量管理，质量管理的中心任务是建立、实施和保持一个有效的质量管理体系并持续改进其有效性。

质量管理体系要求包括其他管理体系，例如环境管理、职业、卫生、安全管理、财务管理或风险管理有关的特定要求。

质量管理体系致力于实现组织的质量目标，达到持续的顾客满意。而组织的质量目标与其他管理目标如环境、职业、卫生、安全、资金、利润等目标是相辅相成、互为补充的。因此，将一个组织的各个管理体系连同质量管理体系结合或整合成一个整体，形成一体化管理体系，将有利于策划、资源合理配置、确定互补的目标并整体地评价组织的有效性，对提高组织的有效性和效率以及资源的综合利用等都是十分有利的。

质量管理体系和其他管理体系要求的相容性体现在以下几个主要方面：

（1）管理体系的运行模式都以过程为基础，用"PDCA"循环的方法进行持续改进。

（2）都是从设定目标，系统地识别、评价、控制、监视和测量并管理一个由相互关联的过程组成的体系，并使之能够协调地运行，这一系统的管理思想也是一致的。

（3）管理体系标准要求建立的形成文件的程序，如文件控制、记录控制、内审、不合格（不符合）控制、纠正措施和预防措施等，在管理要求和方法上都是相似的，因此质量管理体系标准要求制定并保持的形成文件的程序，其他管理体系可以共享。

（4）质量管理体系要求标准中强调了法律法规的重要性，在环境管理和在职业、卫生与安全管理体系等标准中同样强调了适用的法律法规要求。

1.3.3 质量管理体系的组织框架

（1）建立健全质量管理体系，项目部必须建立质量管理体系，建立项目质量管理制度，配备相应的质量员、试验员、测量员，加强质量教育培训，提高全员质量意识，全面贯彻落实企业的质量方针和目标。

（2）根据施工方案在开工前进行技术交底，对影响工程质量的各种因素、各个环节，首先进行分析研究，实现有效的事前控制。

（3）加强技术规范、施工图纸、质量标准以及监理程序等文件的学习，严格按设计和规范要求施工，对分部分项工程质量进行检查、验收，并妥善处理质量问题。

（4）贯彻"谁施工谁负责质量"的原则，坚持"三检制"，加强过程管理，严格控制工程质量。

1.4 建设工程质量管理规定

1.4.1 实施工程建设强制性标准监督内容、方式、违规处罚的规定

工程建设强制性标准是指直接涉及工程质量、安全、卫生及环境保护等方面的工程建设标准强制性条文。国家工程建设标准强制性条文由国务院建设行政主管部门会同国务院有关行政主管部门确定。国务院建设行政主管部门负责全国实施工程建设强制性标准的监督管理工作。国务院有关行政主管部门按照国务院的职能分工负责实施工程建设强制性标准的监督管理工作。县级以上地方人民政府建设行政主管部门负责本行政区域内实施工程建设强制性标准的监督管理工作。

工程建设中拟采用的新技术、新工艺、新材料，不符合现行强制性标准规定的，应当由拟采用单位提请建设单位组织专题技术论证，报批准标准的建设行政主管部门或者国务院有关主管部门审定；工程建设中采用国际标准或者国外标准，现行强制性标准未作规定的，建设单位应当向国务院建设行政主管部门或者国务院有关行政主管部门备案；工程质量监督机构应当对工程建设施工、监理、验收等阶段执行强制性标准的情况实施监督。

（1）强制性标准监督检查的内容包括：

1）有关工程技术人员是否熟悉、掌握强制性标准。

2）工程项目的规划、勘察、设计、施工、验收等是否符合强制性标准的规定。

3）工程项目采用的材料、设备是否符合强制性标准的规定。

4）工程项目的安全、质量是否符合强制性标准的规定。

5）工程中采用的导则、指南、手册、计算机软件的内容是否符合强制性标准的规定。

工程建设强制性标准的解释由工程建设标准批准部门负责。有关标准具体技术内容的解释，工程建设标准批准部门可以委托该标准的编制管理单位负责。

建设行政主管部门或者有关行政主管部门在处理重大工程事故时，应当有工程建设标准方面的专家参加；工程事故报告应当包括是否符合工程建设强制性标准的意见。

（2）建设单位有下列行为之一的，责令改正，并处以 20 万元以上 50 万元以下的罚款：

1）明示或者暗示施工单位使用不合格的建筑材料、建筑构配件和设备的。

2）明示或者暗示设计单位或者施工单位违反工程建设强制性标准，降低工程质量的。

勘察、设计单位违反工程建设强制性标准进行勘察、设计的，责令改正，并处以 10 万元以上 30 万元以下的罚款。有前款行为，造成工程质量事故的，责令停业整顿，降低资质等级；情节严重的，吊销资质证书；造成损失的，依法承担赔偿责任。

施工单位违反工程建设强制性标准的，责令改正，处工程合同价款 2% 以上 4% 以下的罚款；造成建设工程质量不符合规定的质量标准的，负责返工、修理，并赔偿因此造成的损失；情节严重的，责令停业整顿，降低资质等级或者吊销资质证书。

工程监理单位违反强制性标准规定，将不合格的建设工程以及建筑材料、建筑构配件和设备按照合格签字的，责令改正，处50万元以100万元以下的罚款，降低资质等级或者吊销资质证书；有违法所得的，予以没收；造成损失的，承担连带赔偿责任。

违反工程建设强制性标准造成工程质量、安全隐患或者工程事故的，按照《建设工程质量管理条例》有关规定，对事故责任单位和责任人进行处罚。

有关责令停业整顿、降低资质等级和吊销资质证书的行政处罚，由颁发资质证书的机关决定；其他行政处罚，由建设行政主管部门或者有关部门依照法定职权决定。

建设行政主管部门和有关行政部门工作人员，玩忽职守、滥用职权、徇私舞弊的，给予行政处分；构成犯罪的，依法追究刑事责任。

1.4.2 市政基础设施工程竣工验收备案管理的规定

建设单位应当自工程竣工验收合格之日起15日内，向工程所在地的县级以上地方人民政府建设行政主管部门（以下简称备案机关）备案。

建设单位办理工程竣工验收备案应当提交下列文件：

（1）工程竣工验收备案表。

（2）工程竣工验收报告。竣工验收报告应当包括工程报建日期，施工许可证号，施工图设计文件审查意见，勘察、设计、施工、工程监理等单位分别签署的质量合格文件及验收人员签署的竣工验收原始文件，市政基础设施的有关质量检测和功能性试验资料以及备案机关认为需要提供的有关资料。

（3）法律、行政法规规定应当由规划、公安消防、环保等部门出具的认可文件或者准许使用文件。

（4）施工单位签署的工程质量保修书。

（5）法规、规章规定必须提供的其他文件。

备案机关收到建设单位报送的竣工验收备案文件，验证文件齐全后，应当在工程竣工验收备案表上签署文件收讫。工程竣工验收备案表一式两份，一份由建设单位保存，一份留备案机关存档。

工程质量监督机构应当在工程竣工验收之日起5日内，向备案机关提交工程质量监督报告。

备案机关发现建设单位在竣工验收过程中有违反国家有关建设工程质量管理规定行为的，应当在收讫竣工验收备案文件15日内，责令停止使用，重新组织竣工验收。

建设单位在工程竣工验收合格之日起15日内未办理工程竣工验收备案的，备案机关责令限期改正，处20万元以上30万元以下罚款。

建设单位将备案机关决定重新组织竣工验收的工程，在重新组织竣工验收前，擅自使用的，备案机关责令停止使用，处工程合同价款2%以上4%以下罚款。

建设单位采用虚假证明文件办理工程竣工验收备案的，工程竣工验收无效，备案机关责令停止使用，重新组织竣工验收，处20万元以上50万元以下罚款；构成犯罪的，依法追究刑事责任。

备案机关决定重新组织竣工验收并责令停止使用的工程，建设单位在备案之前已投入使用或者建设单位擅自继续使用造成使用人损失的，由建设单位依法承担赔偿责任。

竣工验收备案文件齐全，备案机关及其工作人员不办理备案手续的，由有关机关责令改正，对直接责任人员给予行政处分。

1.4.3 建设工程专项质量检测、见证取样检测业务内容的规定

质量检测的业务内容有：

（1）专项检测

1）地基基础工程检测

① 地基及复合地基承载力静载检测。

② 桩的承载力检测。

③ 桩身完整性检测。

④ 锚杆锁定力检测。

2）主体结构工程现场检测

① 混凝土、砂浆、砌体强度现场检测。

② 钢筋保护层厚度检测。

③ 混凝土预制构件结构性能检测。

④ 后置埋件的力学性能检测。

3）钢结构工程检测

① 钢结构焊接质量无损检测。

② 钢结构防腐及防火涂装检测。

③ 钢结构节点、机械连接用紧固标准件及高强度螺栓力学性能检测。

④ 钢网架结构的变形检测。

（2）见证取样检测

1）水泥物理力学性能检验。

2）钢筋（含焊接与机械连接）力学性能检验。

3）砂、石常规检验。

4）混凝土、砂浆强度检验。

5）简易土工试验。

6）混凝土掺加剂检验。

7）预应力钢绞线、锚夹具检验。

8）沥青、沥青混合料检验。

1.5 建筑与市政工程质量验收标准和规范要求

1.5.1 《建筑工程施工质量验收统一标准》GB 50300—2013 中关于建筑工程质量验收的划分、合格判定以及质量验收的程序和组织要求

（1）建筑工程施工质量验收划分为单位工程、分部工程、分项工程和检验批。

1）单位工程应按下列原则划分：

① 具备独立施工条件并能形成独立使用功能的建筑物及构筑物为一个单位工程。

② 对于规模较大的单位工程，可将其能形成独立使用功能的部分划分为一个子单位工程。

2）分部工程应按下列原则划分：

① 可按专业性质、工程部位确定。

② 当分部工程较大或较复杂时，可按材料种类、施工特点、施工程序、专业系统及类别等划分为若干子分部工程。

3）分项工程可按主要工种、材料、施工工艺、设备类别等进行划分。

4）检验批可根据施工、质量控制和专业验收的需要，按工程量、施工段、变形缝等进行划分。

5）施工前应由施工单位制定分项工程和检验批的划分方案，并由监理单位审核。

（2）合格判定

1）检验批质量验收合格应符合以下规定：

① 主控项目质量经抽样检验均应合格。

② 一般项目的质量经抽样检验含格。当采用计数抽样时，合格点率应符合有关专业验收规范的规定，且不得存在严重缺陷。

③ 具有完整的施工操作依据、质量验收记录。

2）分项工程质量验收合格应符合以下规定：

① 所含检验批的质量均应验收合格。

② 所含检验批的质量验收记录应完整。

3）分部工程质量验收合格应符合以下规定：

① 所含分项工程的质量均应验收合格。

② 质量控制资料应完整。

③ 有关安全、节能、环境保护和主要使用功能的抽样检验结果应符合相应规定。

④ 观感质量验收应符合要求。

4）单位工程质量验收合格应符合以下规定：

① 所含分部工程的质量均应验收合格。

② 质量控制资料应完整。

③ 所含分部工程中有关安全、节能、环境保护和主要使用功能的检验资料应完整。

④ 主要使用功能的抽查结果应符合相关专业验收规范的规定。

⑤ 观感质量验收应符合要求。

（3）质量验收的程序和组织要求

1）检验批应由专业监理工程师组织施工单位项目专业质量检查员、专业工长进行验收。

2）分项工程应由专业监理工程师组织施工单位项目专业技术负责人等进行验收。

3）分部工程应由总监理工程师组织施工单位项目负责人和项目技术负责人等进行验收。勘察、设计单位项目负责人和施工单位技术、质量部门负责人应参加地基与基础分部工程的验收。设计单位项目负责人和施工单位技术、质量部门负责人应参加主体结构、节能分部工程的验收。

4）单位工程中的分包工程完工后，分包单位应对所承包的工程项目进行自检，并应按本标准规定的程序进行验收。验收时，总包单位应派人参加。分包单位应将所分包工程的质量控制资料整理完整，并移交给总包单位。

5）单位工程完工后，施工单位应组织有关人员进行自检。总监理工程师应组织各专业监理工程师对工程质量进行竣工预验收。存在施工质量问题时，应由施工单位整改。整改完毕后，由施工单位向建设单位提交工程竣工报告，申请工程竣工验收。

6）建设单位收到工程竣工报告后，应由建设单位项目负责人组织监理、施工、设计、勘察等单位项目负责人进行单位工程验收。

1.5.2 城镇道路工程施工与质量验收的要求

开工前，施工单位应会同建设单位、监理工程师确认构成建设项目的单位工程、分部工程、分项工程和检验批作为施工质量检查、验收的基础，并应符合下列规定：

（1）建设单位招标文件确定的每一个独立合同应为一个单位工程。当合同文件包含的工程内涵较多，或工程规模较大或由若干独立设计组成时，宜按工程部位或工程量、每一独立设计将单位工程分成若干子单位工程。

（2）单位（子单位）工程应按工程的结构部位或特点、功能、工程量划分分部工程。分部工程的规模较大或工程复杂时宜按材料种类、工艺特点、施工工法等，将分部工程划分为若干子分部工程。

（3）分部工程（子分部工程）可由一个或若干个分项工程组成，应按主要工种、材料、施工工艺等划分分项工程。

（4）分项工程可由一个或若干检验批组成。检验批应根据施工、质量控制和专业验收需要划定。各地区应根据城镇道路建设实际需要，划定适应的检验批。

（5）各分部（子分部）工程相应的分项工程、检验批应按表1-1的规定执行，未规定的，施工单位应在开工前会同建设单位、监理工程师共同研究确定。

城镇道路工程的检验（收）批、分项工程、分部工程划分参考表　　　　表1-1

分部工程	子分部工程	分项工程	检验(收)批
路基	—	土方路基	每条路或路段
		石方路基	每条路或路段
		路基处理	每条路或路段
		路肩	每条路肩
基层	—	石灰土基层	每条路或路段
		石灰粉煤灰稳定砂砾(碎石)基层	每条路或路段
		石灰粉煤灰钢渣基层	每条路或路段
		水泥稳定土类基层	每条路或路段
		级配砂砾(砾石)基层	每条路或路段
		级配碎石(碎砾石)基层	每条路或路段
		沥青碎石基层	每条路或路段
		沥青贯入式基层	每条路或路段

分部工程	子分部工程	分项工程	检验(收)批
面层	沥青混合料面层	透层	每条路或路段
		粘层	每条路或路段
		封层	每条路或路段
		热板沥青混合料面层	每条路或路段
		冷板沥青混合料面层	每条路或路段
	沥青贯入式与沥青表面处治面层	沥青贯入式面层	每条路或路段
		沥青表面处治面层	每条路或路段
	水泥混凝土面层	水泥混凝土面层(模板、钢筋、混凝土)	每条路或路段
	铺砌式面层	料石面层	每条路或路段
		预制混凝土砌块面层	每条路或路段
人行道	—	料石人行道铺砌面层(含盲道砖)	每条路或路段
		混凝土预制块铺砌人行道面层(含盲道砖)	每条路或路段
		沥青混合料铺筑面层	每条路或路段
		顶部构件、顶板安装	每条路或分段
		顶部现浇(模板、钢筋、混凝土)	每条路或分段
挡土墙	砌筑挡土墙	地基	每道墙体地基或分段
		基础(砌筑)	每道基础或分段
		墙体砌筑	每道墙体或分段
		滤层、泄水孔	每道墙体或分段
		回填土	每道墙体或分段
		帽石	每道墙体或分段
		滤层、泄水孔	每道墙体或分段
附属构筑物		路缘石、雨水支管与雨水口	每条路或路段

1.5.3 城市桥梁工程施工与质量验收的要求

开工前,施工单位应会同建设单位、监理单位将工程划分为单位、分部、分项工程和检验批,作为施工质量检查、验收的基础,并应符合下列规定:

(1)建设单位招标文件确定的每一个独立合同应为一个单位工程。

当合同文件包含的工程内容较多,或工程规模较大、或由若干独立设计组成时,宜按工程部位或工程量、每一独立设计将单位工程分成若干子单位工程。

(2)单位(子单位)工程应按工程的结构部位或特点、功能、工程量划分分部工程。分部工程的规模较大或工程复杂时宜按材料种类、工艺特点、施工工法等,将分部工程划分为若干子分部工程。

(3)分部工程(子分部工程)中,应按主要工种、材料、施工工艺等划分分项工程。分项工程可由一个或若干检验批组成。

(4)检验批应根据施工、质量控制和专业验收需要划定。

（5）各分部（子分部）工程相应的分项工程宜按表1-2的规定执行。未规定时，施工单位应在开工前会同建设单位、监理单位共同研究确定。

城市桥梁工程的检验（收）批、分项工程、分部工程划分参考表　　　　表1-2

序号	分部工程	子分部工程	分项工程	检验（收）批
1	地基与基础	扩大基础	基坑开挖、地基、土方回填、现浇混凝土(模板与支架、钢筋、混凝土)、砌体	每个基坑
		沉入桩	预制桩(模板、钢筋、混凝土、预应力混凝土)、钢管桩、沉桩	每根桩
		灌注桩	机械成孔、人工挖孔、钢筋笼制作与安装、混凝土灌注	每根桩
		沉井	沉井制作(模板与支架、钢筋、混凝土、钢壳)、浮运、下沉就位、清基与填充	每节、座
		地下连续墙	成槽、钢筋骨架、水下混凝土	每个施工段
		承台	模板与支架、钢筋、混凝土	每个承台
2	墩台	砌体墩台	石砌体、砌块砌体	每个砌筑段、浇筑段、施工段或每个墩台、每个安装段(件)
		现浇混凝土墩台	模板与支架、钢筋、混凝土、预应力混凝土	
		预制混凝土柱	预制柱(模板、钢筋、混凝土、预应力混凝土)、安装	
		台背填土	填土	
3	盖梁		模板与支架、钢筋、混凝土、预应力混凝土	每个盖梁
4	支座		垫石混凝土、支座安装、挡块混凝土	每个支座
5	索塔		现浇混凝土索塔(模板与支架、钢筋、混凝土、预应力混凝土)、钢构件安装	每个浇筑段、每根钢构件
6	锚锭		锚固体系制作、锚固体系安装、锚碇混凝土(模板与支架、钢筋、混凝土)、锚索张拉与压浆	每个制作件、安装件、基础
7	桥跨承重结构	支架浇筑混凝土梁(板)	模板与支架、钢筋、混凝土、预应力钢筋	每孔、联、施工段
		装配式钢筋混凝土梁(板)	预制梁(板)(模板与支架、钢筋、混凝土、预应力混凝土)、安装梁(板)	每片梁
		悬臂浇筑预应力混凝土梁	0号段(模板与支架、钢筋、混凝土、预应力混凝土)、悬浇段(挂篮、模板、钢筋、混凝土、预应力混凝土)	每个浇筑段
		悬臂拼装预应力混凝土梁	0号段(模板与支架、钢筋、混凝土、预应力混凝土)、梁段预制(模板与支架、钢筋、混凝土)、拼装梁段、施加预应力	每个拼装段
		顶推施工混凝土梁	台座系统、导梁、梁段预制(模板与支架、钢筋、混凝土、预应力混凝土)、顶推梁段、施加预应力	每节段

序号	分部工程	子分部工程	分项工程	检验(收)批
7	桥跨承重结构	钢梁	现场安装	每个制作段、孔、联
		钢—混凝土结合梁	钢梁安装、预应力钢筋混凝土梁预制(模板与支架、钢筋、混凝土、预应力混凝土)、预制梁安装、混凝土结构浇筑(模板与支架、钢筋、混凝土、预应力混凝土)	每段、孔
		拱部与拱上结构	砌筑拱圈、现浇混凝土拱圈、劲性骨架混凝土拱圈、装配式混凝土拱部结构、钢管混凝土拱(拱肋安装、混凝土压筑)、吊杆、系杆拱、转体施工、拱上结构	每个砌筑段、安装段、浇筑段、施工段
		斜拉桥的主梁与拉索	0号段混凝土浇筑、悬臂浇筑混凝土主梁、支架上浇筑混凝土主梁、悬臂拼装混凝土主梁、悬拼钢箱梁、支架上安装钢箱梁、结合梁、拉索安装	每个浇筑段、制作段、安装段、施工段
		悬索桥的加劲梁与缆索	索鞍安装、主缆架设、主缆防护、索夹和吊索安装、加劲梁段拼装	每个制作段、安装段、施工段
8	顶进箱涵		工作坑、滑板、箱涵预制(模板与支架、钢筋、混凝土)、箱涵顶进	每坑、每制作节、顶进节
9	桥面系		排水设施、防水层、桥面铺装层(沥青混合料或混凝土)、伸缩装置、地袱和缘石与挂板、防护设施、人行道	每个施工段、每孔
10	附属结构		隔声与防眩装置、梯道(砌体、混凝土结构——钢结构)、桥头搭板(模板、钢筋、混凝土)、防冲刷结构、照明、挡土墙▲	每砌筑段、浇筑段、安装段、每座构筑物
11	装饰与装修		水泥砂浆抹面、饰面板、饰面砖和涂装	每跨、侧、饰面
12	引道▲			

注:表中"▲"项应符合国家现行标准《城镇道路工程施工与质量验收规范》CJJ1—2008的相关规定。

1.5.4 市政管道工程施工与质量验收的要求

给排水管道工程施工质量验收应在施工单位自检基础上,按验收批、分项工程、分部(子分部)工程、单位(子单位)工程的顺序进行,并应符合下列规定:

(1)工程施工质量应符合规范和相关专业验收规范的规定。

(2)工程施工质量应符合工程勘察、设计文件的要求。

(3)参加工程施工质量验收的各方人员应具备相应的资格。

(4)工程施工质量的验收应在施工单位自行检查,评定合格的基础上进行。

(5)隐蔽工程在隐蔽前应由施工单位通知监理等单位进行验收,并形成验收文件。

(6)涉及结构安全和使用功能的试块、试件和现场检测项目,应按规定进行平行检测或见证取样检测。

(7)验收批的质量应按主控项目和一般项目进行验收;每个检查项目的检查数量,除规范有关条款有明确规定外,应全数检查。

(8)对涉及结构安全和使用功能的分部工程应进行试验或检测。

（9）承担检测的单位应具有相应资质。

（10）外观质量应由质量验收人员通过现场检查共同确认。

（11）各分部（子分部）工程相应的分项工程宜按表1-3和表1-4的规定执行。未规定时，施工单位应在开工前会同建设单位、监理单位共同研究确定。

给水排水构筑物工程检验（收）批、分项工程、分部工程划分参考表　　　　表1-3

分部（子分部）工程　　分项工程　　单位（子单位）工程		构筑物工程或按独立合同承建的水处理构筑物、管渠、调蓄构筑物、取水构筑物、排放构筑物	
		分项工程	检验批
地基与基础工程	土石方	围堰、基坑支护结构（各类围护）、基坑开挖（无支护基坑开挖、有支护基坑开挖）、基坑回填	1. 按不同单体构筑物分别设置分项工程（不设检验批时）； 2. 单体构筑物分项工程视需要可设检验批； 3. 其他分项工程可按变形缝位置、施工作业面、标高等分为若干个检验部位
	地基基础	地基处理、混凝土基础、桩基础	
主体结构工程	现浇混凝土结构	底板（钢筋、模板、混凝土）、墙体及内部结构（钢筋、模板、混凝土），顶板（钢筋、模板、混凝土），预应力混凝土（后张法预应力混凝土），变形缝、表面层（防腐层、防水层、保温层等的基面处理、涂衬），各类单体结构构筑物	
	装配式混凝土结构	预制构件现场制作（钢筋、模板、混凝土），预制构件安装，圆形构筑物缠丝张拉预应力混凝土，变形缝、表面层（防腐层、防水层、保温层等的基面处理、涂衬），各类单体结构构筑物	
	砌筑结构	砌体（砖、石、预制砌体），变形缝、表面层（防腐层、防水层、保温层等的基面处理、涂衬），护坡与护坦，各类单体结构构筑物	
	钢结构	钢结构现场制作，钢结构预拼装，钢结构安装（焊接、栓接等），防腐层（基面处理、涂衬），各类单体构筑物	
附属构筑物工程	细部结构	现浇混凝土结构（钢筋、模板、混凝土），钢制构件（现场制作、安装、防腐层），细部结构	
	工艺辅助构筑物	混凝土结构（钢筋、模板、混凝土），砌体结构，钢结构（现场制作、安装、防腐层），工艺辅助构筑物	
	管渠	同主体结构工程的现浇混凝土结构、装配式混凝土结构、砌筑结构	
进、出水管渠	混凝土结构	同附属构筑物工程的"管渠"	
	预制管铺设	同《给水排水管道工程施工及验收规范》GB 50268—2008	

注：1. 单体构筑物工程包括：①取水构筑物（取水头部、进水涵渠、进水间、取水泵房等单体构筑物）；②排放构筑物（排放口、出水涵渠、出水井、排放泵房等单体构筑物）；③水处理构筑物（泵房、调节配水池、蓄水池、清水池、沉砂池、沉淀池、曝气池、工艺沉淀池、澄清池、滤池、消化池、稳定塘、涵渠等单体构筑物）；④管渠；⑤调蓄构筑物（增压泵房、提升泵房、调蓄池、水塔、水柜等单体构筑物）。

2. 细部结构指：主体构筑物的走道平台、梯道、设备基础、导流墙（槽）、支架、盖板等的现浇混凝土或钢结构；对于混凝土结构，与主体结构工程同时连续浇筑施工时，其钢筋、模板、混凝土等分项工程验收，可与主体结构工程合并。

3. 各类工艺辅助构筑物指：各类工艺井、管廊桥架、闸槽、水槽（廊）、堰口、穿孔、孔口、斜板、导流墙（板）等；对于混凝土和砌体结构，与主体结构工程同时连续浇筑、砌筑施工时，其钢筋、模板、混凝土、砌体等分项工程验收，可与主体结构工程合并。

4. 长输管渠的分项工程应按管段长度划分成若干个分项工程验收批，验收批、分项工程质量验收记录表式同《给水排水管道工程施工及验收规范》GB 50268—2008 表B. 0.1和表B. 0.2。

5. 管理用房、配电房、脱水机房、鼓风机房、泵房等的地面建筑工程同《建筑工程施工质量验收统一标准》GB 50300—2013附录B规定。

单位工程（子单位工程）			开(挖)槽施工的管道工程、大型顶管工程、盾构管道工程、浅埋暗挖管道工程、大型沉管工程、大型桥管工程
分部工程（子分部工程）			分项工程	检验批（验收批）

分部工程（子分部工程）			分项工程	检验批（验收批）
土方工程			沟槽土方（沟槽开挖、沟槽支撑、沟槽回填），基坑土方（基坑开挖、基坑支护、基坑回填）	与下列检验收批对应
明挖施工预制管道	预制管开槽施工主体结构	金属管类、混凝土类管、预应力钢筒混凝土管、化学建材管	管道基础，管道接口连接，管道铺设，管道防腐层（管道内防腐层、钢管外防腐层），钢管阴极保护	可选择下列方式划分：①按流水施工长度；②排水管道按井段；③给水管道按一定长度连续施工段或自然划分段（路段）；④其他便于过程质量控制方法
暗挖与现浇施工管道	管渠（廊）	现浇钢筋混凝土管渠、装配式混凝土管渠、砌筑管渠	管道基础，现浇钢筋混凝土管渠（钢筋、模板、混凝土、变形缝），装配式混凝土管渠（预制构件安装、变形缝），砌筑管渠（砖石砌筑、变形缝），管道内防腐层，管廊内管道安装	每节管渠（廊）或每个流水施工段管渠（廊）
	不开槽施工主体结构	工作井	工作井围护结构、工作井	每座井
		顶管	管道接口连接，顶管管道（钢筋混凝土管、钢管），管道防腐层（管道内防腐层、钢管外防腐层），钢管阴极保护，垂直顶升	顶管顶进：每 100m；垂直顶升：每个顶升管
		盾构	管片制作，掘进及管片拼装，二次内衬（钢筋、混凝土），管道防腐层，垂直顶升	盾构掘进：每 100 环；二次内衬：每施工作业断面；垂直顶升：每个顶升管
		浅埋暗挖	土层开挖、初期衬砌、防水层、二次内衬、管道防腐层、垂直顶升	暗挖：每施工作业断面；垂直顶升：每个顶升管
	不开槽施工主体结构	定向钻	管道接口连接，定向钻管道，钢管防腐层（内防腐层、外防腐层），钢管阴极保护	每 100m
		夯管	管道接口连接，夯管管道，钢管防腐层（内防腐层、外防腐层），钢管阴极保护	每 100m
	沉管	组对拼装沉管	基槽浚挖及管基处理、管道接口连接、管道防腐层、管道沉放、稳管及回填	每 100m（分段拼装按每段，且不大于 100m）

单位工程(子单位工程)		开(挖)槽施工的管道工程、大型顶管工程、盾构管道工程、浅埋暗挖管道工程、大型沉管工程、大型桥管工程	
暗挖与现浇施工管道	沉管 预制钢筋混凝土沉管	基槽浚挖及管基处理,预制钢筋混凝土管节制作(钢筋、模板、混凝土),管节接口预制加工,管道沉放,稳管及回填	每节预制钢筋混凝土管
	桥管	管道接口连接,管道防腐层(内、外防腐层),桥管管道	每跨或每100m;分段拼装按每跨或每段,且不大于100m
附属构筑物工程		井室(现浇混凝土结构、砖砌结构、预制拼装结构),雨水口及支连管,支墩	同一结构类型的附属构筑物不大于10个

注：1. 大型顶管工程、大型沉管工程、大型桥管工程及盾构、浅埋暗挖管道工程,可设独立的单位工程。

2. 大型沉管工程：指管道一次顶进长度大于300m的管道工程。

3. 大型沉管工程：指预制钢筋混凝土管沉管工程;对于成品管组对拼装的沉管工程,应为多年平均水位水面宽度不小于200m,或多年平均水位水面宽度100～200m之间,且相应水深不小于5m。

4. 大型桥管工程：总跨长度不小于300m或主跨长度不小于100m。

5. 土方工程中涉及地基处理、基坑支护等,可按现行国家标准《建筑地基基础工程施工质量验收规范》GB 50202—2002等相关规定执行。

6. 桥管的地基与基础、下部结构工程,可按桥梁工程规范的有关规定执行。

7. 工作井的地基与基础、围护结构工程,可按现行国家标准《建筑地基基础工程施工质量验收规范》GB 50202—2002、《混凝土结构工程施工质量验收规范》GB 50204—2015（2011年版）、《地下防水工程质量验收规范》GB 50208—2011、《给水排水构筑物工程施工及验收规范》GB 50141—2008等相关规定执行。

第 2 章 施工质量计划的内容和编制方法

2.1 质量策划的概念

2.1.1 质量策划的定义

质量策划是指确定项目质量及采用的质量体系要求的目标和要求的活动，致力于设定质量目标并规定必要的作业过程和相关资源，以实现质量目标。

2.1.2 质量策划的依据

1. 质量方针

质量方针指由最高管理者正式发布的与质量有关的组织总的意图和方向。它是一个工程项目组织内部的行为准则，是该组织成员的质量意识和质量追求，也体现了顾客的期望和对顾客做出的承诺。它是根据工程项目的具体需要而确定的，一般采用实施组织（即承包商）的质量方针；若实施组织无正式的质量方针，或该项目有多个实施组织，则需要提出一个统一的项目质量方针。

2. 范围说明

即以文件的形式规定了主要项目成果和工程项目的目标（即业主对项目的需求）。它是工程项目质量策划所需的一个关键依据。

3. 产品描述

一般包括技术问题及可能影响工程项目质量策划的其他问题的细节。无论其形式和内容如何，其详细程度应能保证以后工程项目计划的进行。而且一般初步的产品描述由业主提供。

4. 标准和规划

指可能对该工程项目产生影响的任何应用领域的专用标准和规则。许多工程项目在项目策划中常考虑通用标准和规则的影响。当这些标准和规则的影响不确定时，有必要在工程项目风险管理中加以考虑。

5. 其他过程的结果

指其他领域所产生的可视为质量策划组成部分的结果，例如采购计划可能对承包商的质量要求作出规定。

2.1.3 质量策划的方法

1. 成本/效益分析

工程项目满足质量要求的基本效益就是少返工、提高生产率、降低成本、使业主满意。工程项目满足质量要求的基本成本则是开展项目质量管理活动的开支。成本效益分析就是在成本和效益之间进行权衡，使效益大于成本。

2. 基准比较

就是将该工程项目的做法同其他工程项目的实际做法进行比较，希望在比较中获得改进。

3. 流程图

流程图能表明系统各组成部分间的相互关系，有助于项目班子事先估计会发生哪些质量问题，并提出解决问题的措施。

2.1.4 质量策划的步骤

开展项目质量策划，一般可以分两个步骤进行：

1. 总体策划

总体策划由分公司经理主持进行。对大型、特殊工程，可邀请公司质量经理、总工程师和相关职能负责人等参与策划。

2. 细部策划

被任命的项目经理、项目工程师应立即进入角色，熟悉施工现场和图纸，沟通各种联系渠道，同时组织临建施工。待项目部人员到位后，项目经理组织项目工程师、技术质量、成本核算、材料设备等方面的负责人根据总体策划的意图进行细部策划。

2.1.5 项目质量策划的实施

(1) 落实责任，明确质量目标。

(2) 做好采购工作，保证原材料的质量。

(3) 加强过程控制，保证工程质量。

(4) 加强检测控制。

(5) 监督质量策划的落实，验证实施效果。

2.2 施工质量计划的内容

项目质量计划是指确定工程项目的质量目标和如何达到这些质量目标所规定的必要的作业过程、专门的质量措施和资源等工作。它是质量策划的一项内容，在《质量管理和质量保证术语》中，质量计划的定义是"针对特定的产品、项目或合同，规定专门的质量措施、资源和活动顺序的文件"。对工程行业而言，质量计划主要是针对特定的工程项目编制的规定专门的质量措施、资源和活动顺序的文件，其作用是，对外可作为针对特定工程项目的质量保证，对内作为针对特定工程项目质量管理的依据。

施工质量计划的主要内容应包括：编制依据，项目概述，质量目标，组织机构，保证体系，质量控制过程与手段，关键过程和特殊过程及作业指导书，检（试）验、试验、测量、验证等工程检测项目计划及方法，更改和完善质量计划的程序等。通常情况下，工程项目质量计划纳入工程项目施工组织设计时，编制依据和项目概述不再单独叙述。质量计划应依据合同约定和企业质量管理规定确定应包括内容，设置质量管理和控制的重点。

2.3 施工质量计划的编制依据

(1) 工程承包合同、设计文件，合同中有关产品（或过程）的质量要求。
(2) 施工企业的质量手册及相应的程序文件，质量管理体系文件。
(3) 施工组织设计、施工方案、施工操作规程及作业指导书。
(4) 项目管理目标责任书。
(5) 有关专业工程施工与质量验收规范。
(6)《建筑法》、《建设工程质量管理条例》、环境保护条例及法规。
(7) 安全施工管理条例等。

2.4 施工质量计划的编制方法

2.4.1 质量计划编制主体

(1) 施工质量计划的编制主体是施工承包企业，施工企业应规定质量目标、方针、企业标准以及项目施工质量计划编制批准的程序。在总承包的情况下，分包企业的施工质量计划是总包企业施工质量计划的组成部分。总包有责任对分包施工质量计划的编制进行指导和审核，并承担施工质量的连带责任。

(2) 根据市政工程施工的特点，项目质量计划通常纳入施工组织设计；重大工程项目的质量计价以施工项目管理实施规划的文件形式进行编制。

(3) 在已经建立质量管理体系的情况下，质量计划的内容必须全面体现和落实企业质量管理体系文件的要求，同时结合本工程的特点，在质量计划中编写专项管理要求。

(4) 质量计划作为对外质量保证和对内质量控制的依据文件，应体现施工项目从分项工程、分部工程到单位工程的过程控制，同时也要体现从资源投入到完成工程最终检（试）验的全过程控制。

(5) 施工质量计划由项目部技术负责人组织质量、技术等部门人员编制，应按合同的约定提交监理、建设单位经企业技术负责人审核批准，审核后执行。

2.4.2 质量计划的编制要求

1. 质量目标

合同范围内的全部工程的所有使用功能符合设计（或更改）图纸要求。分项、分部、单位工程质量达到既定的施工质量验收统一标准。

2. 管理职责

项目经理是本工程实施的最高负责人，对工程符合设计、验收规范、标准要求负责；对各阶段、各工号按期交工负责。项目经理委托项目质量副经理（或技术负责人）负责本工程质量计划和质量文件的实施及日常质量管理工作；当有更改时，负责更改后的质量文件活动的控制和管理。

1) 对本工程的准备、施工、安装、交付和维修整个过程质量活动的控制、管理、监督、改进负责。

2）对进场材料、机械设备的合格性负责。

3）对分包工程质量的管理、监督、检查负责。

4）对设计和合同有特殊要求的工程和部位负责组织有关人员、分包商和用户按规定实施，指定专人进行相互联络，解决相互间接口发生的问题。

5）对施工图纸、技术资料、项目质量文件、记录的控制和管理负责。

项目生产副经理对工程进度负责，调配人力、物力保证按图纸和规范施工，协调同业主、分包商的关系，负责审核结果、整改措施和质量纠正措施和实施。

队长、工长、测量员、试验员、计量员在项目质量副经理的直接指导下，负责所管部位和分项施工全过程的质量，使其符合图纸和规范要求，有更改者符合更改要求，有特殊规定者符合特殊要求。

材料员、机械员对进场的材料、构件、机械设备进行质量验收或退货、索赔，有特殊要求的物资、构件、机械设备执行质量副经理的指令。对业主提供的物资和机械设备负责按合同规定进行验收；对分包商提供的物资和机械设备按合同规定进行验收。

3. 资源提供

规定项目管理人员及操作工人的岗位任职标准及考核认定方法。规定项目人员流动时进出人员的管理程序。规定人员进场培训（包括供方队伍、临时工、新进场人员）的内容、考核、记录等。规定施工所需的临时材料、新设备修订的操作方法和操作人员进行培训并记录等。规定施工所需的临时设施（含临建、办公设备、住宿房屋等）、支持性服务手段、施工设备及通信设备等。

材料、机械设备等产品的过程控制。施工项目上需用的材料、机械设备在许多情况下是由建设方提供的。对这种情况要做出如下规定：

1）建设方如何标识、控制其提供产品的质量；

2）检查、检验、验证建设方提供产品满足规定要求的方法；

3）对不合格的处理办法。

4. 项目实现过程策划

规定施工组织设计或专项项目质量的编制要点及接口关系。规定重要施工过程的技术交底和质量策划要求。规定新技术、新材料、新结构、新设备的策划要求。规定重要过程验收的准则或技艺评定方法。

对于施工安全设施、用电设施、施工机械设备安装、使用、拆卸等，要规定专门安全技术方案、措施、使用的检查验收标准等内容。

要编制现场计量网络图、明确工艺计量、检测计量、经营计量的网络、计量器具的配备方案、检测数据的控制管理和计量人员的资格。

编制控制测量、施工测量的方案，制订测量仪器配置、人员资格、测量记录控制、标识确认、纠正、管理等措施。

要编制分项、分部、单位工程和项目检查验收、交付验评的方案，作为交验时进行控制的依据。

5. 材料、机械、设备、劳务及试验等采购控制

由企业自行采购的工程材料、工程机械设备、施工机械设备、工具等，质量计划作如下规定：

（1）对供方产品标准及质量管理体系的要求。

（2）选择、评估、评价和控制供方的方法。

（3）必要时对供方质量计划的要求及引用的质量计划。

（4）采购的法规要求。

（5）有可追溯性（追溯所考虑对象的历史、应用情况或所处场所的能力）要求时，要明确追溯内容的形成。

（6）需要的特殊质量保证证据。

6. 施工工艺过程控制

对工程从合同签订到交付全过程的控制方法做出规定。对工程的总进度计划、分段进度计划、分包工程的进度计划、特殊部位进度计划、中间交付的进度计划等做出过程识别和管理规定。

规定工程实施全过程各阶段的控制方案、措施、方法及特别要求等。

规定工程实施过程需用的程序文件、作业指导书（如工艺标准、操作规程、工法等），作为方案和措施必须遵循的办法。

规定对隐蔽工程、特殊工程进行控制、检查、鉴定验收、中间交付的方法。

规定工程实施过程需要使用的主要施工机械、设备、工具的技术和工作条件，运行方案，操作人员上岗条件和资格等内容，作为对施工机械设备的控制方式。

规定对各分包单位项目上的工作表现及其工作质量进行评估的方法、评估结果送交有关部门、对分包单位的管理办法等，以此控制分包单位。

7. 搬运、贮存、包装、成品保护和交付过程的控制

规定工程实施过程中形成的分项、分部、单位工程的半成品、成品保护方案、措施、交接方式等内容，作为保护半成品、成品的准则。规定工程期间交付、竣工交付，工程的收尾、维护、验评，后续工作处理的方案、措施，作为管理的控制方式。规定重要材料及工程设备的包装防护的方案及方法。

8. 安装和调试的过程控制

对于工程中水、电、机械设备等的安装、检测、调试、验评、交付、不合格的处置等内容规定方案、措施、方式。由于这些工作同土建施工交叉配合较多，因此对于交叉接口程序、验证内容、交接验收、检测、试验设备要求、特殊要求等内容要作明确规定，以便各方面实施时遵循。

9. 检验、试验和测量的过程控制

规定材料、构件、施工条件、结构形式在什么条件、什么时间必须进行检验、试验、复验，以验证是否符合质量和设计要求，如钢材进场必须进行型号、钢种、炉号、批量等内容的检验，不清楚时要进行取样试验或复验。

1）规定施工现场必须设立试验室（员）配置相应的试验设备，完善试验条件，规定试验人员资格和试验内容；对于特定要求要规定试验程序及对程序过程进行控制的措施。

2）当企业和现场条件不能满足所需各项试验要求时，要规定委托上级试验或外单位试验的方案和措施。当有合同要求的专业试验时，应规定有关的试验方案和措施。

3）对于需要进行状态检验和试验的内容，必须规定每个检验试验点所需检验、试验的特性、所采用程序、验收准则、必需的专用工具、技术人员资格、标识方式、记录等要求。例如结构的荷载试验等。

4）当有当地政府部门要求进行或亲临的试验、检验过程或部位时，要规定该过程或部位在何处、何时、如何按规定由第三方进行检验和试验。例如搅拌站空气粉尘含量测定、防火设施验收、压力容器使用验收，污水排放标准测定等。

5）对于施工安全设施、用电设施、施工机械设备安装、使用、拆卸等，要规定专门安全技术方案、措施、使用的检查验收标准等内容。

6）要编制现场计量网络图、明确工艺计量、检测计量、经营计量的网络、计量器具的配备方案、检测数据的控制管理和计量人员的资格。

7）编制控制测量、施工测量的方案，制定测量仪器配置，人员资格、测量记录控制、标识确认、纠正、管理等措施。

8）要编制分项、分部、单位工程和项目检查验收、交付验评的立案，作为交验时进行控制的依据。

10. 检验、试验、测量设备的过程控制

规定要在本工程项目上使用所有检验、试验、测量和计量设备的控制和管理制度，包括：

1）设备的标识方法。

2）设备校准的方法。

3）标明、记录设备标准状态的方法。

4）明确哪些记录需要保存，以便一旦发现设备失准时，便确定以前的测试结果是否有效。

11. 不合格品的控制

要编制工种、分项、分部工程不合格产品出现的方案、措施，以及防止与合格产品之间发生混淆的标识和隔离措施。规定哪些范围不允许出现不合格；明确一旦出现不合格哪些允许修补返工，哪些必须推倒重来，哪些必须局部更改设计或降级处理。编制控制质量事故发生的措施及一旦发生后的处置措施。

规定当分项分部和单位工程不符合设计图纸（更改）和规范要求时，项目和企业各方面对这种情况的处理有如下职权：①质量监督检查部门有权提出返工修补处理、降级处理或做不合格品处理；②质量监督检查部门以图纸（更改）、技术资料、检测记录为依据用书面形式向以下各方发出通知：当分项分部项目工程不合格时通知项目质量副经理和生产副经理；当分项工程不合格时通知项目经理；当单位工程不合格时通知项目经理和公司生产经理。

对于上述返工修补处理、降级处理或不合格的处理，接受通知方有权接受和拒绝这些要求；当通知方和接收通知方意见不能调解时，则由上级质量监督检查部门、公司质量主管负责人，乃至经理裁决；若仍不能解决时申请由当地政府质量监督部门裁决。

12. 施工质量控制点的设置

质量控制点是施工质量控制的重点，应依据工程施工的难点、关键工序来确定；因而是施工质量计划重要组成内容。

隐蔽工程、分项分部工程质量验评、特殊要求的工程等必须做可追溯性记录，质量计划要对其可追溯性范围、程序、标识、所需记录及如何控制和分发这些记录等内容做出规定。

坐标控制点、标高控制点、编号、沉降观察点、安全标志、标牌等是工程重要标识记录，质量计划要对这些标识的准确性控制措施、记录等内容作规定。

重要材料（水泥、钢材、构件等）及重要施工设备的运作必须具有可追溯性。

2.4.3 施工项目质量计划编制的方法

1. 收集有关工程资料

收集的资料主要有施工规范规程、质量评定标准和类似的工程经验等资料。质量计划编制阶段应重点了解工程项目组成、项目建设单位的项目质量目标，与项目施工组织设计中的施工方案、施工工艺等内容相结合进行编写。

2. 确定项目质量目标

首先应依据施工组织设计的项目质量总目标和工程项目的组成与划分，逐级分解，落实责任部门和个人；注意与施工技术管理部门共同研究，确定验收项目的划分后，再对最初的项目质量目标做相应的调整。

3. 设置质量管理体系

根据工程项目特点、施工组织、工程进度计划，建立的项目质量目标（质量改进）之树图，配备质量管理人员、设备和器具，确定人员的质量责任，建立项目的质量管理体系。

建立由项目负责人领导，由技术质量负责人策划并组织实施，质量管理人员检查监督，项目专业分包商、施工作业队组各负其责的质量管理体系。

4. 制订项目质量控制程序

根据项目部施工管理的基本程序，结合项目具体特点，在制订项目总体质量计划后，列出施工过程阶段、节点和总体质量水平有影响的项目，作为具体的质量控制点。针对施工质量控制的难点采取不同的施工技术措施；编制项目部质量控制程序，且根据施工质量控制的目标制订详细的施工方案。

5. 材料设备质量管理及措施

质量管理及措施包括：根据工程进度计划，编制相应的质量管理设备器具计划表，做好材料、机械、设备、劳务及试验等采购控制，质量计划对进场采购的工程材料、工程机械设备、施工机械设备、工具等作具体规定，包括对建设方供应（或指定）产品的标准及进场复验要求；采购的法规与规定；明确追溯内容的形成，记录、标志的主要方法；需要的特殊质量保证证据等。

6. 工程检测项目方法及控制措施

根据工程施工阶段、节点的特点，规定材料、构件及施工必须进行检验、试验、复验要求；如钢材进场必须进行型号、钢种、炉号、批量等内容的检验；规定试验人员资格和试验内容；对于特定要求，要规定试验程序及对程序过程进行控制的措施。

当工程项目的规模较大、分期分批施工项目较多时，应与建设、监理等方面确定工程验收项目，根据工程进度分阶段编制项目的质量计划。

当企业和现场条件不能满足所需各项试验要求时，需规定委托企业试验或外单位试验的方案和措施；对合同要求的专业试验应规定有关的试验方案和措施；对于需要进行状态检验和试验的内容，必须规定检验点、所需检（试）验的特性、所采用程序、验收准则、必需的专用工具、技术人员资格、标识方式、记录等要求；对建设方参加见证或试验的过程（部位）时，要规定过程或部位的所在地、见证或试验时间、进行检验试验规定、前后接口部位的要求等。

2.5 施工质量计划的实施

2.5.1 划分分项工程检验批

分项工程可由一个或若干检验批组成，检验批可根据施工及质量控制和专业验收需要按楼层、施工段、变形缝等进行划分。

所谓检验批就是"按同一生产条件或按规定的方式汇总起来供检验用的，由一定数量样本组成的检验体"。分项工程划分成检验批进行验收有助于及时纠正施工中出现的质量问题，确保工程质量，也符合施工实际需要。

2.5.2 质量计划的实施和验证

质量管理人员应按照岗位责任分工，控制质量计划的实施，并应按照规定保存过程相关记录。当发生质量缺陷或事故时，必须分析原因、分清责任、进行整改。

项目技术负责人应定期组织具有资质的质检人员进行内部质量审核，并验证质量计划的实施效果，当项目控制中存在问题或隐患时，应提出解决措施。

对重复出现的不合格质量问题，责任人应按规定承担责任，并依据验证评价的结果进行处罚。

2.5.3 不合格品的处置

对实施过程出现的不合格品，项目部质量员有权提出返工修补处理、降级处理或作不合格品处理意见和建议；质量监督检查部门应以图纸（更改）、技术资料、检测记录为依据用书面形式向以下各方发出通知：当分项分部项目工程不合格时通知项目质量负责人和生产负责人；当分项工程不合格时通知项目负责人；当单位工程不合格时通知项目负责人和公司主管经理。

上述接收返工修补处理、降级处理或不合格处理通知方有权接受或拒绝这些要求；当通知方和接收通知方意见不能调解时，则由上级质量监督检查部门、公司质量主管负责人，乃至项目部负责人进行裁决；若仍不能解决时可申请由当地政府质量监督部门裁决。

2.5.4 质量计划的实施、监视、测量和修改

（1）项目部负责人应按照质量计划的规定和要求在施工活动中组织实施。

（2）项目部技术负责人应定期组织具有资质的质检人员进行内部质量审核，且验证质量计划的实施效果，当项目控制中存在问题或隐患时，应提出解决措施。

（3）对重复出现的质量问题，责任人应承担相应的责任，并依据评价结果接受处罚。

（4）当质量计划需修改时，由项目部技术负责人提出修改意见，报项目负责人审批。

（5）工程竣工后，与质量计划有关的文件由项目部及公司存档。

第3章 工程质量控制的方法

工程项目质量控制是指为达到项目质量要求采取的作业技术和活动。工程项目质量要求则主要表现为工程合同、设计文件、技术规范规定的质量标准。因此，工程项目质量控制就是为了保证达到工程合同设计文件和标准规范规定的质量标准而采取的一系列措施、手段和方法。

3.1 影响工程质量的主要因素

3.1.1 工程施工质量基本要求

工程施工质量有着严格的要求和标准，应满足设计要求和标准规定；市政工程施工质量还需要满足使用功能要求和安全性要求。在所有影响施工质量的因素中，人、材料、机械、方法和环境方面的因素是主要因素。对这些因素严格加以控制，是保证工程质量的关键。

3.1.2 主要因素控制

1. 人的因素影响

工程建设项目中的人员包括决策管理人员、技术人员和操作人员等直接参与市政工程建设的所有人员。人作为质量的创造者，人的因素是质量控制的主体；人作为控制的动力，应充分调动其积极性，以发挥人的主观能动性、积极性和责任感，坚持持证上岗，组织专业技术培训，以人的工作质量保证工程质量。

2. 材料的控制

材料包括原材料、成品、半成品、构配件，是工程施工的主要物质基本，没有材料就无法施工。材料质量是工程质量的重要因素，材料质量不符合要求，工程质量也就不可能符合标准。所以，加强材料的质量控制，是提高工程质量的重要保证，是创造正常施工条件，实现投资、进度控制的前提。对工程材料质量的控制应着重于下面的工作：

（1）优选供货商，合理组织材料供应。只有选择好供货商，才有获得质量更好、价格更低的材料资源的可能，才能从材料上确保工程质量，降低工程的造价。在此基础上，要严格控制材料的采购、加工、储备、运输，并建立起严密的计划台账和管理体系。

（2）加强材料检查验收，严把材料质量关。对用于工程的主要材料，进场时必须具备正规的材质化验单和正式的出厂合格证，对于重要工程或关键施工部位所用的材料，原则上必须进行全部检（试）验，材料质量抽样和检（试）验的方法要符合有关材料质量标准和测试规程，能反应检验（收）批次材料的质量与性能。

3. 机械设备的控制

机械设备控制包括施工机械设备、工具等控制。机械设备是实现施工机械化的重要物质基础，是确保施工质量的关键条件，因此，必须做好有效的控制工作。机械设备是施工生产的手段，对工程质量也有重要影响。所以要根据不同施工工艺特点和技术要求，选用合适的机械设备，正确使用、管理和保养好机械设备。同时也要健全各种对机械设备的管理制度，如"人机固定"制度、"操作证"制度、岗位责任制度、交接班制度、"技术保养"制度等确保机械设备处于最佳使用状态。

4. 工艺方法的控制

方法控制包括工程项目整个建设周期内所采取的施工技术方案、工艺流程、检测手段、施工组织设计等的控制。其主要控制要点：

（1）施工方案控制：施工方案选择是否正确，直接关系到工程项目的质量控制目标能否实现。因此，必须结合具体工程实际情况，从组织、管理、工艺、技术、操作等多方面进行全面分析与综合考虑，力求方案工艺先进、技术可行、措施得力、操作方便、经济合理，以达到提高工程质量的目的。

（2）工艺流程的控制：工艺流程选择和控制可有效提高项目施工质量。例如：起重机开行路线与停机点的位置和起重机的性能、构件的尺寸及质量，构件的平面布置、供应方式与吊装方法等有关，应力求开行路线最短；每一停机点尽可能多吊构件，并保证能将构件吊至安装位置。构件平面布置应满足吊装工艺的要求，充分发挥起重机的效率，以避免构件在场内进行二次搬运。

总之，方法是实现工程建设的重要手段，无论方案的制定、工艺的设计、施工组织设计的编制、施工顺序的开展和操作要求等，都必须以确保质量为目的，严加控制。

5. 环境因素的控制

影响工程质量的环境因素比较多，且对工程质量的影响具有复杂而多变的特点，如工程地质、水文、气象等条件就变化万千，温度、湿度、大风、暴雨、酷暑、严寒都直接影响工程质量。

工程具体条件与施工特点、施工方案和技术措施与影响工程质量的环境因素是紧密相关的。为此，采取有效的措施加以控制，如在雨期、冬期、风季、炎热季节施工，应针对工程的特点，尤其是对沥青路面工程、水泥混凝土工程、路基土方工程、桥涵基础工程等，必须拟定季节性施工保证质量的有效措施，以避免工程质量受到冻害、干裂、冲刷、坍塌等环境因素的影响与危害。

3.2 施工准备阶段的质量控制和方法

施工准备，是整个工程施工过程的开始，只有认真做好施工准备工作，才能顺利的组织施工，并为保证和提高工程质量，加速施工进度，缩短建设工期，降低工程成本提供可靠的条件。

施工准备阶段质量控制工作的基本任务是：掌握施工项目工程的特点；了解对施工总进度的要求；摸清施工条件；编制施工组织设计；全面规划和安排施工力量；制定合理的施工方案；组织物资供应；做好现场"三通一平"和平面布置；兴建施工临时设施，为现场施工做好准备工作。

3.2.1 施工准备的范围

（1）全场性施工准备，是以整个项目施工现场为对象而进行的各项施工准备。

（2）单位工程施工准备，是以一个建筑物或构筑物为对象而进行的施工准备。

（3）分项（部）工程施工准备，是以单位工程中的一个分项（部）工程或冬、雨期施工为对象而进行的施工准备。

（4）项目开工前的施工准备，是在拟建项目正式开工前所进行的一切施工准备。

（5）项目开工后的施工准备，是在拟建项目开工后，每个施工阶段正式开工前所进行的施工准备，如混合结构住宅施工，通常分为基础工程、主体工程和装饰工程等施工阶段，每个阶段的施工内容不同，其所需的物质技术条件、组织要求和现场布置也不同，因此，必须做好相应的施工准备。

3.2.2 施工准备的内容

1. 技术准备

（1）研究和会审图纸及技术交底。通过研究和会审图纸，可以广泛听取使用人员、施工人员的正确意见，弥补设计上的不足，提高设计质量；可以使施工人员了解设计意图、技术要求、施工难点，为保证工程质量打好基础。技术交底是施工前的一项重要准备工作。以使参与施工的技术人员与工人了解承建工程的特点、技术要求、施工工艺及施工操作要点。

（2）施工组织设计和施工方案编制阶段。施工组织设计或施工方案，是指导施工的全面性技术经济文件，保证工程质量的各项技术措施是其中的重要内容。这个阶段的主要工作有以下几点：

1）签订承发包合同和总分包协议书。

2）根据建设单位和设计单位提供的设计图纸和有关技术资料，结合施工条件编制施工组织设计。

3）及时编制并提出施工材料、劳动力和专业技术工种培训，以及施工机具、仪器的需用计划。

4）认真编制场地平整、土石方工程、施工场区道路和排水工程的施工作业计划。

5）及时参加全部施工图纸的会审工作，对设计中的问题和有疑问之处应随时解决和弄清，要协助设计部门消除图纸差错。

6）属于国外引进工程项目，应认真参加与外商进行的各种技术谈判和引进设备的质量检验，以及包装运输质量的检查工作。

施工组织设计编制阶段，质量管理工作除上述几点外，还要着重制定好质量管理计划，编制切实可行的质量保证措施和各项工程质量的检验方法，并相应地准备好质量检验测试器具。质量管理人员要参加施工组织设计的会审，以及各项保证质量技术措施的制定工作。

2. 物资准备

（1）材料质量控制的要求

1）掌握材料信息，优选供货厂家。

2）合理组织材料供应，确保施工正常进行．

3）合理地组织材料使用，减少材料的损失。

4）加强材料检查验收，严把材料质量关：

① 对用于工程的主要材料，进场时必须具备正式的出厂合格证的材质化验单。如不具备或对检验证明有影响时，应补做检验。

② 工程中所有构件，必须具有厂家批号和出厂合格证。钢筋混凝土和预应力钢筋混凝土构件，均应按规定的方法进行抽样检验。由于运输、安装等原因出现的构件质量问题，应分析研究，经处理鉴定后方能使用。

③ 凡标志不清或认为质量有问题的材料，对质量保证资料有怀疑或与合同规定不符的一般材料；由于工程重要程度决定，应进行一定比例试验的材料；需要进行追踪检验，以控制和保证其质量的材料等，均应进行抽检。对于进口的材料设备和重要工程或关键施工部位所用的材料则应进行全部检验。

④ 材料质量抽样和检验的方法，应符合《建筑材料质量标准与管理规程》，要能反映该批材料的质量性能。对于重要构件或非匀质的材料，还应酌情增加采样的数量。

⑤ 在现场配制的材料，如混凝土、砂浆、防水材料、防腐材料、绝缘材料、保温材料等的配合比，应先提出试配要求，经试配检验合格后才能使用。

⑥ 对进口材料、设备应会同商检局检验，如核对凭证书发现问题，应取得供方和商检人员签署的商务记录，按期提出索赔。

5）要重视材料的使用认证，以防错用或使用不合格的材料。

① 对主要装饰材料及建筑配件，应在订货前要求厂家提供样品或看样订货；主要设备订货时，要审核设备清单，是否符合设计要求。

② 对材料性能、质量标准、适用范围和对施工的要求必须充分了解，以便慎重选择和使用材料。

③ 凡是用于重要结构、部位的材料，使用时必须仔细地核对、认证设计要求。

④ 新材料应用，必须通过试验和鉴定；代用材料必须通过计算和充分的论证，并要符合结构构造的要求。

⑤ 材料认证不合格时，不许用于工程中；有些不合格的材料，如过期、受潮的水泥是否降级使用，亦需结合工程的特点予以论证，但决不允许用于重要的工程或部位。

（2）材料质量控制的内容

材料质量控制的内容主要有：材料质量的标准，材料的性能，材料取样、试验方法，材料的适用范围和施工要求等。

1）材料质量标准。材料质量标准是用以衡量材料质量的尺度，也是作为验收、检验材料质量的依据。不同的材料有不同的质量标准，掌握材料的质量标准，就便于可靠地控制材料和工程的质量。

2）材料质量的检（试）验。材料质量检验的目的，是通过一系列的检测手段，将所取得的材料数据与材料的质量标准相比较，借以判断材料质量的可靠性，能否使用于工程中；同时，还有利于掌握材料信息。

① 材料质量的检验方法。材料质量检验方法有书面检验、外观检验、理化检验和无损检验等四种：

书面检验，是通过对提供的材料质量保证资料、试验报告等进行审核，取得认可方能使用。

外观检验，是对材料从品种、规格、标志、外形尺寸等进行直观检查，看其有无质量问题。

理化检验，是借助试验设备和仪器对材料样品的化学成分、机械性能等进行科学的鉴定。

无损检验，是在不破坏材料样品的前提下，利用超声波、X射线、表面探伤仪等进行检测。

② 材料质量检验程度。根据材料信息和保证资料的具体情况，其质量检验程度分免检、抽检和全部检查三种：

免检就是免去质量检验过程。对有足够质量保证的一般材料，以及实践证明质量长期稳定且质量保证资料齐全的材料，可予免检。

抽检就是按随机抽样的方法对材料进行抽样检验。当对材料的性能不清楚，或对质量保证资料有怀疑，或对成批生产的构配件，均应按一定比例进行抽样检验。

全检验。凡对进口的材料、设备和重要工程部位的材料，以及贵重的材料，应进行全部检验，以确保材料和工程质量。

③ 材料质量检验的取样。材料质量检验的取样必须有代表性，即所采取样品的质量应能代表该批材料的质量。在采取试样时，必须按规定的部位、数量及采选的操作要求进行。

④ 材料抽样检验的判断。抽样检验一般适用于对原材料、半成品或成品的质量鉴定。由于产品数量大或检验费用高，不可能对产品逐个进行检验，特别是破坏性和损伤性的检验。通过抽样检验，可判断整批产品是否合格。

（3）材料的选择和使用。材料的选择和使用不当，均会严重影响工程质量或造成质量事故。为此，必须针对工程特点，根据材料的性能、质量标准、适用范围和对施工要求等方面综合考虑，慎重地来选择和使用材料。

例如，贮存期超过3个月的过期水泥或受潮、结块的水泥，需重新检定其强度等级，并且不允许用于重要工程中，不同品种、强度等级的水泥，由于水化热不同，不能混合使用；硅酸盐水泥、普通水泥因水化热大，适宜于冬期施工，而不适宜于大体积混凝土工程；矿渣水泥适用于配制大体积混凝土和耐热混凝土，但具有泌水性大的特点，易降低混凝土的匀质性和抗渗性，因此，在施工时必须加以注意。

（4）施工机械设备的选用。施工机械设备是实现施工机械化的重要物质基础，是现代施工中必不可少的设备，对施工项目的质量有直接的影响。为此，施工机械设备的选用，必须综合考虑施工场地的条件、建筑结构形式、机械设备性能、施工工艺和方法、施工组织与管理、建筑经济等各种因素进行多方案比较，使之合理装备、配套使用、有机联系，以充分发挥机械设备的效能，力求获得较好的综合经济效益。

机械设备的选用，应着重从机械设备的选型、机械设备的主要性能参数和机械设备使用操作要求三方面予以控制：

1）机械设备的选型。机械设备的选择，应本着因地制宜、因工程制宜。按照技术上先进、经济上合理、生产上适用、性能上可靠、使用上安全、操作方便和维修方便的原则，贯彻执行机械化、半机械化与改良工具相结合的方针，突出施工与机械相结合的特色，使其具有工程的适用性，具有保证工程质量的可靠性，具有使用操作的方便性和安全性。

2）机械设备的主要性能参数。机械设备的主要性能参数是选择机械设备的依据，要能满足需要和保证质量的要求。

（5）机械设备的使用与操作要求。合理使用机械设备，正确地进行操作，是保证项目施工质量的重要环节。应贯彻"人机固定"原则，实行定机、定人、定岗位责任的"三定"制度。操作人员必须认真执行各项规章制度，严格遵守操作规程，防止出现安全质量事故。机械设备在使用中，要尽量避免发生故障，尤其是预防事故损坏（非正常损坏），即指人为的损坏。造成事故损坏的主要原因有：操作人员违反安全技术操作规程和保养规程；操作人员技术不熟练或麻痹大意；机械设备保养、维修不良；机械设备运输和保管不当；施工使用方法不合理和指挥错误，气候和作业条件的影响等。这些都必须采取措施，严加防范，随时要以"五好"标准予以检查控制，即：

1）完成任务好：要做到高效、优质、低耗和服务好。

2）技术状况好：要做到机械设备经常处于完好状态，工作性能达到规定要求，机容整洁和随机工具部件及附属装置等完整齐全。

3）使用好：要认真执行以岗位责任制为主的各项制度，做到合理使用、正确操作和原始记录齐全准确。

4）保养好：要认真执行保养规程，做到精心保养，随时搞好清洁、润滑、调整、紧固、防腐。

5）安全好：要认真遵守安全操作规程和有关安全制度，做到安全生产，无机械事故。只要调动人的积极性，建立健全合理的规章制度，严格执行技术规定，就能提高机械设备的完好率、利用率和效率。

3. 组织准备

包括建立项目组织机构；集结施工队伍；对施工队伍进行入场教育等。

4. 施工现场准备

包括控制网、水准点、标桩的测量；"五通一平"；生产、生活临时设施等的准备；组织机具、材料进场；拟定有关试验、试制和技术进步项目计划；编制季节性施工措施；制定施工现场管理制度等。

5. 择优选择分包商并对其进行分包培训

分包是直接的操作者，只有他们的管理水平和技术实力提高了，工程质量才能达到既定的目标，因此要着重对分包队伍进行技术培训和质量教育，帮助分包提高管理水平。项目对分包班组长及主要施工人员，按不同专业进行技术、工艺、质量综合培训，未经培训或培训不合格的分包队伍不允许进场施工。项目要责成分包建立责任制，并将项目的质量保证体系贯彻落实到各自施工质量管理中，督促其对各项工作的落实。

3.2.3 施工准备阶段质量控制方法

（1）建立项目质量管理体系和质量保证体系，编制项目质量保证计划。

（2）制订施工现场的各种质量管理制度，完善项目计量及质量检测技术和手段。

（3）组织设计交底和图纸审核，是施工项目质量控制的重要环节。通过设计图纸的审查，了解设计意图，熟悉关键部位的工程质量要求。通过设计交底，使建设、设计、施工等参加单位进行沟通，发现和减少设计图纸的差错，以保证工程顺利实施，保证工程质量和安全。

（4）编制施工组织设计，将质量保证计划与施工工艺和施工组织进行融合，是施工项目质量控制的至关紧要环节。施工组织设计是指导施工准备和组织施工的全面性技术经济文件。对施工组织设计要进行两方面的控制：一是选定施工方案后，制订施工进度计划表时，必须考虑施工顺序、施工流向、主要分部分项工程的施工方法、特殊项目的施工方法和技术措施能否保证工程质量；二是制订施工方案时，必须进行技术经济比较，使工程项目满足符合性、有效性和可靠性要求，取得施工工期短、成本低、安全生产、效益好的经济质量。

（5）对材料供应商和分包商进行评估和审核，建立合格的供应商和分包商名册。

（6）严格控制工程所使用原材料的质量，根据本工程所使用原材料情况编制材料检（试）验计划，并按计划对工程项目施工所需的原材料、半成品、构配件进行质量检查和复验，确保用于工程施工的材料质量符合规范规定和设计要求。

（7）工程测量控制资料施工现场的原始基准点、基准线、参考标高及施工控制网等数据资料，是施工之前进行质量控制的一项基础工作。

3.3 施工阶段的质量控制和方法

施工阶段质量控制是整个工程质量控制的重点。根据工程项目质量目标要求，加强对施工现场及施工工艺的监督管理，重点控制工序质量，督促施工人员严格按设计施工图纸、施工工艺、国家有关质量标准和操作规程进行施工和管理。其具体措施是：工序交接有检查；质量预控有对策；施工项目有方案；技术措施有交底；图纸会审有记录；配制材料有试验；隐蔽工程有验收；计量器具校正有复核；设计变更有手续；钢筋代换有制度；质量处理有复查；成品保护有措施；行使质控有否决（如发现质量异常、隐蔽未经验收、质量问题未处理、擅自变更设计图纸、擅自代换或使用不合格材料、未经资质审查的操作人员无证上岗等，均应对质量予以否决）；质量文件有档案（凡是与质量有关的技术文件，如水准、坐标位置，测量、放线记录，沉降、变形观测记录，图纸会审记录，材料合格证明、试验报告，施工记录，隐蔽工程记录，设计变更记录，调试、试压运行记录，试车运转记录，竣工图等都要编目建档）。

3.3.1 施工过程质量控制内容

（1）技术交底应符合下列规定：

1）单位工程、分部工程和分项工程开工前，项目技术负责人应向承担施工的负责人或分包人进行书面技术交底。技术交底资料应办理签字手续并归档。

2）在施工过程中，项目技术负责人对发包人或监理工程师提出的有关施工方案、技术措施及设计变更的要求，应在执行前向执行人员进行书面技术交底。

（2）工程测量应符合下列规定：

1）在项目开工前应编制测量控制方案，经项目技术负责人批准后方可实施，测量记录应归档保存。

2）在施工过程中应对测量点线妥善保护，严禁擅自移动。

（3）材料的质量控制应符合下列规定：

1）项目经理部应在质量计划确定的合格材料供应商名录中按计划招标采购材料、半成品和构配件。

2）材料的搬运和贮存应按搬运储存规定进行，并应建立台账。

3）项目经理部应对材料、半成品、构配件进行标识。

4）未经检验和已经检验为不合格的材料、半成品、构配件和工程设备等，不得投入使用。

5）对发包人提供的材料、半成品、构配件、工程设备和检验设备等，必须按规定进行检验和验收。

6）监理工程师应对承包人自行采购的物资进行验证。

（4）机械设备的质量控制应符合下列规定：

1）应按设备进场计划进行施工设备的调配。

2）现场的施工机械应满足施工需要。

3）应对机械设备操作人员的资格进行确认，无证或资格不符合者严禁上岗。

（5）计量人员应按规定控制计量器具的使用、保管、维修和检验，计量器具应符合有关规定。

（6）工序控制应符合下列规定：

1）施工作业人员应按规定经考核合格后，持证上岗。

2）施工管理人员及作业人员应按操作规程、作业指导书和技术交底文件进行施工。

3）工序的检验和试验应符合过程检验和试验的规定，对查出的质量缺陷应按不合格控制程序及时处理。

4）施工管理人员应记录工序施工情况。

（7）特殊过程控制应符合下列规定：

1）对在项目质量计划中界定的特殊过程，应设置工序质量控制点进行控制。

2）对特殊过程的控制，除应执行一般过程控制的规定外，还应由专业技术人员编制专门的作业指导书，经项目技术负责人审批后执行。

（8）工程变更应严格执行工程变更程序，经有关单位批准后方可实施。

（9）建筑产品或半成品应采取有效措施妥善保护。

（10）施工中发生的质量事故，必须按《建设工程质量管理条例》的有关规定处理。

3.3.2 施工过程质量控制方法

（1）对分包队伍的管理

分包队伍管理必须以合同为依据，各种管理依据为附件。因此，在合同谈判时需从生产、技术、质量、安全、物质、文明施工等方面最大限度地要求分包队伍，条款必须清楚，内容详尽、周全，为项目生产活动做好基础和铺垫工作。

在分包队伍管理上很关键的问题是把分包队伍管理融入到总包管理中去，接受总包的组织和协调。在各分项工程施工前组织有分包技术人员参加的方案讨论，全面听取其合理意见和建议。在工程施工阶段可通过各种施工表格，责令分包队伍定期按时填写上报，由总包审定。要求分包队伍执行总包下达的各项施工方案、技术交底、整改通知、指令或指导书等。同时，要注意多与分包队伍主要管理人员沟通，了解他们的一些想法。对分包队伍中一些好的做法、建议应给予表扬和支持，同时对分包队伍出现的质量问题，不论大小一定不能放过，分析原因提出批评甚至罚款。

（2）以施工组织设计和技术方案为龙头，建构创优质工程的技术基础

开工前根据工程特点，制定编制技术施工组织设计和施工方案的清单，明确时间和责任人。施工组织设计和方案在定稿前都要召开专题讨论会，充分参考有关部门及分包的意见。每个方案的实施都要通过方案提出—讨论—编制—审核—修改—定稿—交底—实施几个步骤进行。方案一旦确定就不得随意更改，并组织项目有关人员及分包负责人进行方案书面交底。如提出更改必须以书面申请的方式，报项目技术负责人批准后，以修改方案的形式正式确定。现场实施中，项目应派专人负责在现场实施中的跟踪调查工作，将方案与现场实施中不一致的情况及时汇报给技术负责人，通过内部洽商或修改方案（有必要时）的方式明确如何解决。

施工中有了完备的施工组织设计和可行的工程方案，以及可操作性强的技术交底，就要严格按方案施工，从而保证全部工程整体部署有条不紊，施工流水不乱，分部分项工程施工方案科学、合理，施工操作人员严格执行规范、标准，有力地保证工程的质量和进度。

（3）制定完善的计划体系

完善的计划体系是掌握施工管理主动权、控制生产各方面的依据。它涉及面十分广泛，不仅指施工生产进度计划，而且还包括材料设备、劳动力供应计划及因现场条件制约的材料设备进场堆放计划，还涵盖各分包交叉作业的协调计划，以及现场文明施工等，并由此派生出一系列的技术保障计划、成本控制计划、物资供应计划等配套计划，做到各项工作有章可循，减少管理的随意性。

实现对业主工期目标的承诺，项目经理部要制定工程总进度计划，计划管理以施工总控进度计划为指导纲领，月施工进度计划作为阶段控制目标，将计划管理的控制单元划分为日计划，保证日计划就保证了周计划和月计划，从而确保施工进度计划目标的实现。

项目实行生产例会制度，考核当日计划的完成情况，总结当日工程质量、文明施工、安全生产，下达第二天的工作计划，协调人、机、料的投入和使用，落实责任。

（4）过程控制的有效制度

1）周生产质量例会制度、周质量例会制度、月质量讲评制度

① 周生产质量例会制度。

项目经理部可每周召开生产例会，现场经理要把质量讲评放在例会的重要议事日程上，除布置生产任务外，还要对上周工地质量动态作一全面的总结，指出施工中存在的质量问题以及解决这些问题的措施。措施要切合实际，要具有可操作性，并要形成会议纪要，以便在召开下周例会时逐项检查执行情况。对执行好的分包单位进行口头表彰；对执行不力者要提出警告，并限期整改；对工程质量表现差的分包单位，项目可考虑解除合同

并勒令其退场。

② 周质量例会制度。

由项目经理部质量总监主持，参与项目施工的所有分承包行政领导及技术负责人参加。首先由参与项目施工的分承包方汇报上周施工项目的质量情况，质量体系运行情况，质量上存在问题及解决问题的办法，以及需要项目经理部协助配合事宜。

项目质量总监要认真地听取他们的汇报，分析上周质量活动中存在的不足或问题。与与会者共同商讨解决质量问题所应采取的措施，会后予以贯彻执行。每次会议都要作好例会纪要，分发与会者，作为下周例会检查执行情况的依据。

③ 月质量讲评制度。

每月底由项目质量总监组织分承包方行政及技术负责人对在施工程进行实体质量检查，之后，由分承包方写出本月度在施工程质量总结报告交项目质量总监，再由质量总监汇总，建议以"月度质量管理情况简报"的形式发至项目经理部有关领导、各部门和各分承包方。简报中对质量好的承包方要予以表扬，需整改的部位应明确限期整改日期，并在下周质量例会逐项检查是否彻底整改。

2）样板制度

即在分项（工序）施工前，由责任工程师依施工方案和技术交底以及现行的国家规范、标准，组织进行分项（工序）样板施工，在施工部位挂牌注明工序名称、施工责任人、技术交底人、操作班长、施工日期等。可将每一层的第一个施工段的各分部分项工程及重点工序都作为样板，请监理共同验收，样板未通过验收前不得进行下一步施工。同时，分包在样板施工中也接受了技术标准、质量标准的培训，做到统一操作程序，统一施工做法，统一质量验收标准。

3）三检制

① 自检：在每一项分项工程施工完后均需由施工班组对所施工产品进行自检，如符合质量验收标准要求，由班组长填写自检记录表。

② 互检：经自检合格的分项工程，在项目经理部专业监理工程师的组织下，由分包方工长及质量员组织上下工序的施工班组进行互检，对互检中发现的问题上下工序班组应认真及时地予以解决。

③ 交接检：上下工序班组通过互检认为符合分项工程质量验收标准要求，在双方填写交接检记录，经分包方工长签字认可后，方可进行下道工序施工。项目专业监理工程师要亲自参与监督。

4）挂牌制度

① 技术交底挂牌

在工序开始前，针对施工中的重点和难点现场挂牌，将施工操作的具体要求，如：钢筋规格、设计要求、规范要求等写在牌子上，既有利于管理人员对工人进行现场交底，又便于工人自觉阅读技术交底，达到了理论与实践的统一。

② 施工部位挂牌

执行施工部位挂牌制度。在现场施工部位挂"施工部位牌"，牌中注明施工部位、工序名称、施工要求、检查标准、检查责任人、操作责任人、处罚条例等，保证出现问题可以追查到底，并且执行奖罚条例，从而提高相关责任人的责任心和业务水平，达到练队伍、造人才的目的。

③ 操作管理制度挂牌

注明操作流程、工序要求及标准、责任人、管理制度，标明相关的要求和注意事项等。如：同条件混凝土试块的养护制度就必须注明其养护条件必须同代表部位混凝土的养护条件。

④ 半成品、成品挂牌制度

对施工现场使用的钢筋原材、半成品、水泥、砂石料等进行挂牌标识，标识须注明使用部位、规格、产地、进场时间等，必要时必须注明存放要求。

5）问题追根制度

对施工中出现的质量问题，追根制度是其最好的解决办法。追根工作可按以下程序严格执行：

① 会诊。

② 查原因。

③ 追查责任人。

④ 限期整改。

⑤ 验收结果，不达到效果不罢休。

⑥ 写总结，立规矩。

6）奖惩制度

实行奖惩公开制，制定详细、切合实际的奖罚制度和细则，贯穿工程施工的全过程。由项目质量总监负责组织有关管理人员对在施作业面进行检查和实测实量。对严格按质量标准施工的班组和人员进行奖励，对未达到质量要求和整改不认真的班组进行处罚。

3.4 交工验收阶段的质量控制和方法

3.4.1 工程竣工验收的程序

（1）工程项目完工后，施工单位应自行组织有关人员进行检验，并将资料与自检结果，报监理单位申请验收。

（2）监理单位应根据《建设工程监理规范》的要求对工程进行竣工预验收。符合规定后由施工单位向建设单位提交工程竣工报告和完整的质量控制资料，申请建设单位组织竣工验收。

（3）建设单位项目负责人应根据监理单位的工程竣工报告组织建设、勘查、设计、施工、监理项目负责人，并邀请监督部门参加工程验收。

3.4.2 工程竣工验收的组织

（1）检验批及分项工程验收

应由监理工程师（建设单位项目技术负责人）组织施工项目专业技术人员、质量管理人员、技术（质量）负责人等进行验收。

（2）专项验收

有"四新"技术的推广应用工程项目，对国家、行业、地方标准没有具体验收要求的分项工程及检验批，可由建设单位组织制订专项验收要求，专项验收要求应符合设计意图，包括分项工程及检验批的划分、抽样方案、验收方法、判定指标等内容，监理、设计、施工等单位可参与制订。为保证工程质量，重要的专项验收要求应在实施前组织专家论证。

（3）分部工程验收

分部工程验收应由总监理工程师（建设单位项目负责人）组织施工单位项目负责人和技术、质量负责人等进行验收；地基与基础、主体结构分部工程的勘察、设计单位工程项目负责人和施工单位技术、质量部门负责人也应参加相关分部工程验收。

（4）竣工预验收

单位工程完成后，施工单位应依据验收规范、设计图纸等组织有关人员进行自检；单位工程有分包单位施工时，分包单位对所承包的工程项目应按规定的程序检验，总包单位应派人参加；自检结果符合规定后，施工单位应提出竣工预验收申请。

（5）竣工验收

单位工程质量验收应由建设单位项目负责人组织，勘察、设计、施工、监理单位的项目负责人，施工单位项目技术、质量负责人和监理单位的总监理工程师应参加验收。

在一个单位工程中，对满足生产要求或具备使用条件，施工单位已自行检验，监理单位已预验收的子单位工程，建设单位可组织进行验收。由几个施工单位负责施工的单位工程，当其中的子单位工程已按设计要求完成，并经自行检验，也可按规定的程序组织正式验收，办理交工手续。在整个单位工程验收时，已验收的子单位工程验收资料应作为单位工程验收的附件。

建设行政主管部门应委托工程质量监督机构对工程竣工验收的验收程序、组织形式、执行标准等情况实施监督。

3.4.3 竣工验收阶段的质量控制内容

（1）组织联动试车。
（2）准备竣工验收资料，组织自检和初步验收。
（3）组织竣工验收。
（4）质量文件编目建档。
（5）办理工程交接手续。

3.4.4 竣工验收阶段的质量控制要求

（1）单位工程竣工后，必须进行最终检验和试验。施工项目最终检验和试验是指对单位工程质量进行的验证，是对产品质量的最后把关，是全面考核产品的质量是否满足设计要求的重要手段。最终检验和试验提供的资料是产品符合合同要求的证据。项目技术负责人应按编制竣工资料的要求收集整理工程材料、设备及构件的质量合格证明材料、各种材料的试验检验资料、隐蔽工程记录、施工记录等质量记录。

（2）一个单位工程完成后，由项目技术负责人组织项目的技术、质量、生产等有关专业技术人员到现场进行检验评定。评定结束后，送交当地工程建设质量监督部门备案。

（3）施工质量缺陷应予以纠正，并且应在纠正后再次验证以证实其符合性。当在交付或开始使用后发现项目不合格时，应针对不合格所造成的后果采取适当补救措施。

（4）项目经理部应组织有关专业技术人员按合同要求，编制工程竣工文件，并应做好工程移交准备。

（5）在最终检验和试验合格后，应对建筑产品采取防护措施。

（6）工程交工后，项目经理部应编制符合文明施工和环境保护要求的撤场计划。

3.5 设置质量控制点的原则和方法

3.5.1 质量控制点的概念

质量控制点是指对工程项目的性能、安全、寿命、可靠性等有影响的关键部位及对下道工序有影响的关键工序，为保证工程质量需要进行控制的重点、关键部位或薄弱环节，需在施工过程中进行严格管理，以使关键工序及部位处于良好的控制状态。

3.5.2 设置质量控制点的原则

质量控制点设置的原则，是根据工程的重要程度，即质量特性值对整个工程质量的影响程度来确定。为此，在设置质量控制点时，首先要对施工的工程对象进行全面分析、比较，以明确质量控制点；之后进一步分析所设置的质量控制点在施工中可能出现的质量问题或造成质量隐患的原因，针对隐患的原因，相应地提出对策、措施予以预防。由此可见，设置质量控制点，是对工程质量进行预控的有力措施。

质量控制点的涉及面较广，根据工程特点，视其重要性、复杂性、精确性、质量标准和要求，可能是结构复杂的某一工程项目，也可能是技术要求高、施工难度大的某一结构构件或分项、分部工程，也可能是影响质量关键的某一环节中的某一工序或若干工序。总之，无论是操作、材料、机械设备、施工顺序、技术参数、自然条件、工程环境等，均可作为质量控制点来设置，主要是视其对质量特征影响的大小及危害程度而定。

质量控制点一般设置在下列部位：

（1）重要的和关键性的施工环节及部位。

（2）质量不稳定、施工质量没有把握的施工工序和环节。

（3）施工技术难度大的、施工条件困难的部位或环节。

（4）质量标准或质量精度要求高的施工内容和项目。

（5）对后续施工或后续工序质量或安全有重要影响的施工工序或部位。

（6）采用新技术、新工艺、新材料施工的部位或环节。

3.5.3 选择质量控制点的对象和方法

（1）人的行为

某些分部分项工程或操作重点应控制人的行为，避免人的失误造成质量问题，如对高空作业、水下作业、危险作业、易燃易爆作业、重型构件吊装或多机抬吊、动作复杂而快速运转的机械操作、精密度和操作要求高的工序、技术难度大的工序等，都应从人的生理缺陷、生理活动、技术能力、思想素质等方面对操作者全面进行考核。事前还必须反复交底，提醒注意事项，以免产生错误行为和违纪违章现象。

（2）物的状态

在某些分部分项工程或操作中，则应以物的状态作为控制的重点。如加工精度与施工机具有关；计量不准与计量设备、仪表有关；危险源与失稳、倾覆、腐蚀、毒气、振动、冲击、火花、爆炸等有关，也与立体交叉、多工种密集作业场所有关等。也就是说，根据不同分部分项工程的特点，有的应以控制机具设备为重点，有的应以防止失稳、倾覆、过热、腐蚀等危险源为重点，有的则以作业场所作业控制为重点。

（3）材料的质量与性能：

材料的质量和性能是直接影响工程质量的主要因素；尤其是某些工序，更应将材料的质量和性能作为控制的重点。如电热法预应力筋选择与加工，就要求钢筋匀质、弹性模量一致，含硫（S）量和含磷（P）量不能过大，以免产生热脆和冷脆；HRB500级钢筋可焊性差、易热脆，用作预应力筋时，应尽量避免对焊接头，焊后要进行通电热处理。又如水泥的质量是直接影响混凝土工程质量的关键因素，施工中就应对进场的水泥质量进行重点控制，必须检查核对其出厂合格证，并按要求进行强度和安定性的复验等。

（4）关键的操作

如预应力筋张拉作业，在 $0 \rightarrow 1.05\sigma$（持荷 2min） $\rightarrow \sigma$ 张拉程序中，要进行超张拉和持荷 2min。超张拉的目的是为了减少混凝土弹性压缩和徐变，减少钢筋的松弛、孔道摩阻力、锚具变形等原因所引起的应力损失；持荷 2min 的目的是为了加速钢筋松弛的早发展，减少钢筋松弛的应力损失。在操作中，如果不进行超张拉和持荷，就不能保证预应力值达到设计要求；若张拉应力控制不准，过大或过小会严重影响预应力的结构的施工质量。

（5）施工顺序

有些工序或操作，必须严格控制相互之间的先后顺序，如冷拉钢筋，一定要先对焊后冷拉。否则，就会失去冷强。施工中的薄弱环节，或质量不稳定的工序、部位或对象，例如地下防水层的施工；对后续工程施工或后续工序质量或安全有重大影响的工序、部位或对象，如模板的安装与拆除等也必须严格控制先后顺序。

（6）施工技术

1）技术间隙：有些工序间的技术间歇时间性很强，如不严格控制亦会影响质量，如分层浇筑混凝土，必须在下层混凝土未初凝前将上层混凝土浇筑完等。

2）技术参数：有些技术参数与质量密切相关，亦必须严格控制。如外加剂的掺量混凝土的水胶比，沥青胶的耐热度，回填土的最佳含水量，灰缝的饱满度，防水混凝土的抗渗等级等，都将直接影响结构的强度、密实度、抗渗性和耐冻性，亦应作为质量控制点。

3）采用新技术、新工艺、新材料的部位或环节。当施工操作人员缺乏施工经验时，必须对其工序操作作为重点控制对象。

4）施工条件严格的或技术难度大的工序或环节，例如形式复杂的曲面模板的放样等。

（7）常见的质量通病

1）对于施工中常见的质量问题，如蜂窝、麻面、渗水、漏水、空鼓、起砂、裂缝等，都与工艺操作有关，均应事先研究对策，提出预防措施。

2）质量不稳定、质量问题易发生的工序：通过质量统计数据分析，表明质量波动、不合格率较高的工序，也应设置为质量控制点。

3）特殊土质地基和特种结构：对于湿陷性黄土、膨胀土、红黏土等特殊地基处理，以及大跨度结构、高空结构等技术难度较大的施工环节和重要部位，应特别控制。

（8）施工工法

对施工质量有重大影响的施工工法，如大模板施工中的模板组装固定、装配式结构的吊装等都是质量控制的重点。

市政工程主要质量控制点的确定有其规律可循，一般根据施工工序进行设置。表 3-1～表 3-3 分别是城镇道路工程、城市桥梁工程、城市管道工程控制点设置参考表。

城镇道路工程质量控制点设置参考表　　　　　　表 3-1

序　号	项　目	质量控制点	
一	工程测量	1	交接桩成果
		2	施工平面、高程控制测量
		3	重要点位、线路测设
		4	测量放线
二	土石方工程	1	填方土质检查
		2	填方标高、密实度、平整度检查
		3	挖方拉槽边坡、底边尺寸
		4	标高、平整度
三	石灰粉煤灰砂砾路基	1	材料配合比、强度试验
		2	拌合、运输质量检查
		3	试验段压实参数检查
		4	摊铺标高、平整度检查
		5	压实遍数、密实度、平整度检查
		6	养护
四	石灰土路基	1	灰土配合比、强度试验
		2	石灰质量及含灰量检查
		3	现场拌合质量检查
		4	摊铺标高、平整度检查
		5	压实遍数、密实度、平整度检查
		6	养护
五	级配砂石基层	1	砂石级配试验
		2	摊铺标高、平整度检查
		3	压实遍数、密实度、平整度检查
六	水泥稳定土基层	1	水泥稳定土配合比、强度试验
		2	水泥、土质检查
		3	拌合、运输质量检查
		4	摊铺标高、平整度检查

序　号	项　目		质量控制点
六	水泥稳定土基层	5	压实遍数、密实度、平整度检查
		6	接缝处理检查
		7	养护
七	沥青混凝土面层	1	沥青混凝土配合比及相关试验
		2	拌合、运输质量检查
		3	摊铺标高、平整度检查
		4	压实遍数、密实度、平整度检查
		5	接缝处理检查
		6	路边碾压、检查井标高控制检查
		7	交通放行
八	路缘石	1	基础地基、标高、尺寸检查
		2	路缘石强度、外观检查
		3	砌筑方法以及砂浆饱满度、配比、强度
		4	路缘石直顺度、高程、半径等尺寸检查
		5	路缘石后背处理检查
九	雨水口	1	基础处理
		2	墙体砌砖及周边回填处理
		3	砖石强度及周边回填处理
		4	砌筑方法、砂浆饱满度及砂浆配比、强度
		5	清水墙勾缝(砌体接槎方法)
		6	雨水支管接入处理
		7	雨水支管安装与包封混凝土浇筑
		8	雨水箅子安装
十	方砖步道	1	基层处理与找平检查
		2	方砖强度、透水性等检查
		3	方砖铺筑平整度检查

城市桥梁工程质量控制点设置参考表　　　　　　表 3-2

序　号	项　目		质量控制点
一	工程测量	1	交接桩成果
		2	施工平面、高程控制测量
		3	重要点位、线路测设
		4	测量放线
二	基础工程	1	轴线、尺寸、基础底标高、基础顶标高检查
		2	预埋件与预留孔洞的位置、标高、规格、数量检查
		3	沉降缝

序　号	项　目		质量控制点
三	桩基工程（沉入桩）	1	桩身材料、强度试验
		2	桩位、桩间距、桩身垂直度、接桩质量检查
		3	桩尖标高、桩间最末贯入度检查
		4	桩身检测
四	桩基工程（灌注桩）	1	桩位、桩间距、桩长、桩顶标高、桩径、桩身垂直度、沉渣厚度检查
		2	钢筋笼沉放检查
		3	桩身混凝土浇筑、充盈系数质量检查，材料配合比、强度现场试验
		4	桩身检测
五	模板工程	1	轴线、标高、尺寸、拼缝检查
		2	模板平整度、刚度、强度、支撑系统稳定性检查
		3	预埋件与预留孔洞的位置、标高、尺寸
六	钢筋工程	1	钢筋品种、规格、尺寸、数量、复试、弯配质量检查
		2	钢筋焊接、机械连接、搭接长度、焊缝长度、焊接检测
		3	钢筋绑扎、安装位置、保护层
		4	预埋件位置、标高检查
七	混凝土工程	1	混凝土配合比及相关试验
		2	水泥品种、强度、安定性
		3	砂细度模数、含泥量
		4	石料针片状含量、含泥量
		5	外加剂比例、外掺料检查
		6	拌合、运输质量检查
		7	混凝土泵送、混凝土浇筑、振捣
		8	混凝土养护、混凝土强度
八	预应力工程	1	张拉设备、预应力筋、锚夹具检(试)验试验
		2	预埋管道位置、尺寸、连接等检查
		3	预应力筋编束、穿束检查
		4	张拉程序、张拉控制应力、伸长率、持荷时间控制
		5	滑丝数量、孔道灌浆、封锚检查
九	钢结构安装	1	钢材、焊接材料、高强螺栓检(试)验试验
		2	焊接工艺评定
		3	钢材下料、加工、除锈、防腐检查
		4	钢材组装、焊接检查
		5	钢桥吊装、现场焊接、高强度螺栓安装
		6	焊缝无损检测

序 号	项 目		质量控制点
一	混凝土管道安装	1	沟槽尺寸、标高、支护体系的强度与稳定性
		2	管材规格、尺寸,基础宽度、厚度、标高
		3	管底标高,管道安装稳定性、管道水流坡度、管道接口检查
		4	闭水、闭气试验
		5	沟槽回填
二	钢管管道安装	1	沟槽尺寸、标高、支护体系的强度与稳定性
		2	管材品种、规格、尺寸、焊接材料、钢材检测
		3	管底标高、坡度、直顺度
		4	焊接接缝、焊接无损检测
		5	防腐处理
		6	沟槽回填强度
		7	水压试验和严密性试验,冲洗
三	化工建材管道安装	1	沟槽尺寸、标高、支护体系的强度与稳定性
		2	管材材质、品种、规格、尺寸、管材环刚度
		3	管底标高、坡度、管道接口、管身变形检查
		4	沟槽回填
		5	水(气)压严密性试验

3.5.4 质量控制点的管理

质量控制点的设置使质量控制的目标及工作重点更加明晰。施工中必须做好施工质量控制点的质量预控工作,包括明确质量控制的目标与控制参数;编制作业指导书和质量控制措施;确定质量检查检(试)验方式及抽样的数量与方法;明确检查结果的判断标准及质量记录与信息反馈要求等。

技术质量负责人在施工前要向施工作业班组进行认真交底,使每一个控制点上的施工人员明白施工操作规程及质量检(试)验评定标准,掌握施工操作要领;在施工过程中,相关施工技术管理和质量管理人员要在现场进行重点指导和检查验收。

必须做好施工质量控制点的动态设置和动态跟踪管理。所谓动态设置,是指在工程开工前,经设计交底、图纸会审及编制施工组织设计后,可确定一批质量控制点。随着工程的展开,施工条件的变化,随时或定期进行控制点的调整和更新。动态跟踪是应用动态控制原理,落实专人负责跟踪和记录控制点质量控制的状态和效果,并及时向项目负责人反馈质量控制信息,保持施工质量控制点的受控状态。

对于危险性较大的分部分项工程或特殊施工过程,应由专业技术人员编制专项施工方案或作业指导书,经企业技术负责人审批及监理工程师签字后执行。超过一定规模的危险性较大的分部分项工程,还要组织专家对专项方案进行论证。施工前,施工员、安全员、质量员应做好交底和记录工作,使施工人员在明确工艺标准、质量要求的基础上进行作业。为保证质量控制点的目标实现,应严格按照三级检查制度(简称三检制)进行检查控制。在施工中发现质量控制点有异常时,应立即停止施工,召开分析会并查找原因、采取对策、予以解决。

第4章 施工质量控制点

4.1 模板、钢筋、混凝土、预应力混凝土工程施工质量控制点

4.1.1 模板制作与安装质量控制点

在工程施工中，模板支架本身虽然不作为结构的一部分，但其制作与安装的质量将对混凝土结构与构件的外观质量、几何尺寸以及结构的强度、刚度和施工安全性等产生重要影响。因此模板、支架的施工质量是工程质量控制的重要环节，应当引起高度重视。

模板类型可分为木模板、钢模板、定型组合模板、钢框竹（木）胶合板等。支架系统目前常用的有钢质门式脚手架、钢管矩阵、组合杆件构架、贝雷架系统等多种形式。

模板、支架制作及安装应符合施工设计图（施工方案）的要求，安装应牢靠、接缝严密，立柱基础有足够的支撑面和排水、防冻措施。支架、拱架安装完毕，经检（试）验合格后方可安装模板，浇筑混凝土和砌筑前，应对模板、支架和拱架进行检查和验收，合格后方可施工。

固定在模板上的预埋件、预留孔洞均不得遗漏，安装应牢固，位置应准确，并全数检查。模板、支架和拱架拆除应按设计要求的程序和措施进行，遵循"先支后拆、后支先拆"的原则。支架和拱架应按施工方案循环卸落，卸落量宜由小渐大。每一循环中，在横向应同时卸落，在纵向应对称均衡卸落。

4.1.2 钢筋加工质量控制点

1. 钢筋加工的质量控制

（1）钢筋下料

钢筋下料前应核对钢筋品种、规格、等级及加工数量，并应根据设计要求和钢筋长度配料。

1）钢筋加工制作时，应将钢筋加工表与设计图仔细核对，检查下料表是否有错误和遗漏，对每种钢筋要按下料表检查是否达到要求，经过这两道检查后，再根据下料表试制实物，试制合格后方可成批制作，对加工好的钢筋要分类挂牌堆放整齐有序。

2）钢筋在使用前应将表面粘着的油污、泥土、漆皮、浮锈等清除干净，带有颗粒状或片状老锈的钢筋不得使用；钢筋加工过程中，应采取防止油渍、泥浆等物污染和防止受损伤的措施。

3）钢筋调直，可用机械或人工调直。经调直后的钢筋不得有局部弯曲、死弯、小波浪形，其表面伤痕不应使钢筋截面减小5%。当采用冷拉方法调直钢筋时，HPB300级钢筋的冷拉率不宜大于2%；HRB335级、HRB400级钢筋的冷拉率不宜大于1%。

4）钢筋切断应根据钢筋号、直径、长度和数量，长短搭配，先断长料、后断短料，尽量减少和缩短钢筋短头，以节约钢材。

（2）钢筋加工

1）钢筋的形状、尺寸应按照设计要求进行加工。加工后的钢筋，其表面不应有削弱筋截面的伤痕。

2）钢筋弯钩或弯曲

钢筋宜在常温下弯制，不宜加热，宜从中部开始逐步向两端弯制，弯钩应一次弯成。

箍筋的末端应做弯钩，弯钩的形状应符合设计规定。弯钩的弯曲直径应大于被箍主钢筋的直径，且 HPB300 钢筋应不小于钢筋直径的 2.5 倍，HRB335 级钢筋应不小于箍筋直径的 4 倍；弯钩平直部分的长度，一般结构应不小于箍筋直径的 5 倍，有抗震要求的结构，应不小于箍筋直径的 10 倍。设计对弯钩的形状未规定时可按图 4-1 加工。

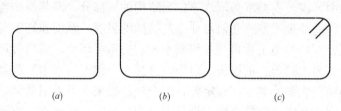

图 4-1　箍筋弯钩形式图
(a) 90°/180°；(b) 90°/90°；(c) 135°/135°

（3）钢筋连接、安装的质量控制要点

1）热轧钢筋接头应符合设计要求，当设计未规定时，宜选用焊接接头或机械连接接头。焊接接头应优先选择闪光对焊；机械连接接头适用于 HRB335 和 HRB400 带肋钢筋的连接。同一根钢筋上宜少设接头。

2）钢筋骨架和钢筋网片的交叉点焊接宜采用电阻点焊；当焊接钢筋网的受力钢筋为 HPB300 钢筋时，如焊接网片只有一个方向为受力钢筋时，网两端边缘的两根锚固横向钢筋与受力钢筋的全部交叉点必须焊接；当网两个方向均为受力钢筋时，则沿网四周边缘两根钢筋的全部交叉点均应焊接；其余的交叉点可焊接或绑扎一半，或根据运输和安装条件决定。

3）钢筋与钢板的 T 形连接，宜采用埋弧压力焊或电弧焊；钢筋与钢板进行搭接焊时应采用双面焊接，搭接长度应大于钢筋直径的 4 倍（HPB 钢筋）或 5 倍（HRB 钢筋）。

4）热轧光圆钢筋和热轧带肋钢筋的接头宜采用搭接或帮条电弧焊接头；搭接焊时，两连接钢筋轴线应一致。双面焊缝的长度不得小于 5d，单面焊缝长度不得小于 10d（d 为钢筋直径）；帮条焊时，帮条直径、级别应与被焊钢筋一致，帮条长度：双面焊缝不得小于 5d，单面焊缝不得小于 10d（d 为钢筋直径）。采用搭接焊、帮条焊的接头，应逐个进行外观检查。焊缝表面应平顺，无裂纹、夹渣和较大的焊瘤等缺陷。

5）钢筋采用绑扎接头时，在受拉区域内 HPB300 钢筋绑扎接头的末端应做成弯钩，HRB335、HRB400 钢筋不可做弯钩；钢筋搭接处，应在中心和两端至少 3 处用绑丝绑牢，钢筋不得滑移；受拉钢筋绑扎接头的搭接长度应符合设计要求，见表 4-1，施工中钢筋受力分不清受拉和受压时，应符合受拉钢筋的规定。

受拉钢筋绑扎接头的搭接长度 表 4-1

钢筋牌号	混凝土强度等级		
	C20	C25	>C25
HPB300	35d	30d	25d
HRB335	45d	40d	35d
HRB400	—	50d	45d

注：1. 当带肋钢筋直径 d>25mm，其受拉钢筋的搭接长度应按表中数值增加 5d 采用。

2. 当带肋钢筋直径 d<25mm 时，其受拉钢筋的搭接长度应按表中值减少 5d 采用。

3. 当混凝土在凝固过程中受力钢筋易扰动时，其搭接长度应适当增加。

4. 在任何情况下，纵向受力钢筋的搭接长度不得小于 300mm；受压钢筋的搭接长度不得小于 200mm。

5. 轻骨料混凝土的钢筋绑扎接头搭接长度应按普通混凝土搭接长度增加 5d。

6. 当混凝土强度等级低于 C20 时，HPB300、HRB335 的钢筋搭接长度应按表中 C20 的数值相应增加 10d。

7. 对有抗震要求的受力钢筋的搭接长度，当抗震裂度为 7 度（及以上）时应增加 5d。

8. 两根直径不同的钢筋的搭接长度，以较细钢筋的直径计算。

6) 钢筋采用机械连接时，从事钢筋机械连接的操作人员应经专业技术培训，培训合格后方可上岗。套筒在运输和储存中不得腐蚀和沾污，同一结构内机械连接接头不得使用两个生产厂家提供的产品。

7) 钢筋的接头应设置在受力较小处，在任一焊接或绑扎接头长度区段内，同一根钢筋不得有两个接头，接头长度区段内受力钢筋接头面积的百分率见表 4-2。

8) 受力钢筋采用机械连接或焊接接头时，设置在同一构件内的接头宜相互错开；纵向受力钢筋机械连接或焊接接头区段的长度为 35 倍 d（d 为纵向受力钢筋的较大直径）且不小于 500mm，凡接头中点位于该连接区段长度内的接头均属于同一连接区段；对绑扎接头，两接头间的距离不应小于 1.3 倍搭接长度；接头末端至钢筋弯起点的距离不应小于钢筋直径的 10 倍。

接头长度区段内受力钢筋接头面积的最大百分率 表 4-2

接头形式	接头面积最大百分率（%）	
	受拉区	受压区
主钢筋绑扎接头	25	50
主钢筋焊接接头	50	不限制

注：焊接接头长度区段内是指 35d（d 为钢筋直径）长度范围内，但不得小于 500mm，绑扎接头长度区段是指 1.3 倍搭接长度。

9) 当受拉区主筋的混凝土保护层厚度大于 50mm 时，应在保护层内设置直径不小于 6mm、间距不大于 100mm 的钢筋网；钢筋机械连接件的最小保护层厚度不得小于 20mm；普通钢筋和预应力直线形钢筋的最小混凝土保护层厚度不得小于钢筋公称直径，后张拉构件预应力直线形钢筋不得小于其管道直径的 1/2，且必须符合表 4-3 规定。

2. 预应力筋

(1) 下料

1) 预应力筋进场时应分批验收，验收时除要求对其质量证明书、包装、标志和规格等进行检查外，尚应根据相关规范取样送有资质的检测单位检测，合格后方可使用。

2) 预应力筋应保持清洁，在存放和搬运过程中应避免使其产生机械损伤和有害的锈蚀。如长时间存放，必须安排定期的外观检查。

普通钢筋和预应力直线形钢筋最小混凝土保护层厚度（mm）　表 4-3

构件类别		环境条件		
		Ⅰ	Ⅱ	Ⅲ
基础、桩基承台	基坑底面有垫层或侧面有模板（受力主筋）	40	50	60
	基坑底面无垫层或侧面无模板（受力主筋）	60	75	85
墩台身、挡土结构、涵洞、梁、板、拱圈、拱上建筑（受力主筋）		30	40	45
缘石、中央分隔带、护栏等行车道构件（受力主筋）		30	40	45
人行道构件、栏杆（受力主筋）		20	25	30
箍筋		20	25	30
收缩、温度、分布、防裂等表层钢筋		15	20	25

注：环境条件Ⅰ—温暖或寒冷地区的大气环境，与无腐蚀性的水或土接触的环境；Ⅱ—严寒地区的环境、使用除冰盐环境、滨海环境；Ⅲ—海水环境；Ⅳ—受侵蚀物质影响的环境。

3）预应力筋进场后宜存放在干燥、防潮、通风良好、无腐蚀气体和介质的仓库内，但存放时间不宜超过 6 个月；当存放在室外时，不得直接堆放在地面，底部应支垫并遮盖，防止雨水和各种腐蚀性介质对其产生不利影响。

4）预应力筋下料长度应通过计算确定，计算时应考虑结构的孔道长度或台座长度、锚夹具长度、千斤顶长度、焊接接头或镦头预留量、冷拉伸长值、弹性回缩值、张拉伸长值和外露长度等因素。

5）钢丝束的两端均采用墩头锚具时，同一束中各根钢丝下料长度的相对差值，当钢丝束长度小于或等于 20m 时，不宜大于 1/3000；当钢丝束长度大于 20m 时，不宜大于 1/5000，且不大于 5mm。

（2）加工

1）预应力筋宜使用切断机或砂轮锯切断，不得采用电弧切割。钢绞线切断前，应在距切口 5cm 处用绑丝绑牢。

2）高强度钢丝采用墩头锚固时，宜采用液压冷镦，墩头锚固前应确认钢丝的可墩性。

3）预应力筋由多根钢丝或钢绞线组成时，在同束预应力钢筋内，应采用强度相等的预应力钢材。编束时，应逐根梳理直顺不扭转，绑扎牢固（用火烧丝绑扎，每隔 1m 一道），不得互相缠绕。编束后的钢丝和钢绞线应按编号分类存放。钢丝和钢绞线束移运时支点距离不得大于 3m，端部悬出长度不得大于 1.5m。

4.1.3　混凝土质量控制点

混凝土质量控制要点

（1）水泥进场时，应附有出厂检（试）验报告和产品合格证明文件。进场水泥，应按现行国家标准《混凝土结构工程施工质量验收规范》GB 50204—2015 的规定进行强度、细度、安定性和凝结时间的试验。当在使用中对水泥质量有怀疑或出厂日期逾 3 个月（快硬硅酸盐水泥逾 1 个月）时，应进行复验，并按复验结果使用。

（2）矿物掺合料的技术条件应符合现行国家标准《用于水泥和混凝土中的粉煤灰》

GB/T 1596—2005、《用于水泥中的火山灰质混合材料》GB/T 2847—2005 等的规定，并应有出厂检（试）验报告和产品合格证。对矿物掺合料的质量有怀疑时，应对其质量进行复验。

（3）粗骨料最大粒径应按混凝土结构情况及施工方法选取，最大粒径不得超过结构最小边尺寸的 1/4 和钢筋最小净距的 3/4；在两层或多层密布钢筋结构中，不得超过钢筋最小净距的 1/2，同时最大粒径不得超过 100mm。

（4）混凝土用砂一般应以细度模数 2.5～3.5 的中、粗砂为宜。砂的分类、级配及各项技术指标应符合国家现行标准《普通混凝土用砂、石质量及检验方法标准》JGJ 52—2006 的有关规定。

（5）除对由各种组成材料带入混凝土中的碱含量进行控制外，尚应控制混凝土的总碱含量。每立方米混凝土的总碱含量，对一般桥涵不宜大于 3.0kg/m³，对特大桥、大桥和重要桥梁不宜大于 1.8kg/m³；当混凝土结构处于严重侵蚀的环境时，不得使用有碱活性反应的骨料。

（6）普通混凝土配合比设计应符合国家现行标准《普通混凝土配合比设计规程》JGJ 55—2011 的规定。混凝土的最大水胶比、最小水泥用量及最大氯离子含量应符合表 4-4 的规定。

混凝土的最大水胶比和最小水泥用量　　　　　　　表 4-4

混凝土结构所处的环境	无筋混凝土		钢筋混凝土	
	最大水胶比	最小水泥用量(kg/m³)	最大水胶比	最小水泥用量(kg/m³)
温暖地区或寒冷地区，无侵蚀物质影响，与土直接接触	0.6	250	0.55	280
严寒地区或使用除冰盐的桥梁	0.55	280	0.50	300
受侵蚀性物质影响	0.45	300	0.40	325

注：1. 表 4-4 中的水胶比，系指水与水泥（包括矿物掺合料）用量的比值。

　2. 最小水泥用量包括矿物掺合料。当掺用外加剂且能有效地改善混凝土的和易性时，水泥用量可减少 25kg/m³。

　3. 严寒地区系指最冷月份平均气温低于 −10℃ 且日平均温度低于 5℃ 的天数大于 145d 的地区。

　4. 预应力混凝土结构中的最大氯离子含量为 0.06%，最小水泥用量为 350kg/cm³。

（7）混凝土的最大水泥用量（包括矿物掺合料）不宜超过 500kg/m³；配制大体积混凝土时水泥用量不宜超过 350kg/m³。

（8）混凝土拌合物应均匀、颜色一致，不得有离析和泌水现象。混凝土拌合物均匀性的检测方法应符合现行国家标准《混凝土搅拌机》GB/T 9142—2000 的规定。

（9）混凝土从加水搅拌至入模的延续时间见表 4-5。

混凝土从加水搅拌至入模的延续时间　　　　　　　表 4-5

搅拌机出料时的混凝土温度(℃)	无搅拌设施运输(min)	有搅拌设施运输(min)
20～30	30	60
10～19	45	75
5～9	60	90

注：掺用外加剂或采用快硬水泥时，运输允许持续时间应根据试验确定。

（10）泵送混凝土的配合比最小水泥用量宜为 $280\sim300\mathrm{kg/m^3}$（输送管径 $100\sim150\mathrm{mm}$），通过 $0.3\mathrm{mm}$ 筛孔的砂不宜少于 15%，砂率宜控制在 $35\%\sim45\%$ 范围内；混凝土拌合物的出机坍落度宜为 $100\sim200\mathrm{mm}$，泵送入模时的坍落度宜控制在 $80\sim180\mathrm{mm}$ 之间。

（11）混凝土在运输过程中应采取防止发生离析、漏浆、严重泌水及坍落度损失等现象的措施。用混凝土搅拌运输车运输混凝土时，途中应以每分钟 $2\sim4$ 转的慢速进行搅动。当运至现场的混凝土出现离析、严重泌水等现象，应进行第二次搅拌。经二次搅拌仍不符合要求，则不得使用。

（12）混凝土运输能力应与混凝土的凝结速度和浇筑速度相适应，应使浇筑工作不间断且混凝土运到浇筑地点时仍能保持其均匀性和规定坍落度。混凝土拌合物的坍落度及其损失，宜在搅拌地点和浇筑地点分别取样检测，每一工作班或每一单元结构物不应少于两次，评定时应以浇筑地点的测值为准。当混凝土拌合物从搅拌机出料起至浇筑入模的时间不超过 $15\mathrm{min}$ 时，其坍落度可仅在搅拌地点取样检测。

（13）混凝土强度等级应按现行国家标准《混凝土强度检验评定标准》GB/T 50107—2010 的规定检（试）验评定，其结果必须符合设计要求。用于检查混凝土强度的试件，应在混凝土浇筑地点随机抽取。

4.1.4 预应力混凝土质量控制点

（1）预应力筋锚具、夹具和连接器应符合国家现行标准《预应力筋锚具、夹具和连接器》GB/T 14370—2007 和《预应力用锚具、夹具和连接器应用技术规程》JGJ 85—2010 的规定。进场时，应对其质量证明文件、型号、规格等进行检验。

（2）预应力筋张拉时千斤顶、油表和油泵配套的校验应在有效期（校准期限不得超过半年，且不得超过 200 次张拉作业）范围内。张拉设备应配套校准，配套使用。

（3）预应力筋的张拉控制应力必须符合设计要求。预应力筋采用应力控制方法张拉时应以伸长值进行校核。实际伸长值与理论伸长值的差值应符合设计要求；设计无要求时，实际伸长值与理论伸长值之差应控制在 6% 以内。

（4）预应力张拉时，应先调整到初应力（σ_0），该初应力宜为张拉控制应力（σ_{con}）的 $10\%\sim15\%$，伸长值应从初应力时开始测。

（5）先张法施工质量控制要点

1）张拉前，应对台座、锚固横梁及各项张拉设备进行详细检查，符合要求后方可进行操作。

2）首次张拉前应做试张拉，张拉至 $100\%\sigma_{con}$ 时检查各部位情况，出现问题及时纠正，若伸长的实测值和理论值相差 $-5\%\sim+10\%$ 范围时，应对其检查原因，纠正后重新张拉直至符合要求后为止。

3）预应力筋的锚固，应在达到张拉控制值且处于稳定状态下进行。

4）先张法预应力为超张拉时，其张拉程序按表 4-6 进行。

5）预应力筋张拉完毕后，其实际位置与设计位置的偏差应不大于 $5\mathrm{mm}$，且不应大于构件截面最短边长的 4%，且宜在 $4\mathrm{h}$ 内浇筑混凝土。张拉后应设足够的定位板，以保证在浇筑混凝土时预应力筋的正确位置。

6）张拉时预应力筋的断丝数量不得超过表 4-7 中的规定。

先张法预应力筋张拉程序 表 4-6

预应力筋种类	张 拉 程 序
预应力钢筋	$0 \to$ 初应力 $\to 1.05\sigma_{con}$（持荷 2min）$\to 0.9\sigma_{con} \to \sigma_{con}$（锚固）
钢丝、钢绞线	$0 \to$ 初应力 $\to 1.05\sigma_{con}$（持荷 2min）$\to 0 \to \sigma_{con}$（锚固）
	对于夹片式等具有自锚性能的锚具： 普通松弛力筋 $0 \to$ 初应力 $\to 1.03\sigma_{con}$（锚固） 低松弛力筋 $0 \to$ 初应力 $\to \sigma_{con}$（持荷 2min 锚固）

注：表 4-6 中 σ_{con} 为张拉时控制应力值，包括预应力损失值。

先张法预应力筋断丝限制 表 4-7

类别	检查项目	控制值
钢丝、钢绞线	同一构件内断丝数不得超过钢丝总数的百分比	1%
钢筋	断筋	不允许

7）预应力筋放张前，应将限制位移的侧模、翼缘模板或内模拆除。放张顺序应符合设计要求，设计未规定时，应分阶段、均匀、对称、交错放张。

8）预应力筋放张后，对钢丝和钢绞线应采用机械切割的方式进行切断。

（6）后张法施工质量控制要点

1）后张法施工的混凝土梁、板，在施加预应力前，应对混凝土构件进行检（试）验，外观和尺寸应符合质量标准和设计要求，张拉时混凝土强度应符合设计要求。设计未要求时，不得低于设计强度等级的 70%。且应将限制位移的模板拆除后，方可张拉。

2）预应力筋张拉前应根据设计要求对孔道的摩阻损失进行实测，以便确定张拉控制应力，并确定预应力筋的理论伸长值。

3）后张法施工的梁板，在预留孔道时尺寸和位置应准确，孔道应平顺，端部的预埋钢板应符合设计要求。

4）后张法预应力筋的张拉程序应符合设计规定；设计未规定时，张拉程序可按表 4-8 进行。

后张法预应力筋张拉程序 表 4-8

预应力钢筋种类		张 拉 程 序
钢丝束	夹片式等有自锚性能的锚具	普通松弛力筋 $0 \to$ 初应力 $\to 1.03\sigma_{con}$（锚固） 低松弛力筋 $0 \to$ 初应力 $\to \sigma_{con}$（持荷 5min 锚固）
	其他锚具	$0 \to$ 初应力 $\to 1.05\sigma_{con}$（持荷 5min）$\to 0 \to \sigma_{con}$（锚固）
钢绞线	夹片式等有自锚性能的锚具	普通松弛力筋 $0 \to$ 初应力 $\to 1.03\sigma_{con}$（锚固） 低松弛力筋 $0 \to$ 初应力 $\to \sigma_{con}$（持荷 5min 锚固）
	其他锚具	$0 \to$ 初应力 $\to 1.05\sigma_{con}$（持荷 5min 锚固）$\to \sigma_{con}$（锚固）

注：σ_{con} 为张拉时的控制应力，包括预应力损失值。

5）预应力钢筋的断丝、滑丝不得超过表 4-9 中规定，当超过表中限值时，原则上应进行更换，如不能更换时，在条件允许时，可采用提高其他钢丝束控制应力值的办法，作为补偿，但最大张拉力不得超过千斤顶额定能力，也不得超过钢绞线或钢丝的标准强度的80%，对于工地冷拉钢筋，不超过其屈服强度的95%。

后张法预应力筋断丝、滑丝、断筋限值   表 4-9

预应力钢筋种类	控制数	控制值
钢丝束、钢绞线	每束钢丝断丝、滑丝（根）	1
	每束钢绞线断丝、滑丝（丝）	1
	每个断面断丝之和不超过该断面钢丝总数的	1%
钢筋	断 筋	不允许

注：钢绞线断丝系指单根钢绞线内钢丝的断丝。

6）当预应力加至设计要求值时，张拉控制应力达到稳定后才能锚固。预应力筋锚固后的外露长度不宜小于 30mm，锚具应用封端混凝土保护，当需长期外露时应采取防止锈蚀措施，多余的端头预应力筋应采用砂轮切割，严禁使用电弧焊切割。

（7）后张孔道压浆。预应力筋张拉锚固后，应及时进行孔道压浆，且应在 48h 内完成。后张预应力孔道宜采用专用压浆料或专用压浆剂配置的浆液进行压浆。所用原材中水泥、外加剂、矿物掺合料等材料应符合现行规范 JTG/T F50—2011 的规定。压浆时，每一工作班应制作留取不少于 3 组尺寸为 40mm×40mm×160mm 的试件，标养 28d，进行抗压强度和抗折强度试验，作为质量评定依据。

（8）压浆过程中及压浆后 48h 内，结构混凝土的温度不得低于 5℃，否则应采取保温措施。当白天气温高于 35℃时，压浆宜在夜间进行。

（9）封锚。埋设在结构内的锚具，压浆后应及时浇筑封锚混凝土。封锚混凝土的强度等级应符合设计要求，不宜低于结构混凝土强度等级的 80%，且不得低于 30MPa。

4.2 道路路基、基层、面层、挡墙与附属工程施工质量控制点

4.2.1 路基施工质量控制点

（1）道路路基是路面结构的基础，路基工程的质量是道路基层、面层平整稳定的关键，坚固稳定的路基是路面荷载承受和安全行车的保障。在路基施工中，只有加强施工质量控制，严格执行技术标准，才能提高路基的稳定性，保证道路的耐久性。

（2）路基挖方的质量控制及相关规定

1）挖方路基应自上而下分层开挖，严禁掏洞开挖。施工中断或施工后，开挖断面应做成稳定边坡。

2）使用机械开挖作业时，必须避开构筑物、管线，在距管道边 1m 范围内应采用人工开挖；在距直埋缆线 2m 范围内必须采用人工开挖。

3）严禁挖掘机等机械在电力架空线路下作业。

（3）路基填筑的质量控制要点

1）路基压实度的控制

① 压实应先轻后重、先慢后快、均匀一致。压路机最快速度不宜超过 4km/h。

② 填土的压实遍数，应按压实度要求，经现场试验确定。

③ 压实过程中应采取措施保护地下管线、构筑物安全。

④ 碾压应自路基边缘向中央进行，压路机轮外缘距路基边应保持安全距离，压实度应达到要求，且表面应无明显轮迹、翻浆、起皮、波浪等现象。

⑤ 压实应在土壤含水量接近最佳含水量值时进行。其含水量偏差幅度经试验确定。

⑥ 当管道位于路基范围内时，其沟槽的回填土压实度应符合现行国家标准《给水排水管道工程施工及验收规范》GB 50268—2008 的有关规定，且管顶以上 50cm 范围内不得用压路机压实。当管道结构顶面至路床的覆土厚度不大于 50cm 时，应对管道结构进行加固。当管道结构顶面至路床的覆土厚度在 50～80cm 时，路基压实度过程中应对管道结构采取保护加固措施。

2）路基压实度标准应符合表 4-10 的规定。

路基压实度标准 表 4-10

填挖类型	路床顶面以下深度(cm)	道路类别	压实度(%)(重型击实)	检(试)验频率		检(试)验方法
				范围	点数	
挖方	0～30	城市快速路、主干路	≥95	1000m²	每层 3 点	环刀法、灌砂法或灌水法
		次干路	≥93			
		支路及其他小路	≥90			
填方	0～80	城市快速路、主干路	≥95			
		次干路	≥93			
		支路及其他小路	≥90			
	80～150	城市快速路、主干路	≥93			
		次干路	≥90			
		支路及其他小路	≥90			
	＞150	城市快速路、主干路	≥90			
		次干路	≥93			
		支路及其他小路	≥87			

（4）特殊土路基施工质量控制

1）软土地基施工前应探明软土的分布范围并对土样进行必要的土工试验以确定处治方案。软土地基路堤施工应尽早安排使地基固结稳定，在施工过程中还要加强观测，尤其是稳定性及沉降的观测。根据软土地基加固的深度可为浅层处治和深层处治两种。其分类、适用范围、原理及作用和质量控制要点见表 4-11。

路基施工质量控制要点 表 4-11

分类	处理方法	适用范围	原理及作用	质量控制要点
浅层处治	换填	软土厚度小于 2.0m	以碎石、素土等强度高的材料置换地基表层软弱土来提高持力层承载力	1. 软土必须清除干净彻底。 2. 换填材料的质量必须合格

分类	处理方法		适用范围	原理及作用	质量控制要点
浅层处治	抛石挤淤		常年积水,排水困难,极软流塑状态下厚度小于3.0m的软土层	在软土的液性指数大于1,土壤处于流塑的流体状态时却通过片石挤淤的方法使所填片石能迅速沉到软土底的硬层上而形成持力层	1. 确定软土的物理性能,当淤泥较厚、较稠时慎用此法。 2. 片石质量是关键,通常大于400mm且不易风化的片石为宜。 3. 挤淤泥时从高往低或中间往两边挤以确保所有淤泥挤出路基外。 4. 露出水面后用压路机等压实设备振实使片石稳定。 5. 在已稳定的片石层上铺填一层碎石使其嵌入片石缝中,反复进行使填石密实,其标准参照石方填筑
	砂砾垫层		软土层小于3.0m,力学性能好,路基稳定性及施工后沉降满足要求	利用软弱地基的硬壳层,通过采用砂(砾)垫层与排水固结法综合处治路基	1. 垫层为中粗砂,含泥量不大于3%。 2. 摊铺厚度在250~350mm之间。 3. 压实机具自重60~100kN
深层处治	排水固结	袋装砂井	软土层较厚,挖除或其他处治法不经济、不合理的黏质土层	在软弱的地基中设置砂井作为竖向排水体,在堆土加载的情况下使土体中的水沿竖向排出土体,从而达到加速土体固结和地基的沉降并因而使地基强度增加	1. 砂井的径、深度和井距是保证质量的关键。 2. 砂的质量应保持干净、干燥,确保良好的透水性
		塑料排水板	软土层较厚的黏质土层,尤其是缺项及超软地基中	以排水板代替砂井起到排水作用	1. 板距和板长是控制的重点 2. 对塑料板要有良好的抗折、抗拉和抗老化能力,并对环境不造成污染。排水板的滤膜是排水效果好坏的关键,其物理力学必须满足要求。重点控制其渗透系数、抗拉及撕裂强度、延伸率、有效孔径
		真空预压	通常与砂井或塑料排水板共同使用	利用薄膜密封技术,在膜下形成真空使薄膜内外形成气压差,地基在此压差下进行排水固结	1. 密封沟的施工是关键,通过密封沟来截断透水层的来水达到排出密封土体内水的作用。 2. 密封薄膜的厚度为0.12~0.17mm,抽真空时膜下压力控制在80kPa以上。 3. 加压中加强观测,尤其是孔隙水压力、真空压力、深层沉降及水平位移
	挤压固结	砂(碎石)桩	在软弱黏土地基中	通过砂(碎石)桩与原地基构成复合地基,砂(碎石)桩在其中起排水和置换作用	1. 重点控制桩的直径和成桩质量(砂桩的密实性和碎石桩的贯入深度)。 2. 原材料质量必须符合规范要求
		加固土桩	在较厚的软弱黏土地基中	以水泥、石灰、粉煤灰等材料作为固化剂的主剂,利用深层搅拌机械和原位软土进行强制搅拌,经过物理化学作用生成一种特殊的具有较高强度、较好变形特性和水稳性的混合柱状体	1. 加固前必须经过成桩试验确定各种试验参数。各种原材料必须符合规范要求。 2. 重点控制桩距、桩径、桩长及桩的强度
		强夯	在已填筑的路基上	将很重的夯锤从高处自由落下给土体以冲击和振动,从而提高地基的强度,降低土体的压缩性	1. 施夯前必须进行试夯以确定各试验参数。 2. 重点控制落锤高度、锤重和落距

2）湿陷性黄土路基施工前应作好施工拦截、排除地表水的措施。可采用换填法或强夯法处理此类路基。采用换填法处理路基时，应严格控制换填材料的质量，可选用黄土、其他黏性土或石灰土，其填筑压实要求同土方路基。换填宽度应宽出路基坡脚 0.5～1.0m。填筑用土中大于 10cm 的土块必须打碎，并应在接近土的最佳含水量时碾压密实。采用强夯法处理路基时，夯实施工前应按设计要求在现场选点试夯，确定施工参数，重点控制落锤夯锤质量、落距、夯击次数和遍数，地基处理范围不宜小于路基坡脚外 3m。处理后的路基土压实度符合设计要求和规范规定。

3）盐渍土路基施工中应重点对填料的含盐量及其均匀性加强监控。过盐渍土、强盐渍土不得作为路基填料。路基填筑前应按设计要求将其挖除；土层过厚时应设隔离层，并宜设在距路床下 0.8m 处。弱盐渍土可用于城市快速路、主干路路床 1.5m 以下范围填土。用石膏土作填料时，应先破坏其蜂窝状结构，石膏含量可不限制，但应控制压实度。盐渍土路基应分层填筑、夯实，每层虚铺厚度不宜大于 20cm。

4）膨胀土路基施工应避开雨期，且保持良好的路基排水条件。路基填方施工前应按规定做试验段。路床顶面 30cm 范围内应换填非膨胀土或经改性处理的膨胀土。当填方路基填土高度小于 1m 时，应对原地表 30cm 内的膨胀土挖除并换填。强膨胀土不得用作路基填料。中等膨胀土应经改性处理方可使用，但膨胀总率不得超过 0.7%。施工中应根据膨胀土自由膨胀率，选用适宜的碾压机具，碾压时应保持最佳含水量；压实土层松铺厚度不得大于 30cm。

5）冻土路基填方路堤应预留沉降量，在修筑路面结构前，路基沉降应基本趋于稳定。路基受冰冻影响部位，应选用水稳定性和抗冻稳定性均较好的粗粒土，碾压时重点控制好含水量偏差在最佳含水量±2%范围内；当路基位于永久冻土的富冰冻土、饱冰冻土或含冰层地段时，必须保持路基及周围的冻土处于冻结状态，排水沟与路基坡脚距离不得小于 2m；冻土区土层为冻融活动层，设计无明确处理要求时，应报请设计部门进行补充设计。

4.2.2 基层施工质量控制点

（1）基层是路面结构中的主要承重层，主要承受由面层传来的车辆荷载垂直力，应具有一定的强度、刚度、水稳定性和平整度。

（2）石灰稳定土类质量控制要点

1）基层、底基层的压实度采用环刀法、灌砂法或灌水法每层抽检，城市快速路、主干路基层大于、等于 97%，底基层大于、等于 95%；其他等级道路基层大于或等于 95%，底基层大于或等于 93%。试件做 7d 无侧限抗压强度。应符合设计要求。

2）表面应平整、坚实、无粗细骨料集中现象，无明显轮迹、推移、裂缝，接槎平顺，无贴皮、散料。

（3）水泥稳定土类质量控制要点

1）原材料

水泥应选用初凝时间大于 3h、终凝时间不小于 6h 的普通硅酸盐水泥及矿渣水泥和火山灰质水泥，水泥应有出场合格证和生产日期，复验合格后方可使用。

2）压实度

城市快速路、主干路基层大于等于 97%；底基层大于等于 95%。其他等级道路基层大于等于 95%；底基层大于等于 93%。检查方法：灌砂法或灌水法每层每 1000m² 抽查 1 个点。

3）无侧限抗压强度

水泥稳定土料材料 7d 抗压强度：对城市快速路、主干路基层为 3～4MPa，对底基层为 1.5～2.5MPa；对其他等级道路基层为 2.5～3MPa；底基层为 1.5～2.0MPa。

4）表面应平整、坚实、接缝平顺，无明显粗、细骨料集中现象，无推移、裂缝、贴皮、松散、浮料。

（4）级配碎石（砾石）类质量控制要点

1）原材料

砂石材料级配、质地、含泥量以及粒径等应符合要求。

2）压实度

基层大于等于 97%、底基层压实度大于等于 95%。

3）弯沉值

弯沉值不得大于设计要求。

4）级配砂砾及级配砾石基层表面应平整、坚实，无松散和粗、细集料集中现象。

4.2.3　面层施工质量控制点

（1）沥青面层施工质量控制要点

1）沥青混合料面层不得在雨、雪天气及环境最高温度低于 5℃时施工。

2）各种沥青质量均应符合设计及规范要求。粗集料应符合工程设计规范的级配范围。细集料应洁净、干燥、无风化、无杂质。沥青混合料品质应符合马歇尔试验配合比技术要求。各层沥青混合料应满足所在层位的功能性要求，便于施工、不得离析。各层应连续施工并连接成一体。

3）热拌沥青混合料，出厂温度 145～165℃，到达现场温度不低于 140～155℃，摊铺温度不低于 135～150℃，开始碾压温度不低于 130～145℃，碾压终了的表面温度不低于 70～80℃。

4）热拌沥青混合料面层压实度，对城市快速路、主干路不得小于 96%；对次干路及以下道路不得小于 95%。冷拌沥青混合料的压实度不得小于 95%。面层厚度应符合设计要求，允许偏差为 +10～-5mm。

5）弯沉值不得大于设计规定。

（2）沥青贯入式与沥青表面处治面层施工质量控制要点

1）沥青、乳化沥青、集料、嵌缝料的质量均应符合设计及规范要求。

2）压实度不应小于 95%，每 1000m² 抽检 1 点，用灌砂法、灌水法、蜡封法检测。

3）面层的弯沉值和面层厚度均应符合设计要求，其允许偏差符合规范规定。

（3）水泥混凝土面层施工质量控制要点

1）混凝土中水泥、外加剂、粗集料、细集料、水等应符合国家现行标准的规定。

2）弯拉强度、厚度、抗滑构造深度符合设计和规范要求。

3）水泥混凝土面层应板面平整、密实，边角应整齐、无裂缝，并不应有石子外露和浮浆、脱皮、踏痕、积水等现象，蜂窝麻面面积不得大于总面积的 0.5%。混凝土面层允许偏差应符合规范要求。

（4）铺砌式面层施工质量控制要点

1）石材强度、外形尺寸应符合设计要求及《城镇道路工程施工与质量验收规范》CJJ 1—2008规定，优先选择花岗岩等坚硬、耐磨、耐酸石材，石材应表面平整、粗糙。

2）砌筑的强度应符合设计要求。

3）砂浆平均抗压强度等级应符合设计要求，任一组试件抗压强度最低值不得低于设计强度的85%。料石面层允许偏差应符合规范要求。

4）铺设花岗岩石材面层施工要点

① 准备工作

根据施工结构图采用路边相对高程进行高程控制；对于路面调坡路段，采用绝对高程进行高程控制；人行道横坡控制在1%～2%，局部位置调整坡度，以达到与建筑物或者构筑物衔接美观的标准。工程流程成图如图4-2所示。

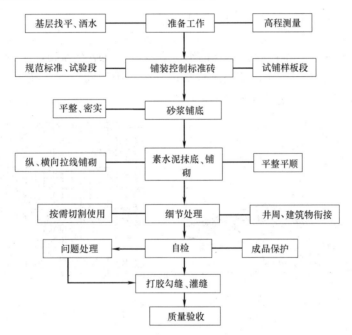

图4-2 花岗岩道板铺设工序流程

② 铺贴控制标准砖

采用检验合格的水准仪进行高程测量，以规范标准为依据、参照试验段及样板段放置好控制标准砖（用钢尺量取步砖长度及人行道宽度，并计算好放置位置）。

按照控制标准砖的高程拉控制线，控制线利用钢丝放置在板块边缘，以控制纵横缝的直顺度。控制线应使用有弹性、质量轻的尼龙线，如图4-3所示。

③ 砂浆铺底

定出地面找平层厚度，拉十字线，铺粘结层水泥砂浆，粘结层采用1∶3的干硬性水泥砂浆，干硬程度以手捏成团不松散为宜。铺好后拍实，用抹子找平，其厚度适当高出根据水平线定的粘结层厚度。

如果混凝土垫层厚度低于设计高程1～3cm，造成砂浆层过厚，适当调整砂浆配合比，加大水泥掺入量。如果低于设计高程超过3cm，则将该范围混凝土垫层切除，重新浇筑。

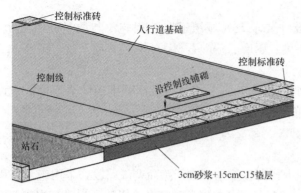

图4-3 控制标准砖放置样图

④ 铺砌

铺贴前预先将花岗岩除尘，浸湿后阴干后备用。为消除材料本身尺寸误差，板块间留有均匀缝隙2mm。

A. 素水泥抹底

在花岗岩背面上满涂一层水灰比1：2的素水泥浆，然后正式铺装。花岗岩水泥浆抹底时，随抹随铺，避免长时间导致水泥失效，造成浪费。水泥膏应涂抹均匀。当花岗岩铺装不合适需要调整时，需将素水泥全部清除，重新涂抹水泥浆进行铺装，如图4-4所示。

B. 直线段铺砌

纵、横向均按控制标准砖拉控制线铺砌。直线段垂直站石铺砌，保持花岗岩板材纵缝直顺，与站石搭接缝隙≤3mm；铺装火烧板前，确定障碍物位置，在距障碍物≥50cm处改道，并按设计放置提示砖，如图4-5所示。

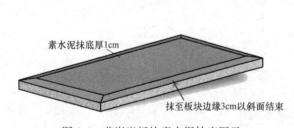

图4-4 花岗岩板块素水泥抹底图示

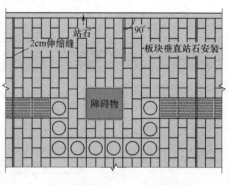

图4-5 路线直线段及提示盲道砖铺砌图示

C. 曲线段铺砌

曲线段以伸缩缝（6m或12m，具体根据曲线半径制定）为控制节点随快车道走向铺砌。与站石搭接板块应根据需要进行切割（缝隙≤3mm），如图4-6所示。

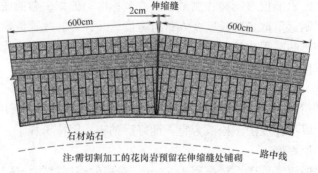

图4-6 路线曲线段花岗岩铺装样图

60

D. 锤击、平整度控制

放在铺贴位置上的板块对好纵横缝后用橡皮锤轻轻敲击板块中间，使砂浆振密实，锤到铺贴高度。砂浆层稍厚时，用铁锤垫木垫板平衡敲击。

根据水平线用水平尺找平，接着向两侧和后退方向顺序铺贴。铺装时随时检查，如发现有空隙，应将板材掀起用砂浆补实后再进行铺设，如图 4-7 所示。

（5）细节处理

1）与检查井衔接时，将检查井按周边已完成的人行道控制高程（高差≤3mm），采用切割机按照检查井线形切割铺装，井座边缘与花岗岩板材间距 10mm，如图 4-8 所示。

2）盲道应为条形的行进盲道；在行进盲道的起点、终点及拐弯处应设圆点形的提示盲道。

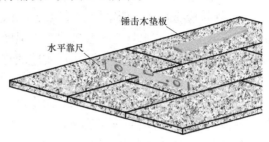

图 4-7 铺砌锤击及靠尺图示

3）人行道缘石坡道下口高出车行道的地面不得大于 20mm。

4）人行道缘石坡道下口盲道应对应道路斑马线。

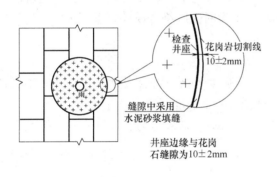

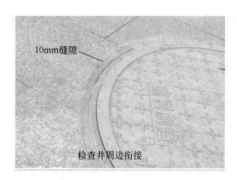

图 4-8 花岗岩板材与检查井周边处理样图

4.2.4 挡墙与附属工程施工质量控制点

（1）挡土墙的施工质量控制要点

1）地基承载力

挡土墙基础地基承载力必须符合设计要求，且经检测验收合格后方可进行后续施工。每道挡土墙基槽抽检 3 点，查触（钎）探检测报告、隐蔽验收记录。

2）原材料

钢筋、砂浆、拉环、筋带的质量均应按设计要求控制。砌体挡土墙采用的砌筑和石料，强度应符合设计要求，按每品种、每检验（收）批 1 组查试验报告。

3）强度、压实度

水泥混凝土强度、砂浆强度及回填压实度应符合设计和规范要求，按检验（收）批检查出厂合格证或检（试）验报告。

4）施工中使用钢筋、模板、混凝土应符合设计及规范要求。

（2）路缘石施工质量控制要点

1）混凝土路缘石强度应符合设计要求，每种、每检验（收）批1组（3块）。

2）路缘石应砌筑稳固、砂浆饱满、勾缝密实，外露面清洁、线条顺畅，平缘石不阻水。

3）路缘石宜采用M10水泥砂浆灌缝。灌缝后，常温期养护不少于3d。

（3）雨水支管与雨水口质量控制要点

1）管材应符合现行国家标准《混凝土和钢筋混凝土排水管》GB/T 11836—2009或化工建材管产品标准有关规定；基础混凝土强度应符合设计要求；砌筑砂浆强度应符合设计及规范要求；回填土应符合规范中压实度的有关规定。

2）雨水口内壁勾缝应直顺、坚实，无漏勾、脱落。井框、井算应完整、配套，安装平稳、牢固；雨水支管安装应直顺，无错口、反坡、存水，管内清洁，接口处内壁无砂浆外露及破损现象。管端面应完整。

3）雨水支管与雨水口允许偏差应符合规范规定。

（4）排水沟或截水沟质量控制要点

1）预制砌筑强度应符合设计要求；预制盖板的钢筋品种、规格、数量，混凝土的强度应符合设计要求；砂浆强度应符合设计及规范要求。

2）砌筑砂浆饱满度不得小于80％；砌筑水沟沟底应平整、无反坡、凹兜，边墙应平整、直顺、勾缝密实。与排水构筑物衔接畅顺；土沟断面应符合设计要求，沟底、边坡应坚实、无贴皮、反坡和积水现象。

（5）护坡质量控制要点

1）预制砌块强度应符合设计要求；砂浆抗压强度等级应符合设计规定，任一组试件抗压强度最低值不应低于设计强度的85％；基础混凝土强度应符合设计要求。

2）砌筑线形顺畅、表面平整、咬砌有序、无翘动。砌缝均匀、勾缝密实。护坡顶与坡面之间间隙封堵密实。

（6）人行地下通道结构质量控制要点

1）地基承载力应符合设计要求。填方地基压实度不得小于95％，挖方地段钎探合格。

2）防水层应粘贴密实、牢固，无破损；搭接长度大于或等于10cm。

3）防水层材料应符合设计要求。

4）钢筋品种、规格和加工、成型与安装应符合设计规定。

5）混凝土强度应符合设计要求。

（7）预制安装混凝土人行地道

1）地基承载力、防水层、钢筋、混凝土基础质量控制要求同现浇混凝土人行地道。

2）杯口、板缝混凝土强度应符合设计要求。

3）预制钢筋混凝土墙板、顶板强度应符合设计要求。

（8）砌筑墙体、钢筋混凝土顶板人行地道

1）结构厚度不应小于设计值。

2）砂浆平均抗压强度等级应符合设计要求，任一组试件抗压强度最低值不得低于设计强度的85％。

3）地基承载力、防水层、钢筋、混凝土基础质量控制要求同现浇混凝土人行地下通道。

4.3 桥梁下部、上部、桥面系与附属工程施工质量控制点

4.3.1 桥梁下部结构施工质量控制点

桥梁主要由上部结构（桥跨结构）、下部结构（基础、桥墩和桥台）、支座、桥面系、附属结构等组成。

下部结构的质量控制要点

下部结构是桥梁位于支座以下的部分，由桥墩、桥台以及它们的基础组成。下部结构作用是支承上部结构，并将上部结构荷载及结构重力传递给地基。

（1）天然基础的质量控制要点

1）基础位于旱地上且无地下水时，应在基坑顶部设置防止地面水流入基坑内的措施。当位于河、湖、浅滩中应采用围堰进行施工，围堰设置应符合设计和规范要求。

2）基坑内地基承载力必须满足设计要求。基坑开挖完成后，应会同设计、勘探单位实地验槽，确认地基承载力满足设计要求。

3）基坑开挖完成后应及时浇筑垫层混凝土，减少基底暴露时间。

（2）桩基的质量控制要点

1）沉入桩的质量控制要点

① 沉入桩的入土深度、最终贯入度或停打标准应符合设计要求。

② 对地质复杂的大桥、特大桥，为检验桩的承载力和确定沉桩工艺应进行试桩。

③ 预制桩的起吊强度应符合设计要求；当设计无规定时，预制桩达到设计强度的75％方可起吊，达到设计强度的100％方可运打。钢桩、钢材的品种、规格及其技术性能应符合设计要求和相关标准规定。

2）灌注桩的质量控制要点

钻孔灌注桩施工流程如图 4-9 所示。

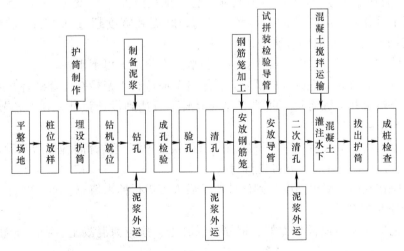

图 4-9　钻孔灌注桩施工流程

① 钻孔达到设计标高后，必须核实地质情况，确认符合设计要求；应对孔径、孔深进行检查，确认合格即进行清孔；清孔后的沉渣厚度应符合设计要求。设计未规定时，摩擦桩的沉渣厚度不应大于 300mm；端承桩的沉渣厚度不应大于 100mm。

② 钢筋笼制作和安装质量符合设计和规范要求。骨架外侧设置控制保护层厚度的垫块，其间距竖向宜为 2m，径向圆周不得少于 4 处。钢筋笼入孔后，应牢固定位。

③ 灌注水下混凝土前，应再次检查孔内泥浆性能指标和孔底沉渣厚度，如超过规定，应进行第二次清孔，符合要求后方可灌注。

④ 混凝土抗压强度应符合设计要求。导管在使用前应进行试拼、试压，不得漏水。在灌注过程中，导管的埋设深度宜控制在 2～6m。桩身不得出现断桩、缩径。

钻孔灌注桩施工除严格执行上述相应规范外还应注意以下几点：

① 钢护筒埋设四周要用黏土分层夯实，工程中出现钢护筒倾斜，导致后续施工无法进行及孔口出现塌陷情况，其原因是护筒周围回填不符合要求。

② 钻孔过程中泥浆护壁质量直接关系到成孔质量，一般黏土、粉质黏土层护壁质量可靠；粉砂土层中泥浆需添加膨润土、烧碱等；在卵石、砾石层中钻孔，其钻孔内添加工业盐护壁效果较好。

③ 在钻孔提钻时及时检查钻头的磨损情况，防止钻头直径变小或损坏，影响成孔质量。

④ 不得用加深钻孔深度的方式代替清孔。

⑤ 导管使用前应进行水密承压和接头抗拉试验，严禁用压气试压，发现漏水导管严禁使用，必须更换。导管接头处应设防松脱装置，目前使用导管普遍不满足此要求，因此施工中必须认真检查导管接头是否合格。

3）沉井的质量控制要点

① 钢壳沉井制作时，应检查钢材及其焊接是否符合设计和相关标准规定的要求。检查应全数检查，检查钢材出厂合格证、检（试）验报告、复验报告和焊接检（试）验报告。

② 钢壳沉井制作完成后，应做水压试验（不得低于工作压力的 1.5 倍），合格后方可投入使用。检查应全数检查，检查制作记录，检查试验报告。

③ 混凝土沉井表面应无孔洞、露筋、蜂窝、麻面和宽度超过 0.15mm 的收缩裂缝。检查应全数检查，采用观察的方法。

④ 预制浮式沉井在下水前，应进行水密试验，合格后方可下水。

⑤ 钢壳沉井应对底节进行水压试验，其余各节应进行水密检查，合格后方可下水。

⑥ 就地浇筑沉井下沉前，沉井首节井壁混凝土应达到设计强度，其上各节应达到设计强度的 75% 方可下沉。

⑦ 沉井下沉后，沉井后内壁不得渗漏。当在软土中沉至设计高程并清基后，在 8h 内累计下沉量应小于 10mm 时，方可进行封底。

⑧ 沉井应在封底混凝土强度达到设计要求后方可进行抽水填充。

4）墩台质量控制要点

① 墩台施工涉及的模板与支架、钢筋、混凝土、预应力混凝土、砌体质量应符合规范要求。

② 现浇混凝土墩台、盖梁

重力式混凝土墩台施工前应对基础混凝土顶面做凿毛处理，清除锚筋污锈。

柱式墩台施工时，模板、支架除应满足强度、刚度要求外，还应当在验算其稳定性时考虑风荷载的影响，墩台柱的混凝土宜一次浇筑完成。柱身高度内有系梁连接时，系梁应与墩柱同步浇筑。V形墩柱混凝土应对称浇筑。

盖梁为悬臂梁时，混凝土浇筑应从悬臂端开始。

预制安装混凝土柱，柱与基础连接处必须接触严密，焊接牢固、混凝土灌注密实，混凝土强度符合设计要求。

4.3.2 桥梁上部结构施工质量控制点

桥梁上部结构是位于支座以上的部分，它包括承重结构和桥面系，桥梁按结构形式可分为梁式桥、拱桥、斜拉桥、钢桥、悬索桥等。

1. 梁式桥

（1）支架搭设

箱梁支架搭设前，要求专家进行方案评审，请设计部门对方案进行验算，并出具验算报告。支架搭设严格按照审批后的方案进行搭设，支架搭设完成后对支架进行验收，验收合格后进行挂牌标识，具体见图4-10。

对整体脚手架应重点检查以下内容：

1）在固定支架上浇筑时，支架的地基承载力应符合要求。

2）保证架体几何不变形的斜杆、剪刀撑、十字撑等设置是否完善。

3）基础是否有不均匀沉降，立杆底座与基础面的接触有无松动或悬空情况。

4）立杆上碗扣是否可靠锁紧。

5）立杆连接销是否完整、斜杆扣件是否符合要求、扣件拧紧程度是否满足规范要求（拧紧扭力矩宜为$40\sim65N\cdot m$）。

图4-10 支架架设示意图

6）支、架和模板安装后，宜采用堆载预压的方法消除拼装间隙和地基沉降等非弹性变形，如图4-11所示。

支架预压的目的：检验支架的强度及稳定性，消除整个支架的塑性变形，消除地基的沉降变形，测量出支架的弹性变形，为调整支架标高提供依据。

图 4-11 支架堆载预压

预压重量达到梁自重的 120%，加载分 5 级进行，分别为梁自重的 20%、60%、80%、100%、120%，每次加载持荷 30min 对观测点测量一次，全部加载完毕后持荷 3d，每天由测量人员对观测点进行测量并详细记录，如果各测点每天沉降量平均小于 1mm，即表明该支架体系承载力满足施工要求。

在支架顶托下焊接一根钢筋至地面 1m，按此法设置多个监测杆，测量人员通过监测杆进行沉降监测。

（2）支座施工

1）支座进场应进行检（试）验，检查合格证、出厂性能试验报告。

2）支座安装前，应检查支座栓孔位置和支座垫石顶面高程、平整度、坡度和坡向，确认符合设计要求。

3）支座的粘结灌浆和润滑材料应符合设计要求，检查材料的配合比通知单、润滑材料的产品合格证和进场验收记录。

4）支座锚栓的埋置深度和外露长度应符合设计要求。支座锚栓应在其位置调整准确后固结，锚栓与孔之间必须填捣密实。

桥梁支座安装采用吊车将支座整体吊装就位，安装时要注意支座的型号及方向，避免出现型号及方向安装错误，支座安装过程中不得解锁。支座安装过程中测量人员跟班作业，边调整边测量，确保支座平面位置及高程满足验收标准要求，待符合要求后，四周用高强度砂浆封堵，留出灌浆口，用专用灌浆剂充填密实，如图 4-12 所示。

图 4-12 梁板支座安装

（3）模板施工

1）箱梁底板和翼缘板采用1.5cm厚高强度竹胶板或压模胶合板，箱梁圆弧处及侧腹板采用S形钢模板。模板满足规范要求，不合格模板严禁使用，脱模剂采用专用型号，禁止使用废机油。脱膜剂施工选择在天气干燥时候进行施工，防止模板上有水出现脱模剂脱层。

2）底板按设计图纸规定放横坡，模板之间连接部位采用双面胶条，以防漏浆，模板之间的错台不超过1mm。模板拼接缝要纵横成线，避免出现错缝现象。相邻模板接缝平整，拼缝严密，注重脱模后表面美观，如图4-13所示。

图4-13　模板施工示意图

（4）箱梁钢筋施工

1）箱梁施工时，先在箱梁模板上严格按设计要求把钢筋间距放到模板，以便控制箱梁钢筋保护层垫块定位，钢筋应满扎，扎丝规格不小于22号（钢筋直径大于18mm时不小于20号），扎丝头向内。

2）机械连接套筒的尺寸与钢筋端头直螺纹的牙形和牙数匹配，套丝端头采用塑料保护套戴帽，防止锈蚀或碰伤，影响直螺纹质量。用专用力矩扳手检查，合格后用红漆标识。

3）模内钢筋焊接时，在钢筋下部放置铁片，防止烧伤模板。

4）为了确保箱梁拆模后满足外观质量要求，箱梁钢筋保护层采用高强度专用混凝土垫块，避免对桥梁外观产生影响。

（5）预应力波纹管安装

钢筋安装位置与预应力管道或锚件位置发生冲突时，适当调整钢筋位置，确保预应力管道位置符合设计要求。焊接钢筋时为了避免钢绞线和塑料波纹管道或金属波纹管道被电焊烧伤，防止造成张拉断裂和管道被混凝土堵塞而无法进行压浆。焊接时在焊接处下方放一块铁板遮住钢绞线和波纹管，不让焊渣落在钢绞线和波纹管上。

（6）箱梁混凝土浇筑

混凝土浇筑振捣时要避免振捣棒碰撞模板、钢筋，尤其是波纹管，不得用振捣器运送混凝土。对于锚下混凝土及预应力管道下的混凝土振捣要特别仔细，保证混凝土密实，由于该处钢筋密、空隙小，振捣棒一般要选用小直径的。

(7) 预应力钢绞线张拉施工

钢绞线张拉，混凝土强度应符合设计要求；设计未规定时，不得低于设计强度的90%（养护不得少于7d），且应将限制位移的模板拆除后方可张拉。混凝土强度应根据同条件养护试块来确定。

预应力张拉用千斤顶和油压表在张拉前必须进行配套检验，得出千斤顶顶力和油压表读数之间的关系式，根据检定结果和工程实际情况，计算出相应张拉力下油压表读数值。

安装好锚具夹片，搭设张拉操作平台，联结油泵千斤顶电源，使千斤顶空运行一次，以排除空气。

预应力筋的张拉顺序应符合设计要求，当设计无规定时，可采用分批、分阶段对此张拉。宜先中间，后上、下或两侧。

张拉控制采用张拉应力和伸长值双控，以应力控制为主，以伸长值进行校核，当实际伸长值与理论伸长值差距超过±6%时，应停止张拉，等查明原因并采取措施后再进行施工。

(8) 预应力管道压浆施工

为保证预应力钢绞线的使用寿命，根据设计要求，采用真空灌浆法，对穿束孔道进行填充密实。采用高速水泥净浆搅拌机，转速1400转/min，保证水泥净浆搅拌均匀，杂质少，同步配套高速螺杆推进压浆机，压浆速度快，压力大有利提高压浆的密实度。

(9) 装配式梁（板）质量控制

① 预制台座应坚固、无沉陷，台座表面应光滑平整，在2m长度上平整度的允许偏差为2mm。气温变大时应设伸缩缝。

② 构件吊点的位置应符合设计要求，设计无要求时，应经计算确定。构件的吊环应竖直。吊绳与起吊构件的交角小于60°时，应设置吊梁。

③ 构件吊运时混凝土的强度不得低于设计强度的75%，后张预应力构件孔道压浆强度应符合设计要求或不低于设计强度的75%。

(10) 悬臂法浇筑质量控制要点

① 挂篮结构主要设计参数应符合设计要求和规范规定。

② 桥墩两侧梁段悬臂施工应对称、平衡，平衡偏差不得大于设计要求，轴线挠度必须在设计规定范围内。

③ 梁体表面不得出现超过设计规定的受力裂缝。

④ 悬臂合龙时，两侧梁体的高差必须在设计允许范围内。

⑤ 梁体线形平顺，相邻梁段接缝处无明显折弯和错台，梁体表面无孔洞、露筋、蜂窝、麻面和宽度超过0.15m的收缩裂缝。

(11) 悬臂拼装质量控制要点

① 预制台座使用前应采用1.5倍梁段质量预压。

② 梁段间的定位销孔及其他预埋件应位置准确。

③ 桥墩两侧应对称拼装，保持平衡。平衡偏差应满足设计要求。

④ 悬臂拼装必须对称进行，桥墩两侧平衡偏差不得大于设计要求，轴线挠度必须在设计规定范围内。

⑤ 悬臂合龙时，两侧梁体高差必须在设计要求允许范围内。

（12）顶推施工质量控制要点

① 临时墩应有足够的强度，刚度及稳定性。临时墩应按顶推过程可能出现的最不利工况设计。设计时应同时计入土压力、水压力、风荷载及施工荷载，并应考虑施工阶段水流冲刷的影响。

② 主梁前端应设置导梁。导梁宜采用钢结构，其长度宜为 0.6～0.8 倍顶推跨径，其刚度（根部）宜取主梁刚度的 1/9～1/15。导梁与主梁连接可采用埋入法固结或铰接，连接必须牢固。导梁前端应设置牛腿梁。

③ 检查顶推千斤顶的安装位置，校核梁段的轴线及高程，检测桥墩（包括临时墩）、临时支墩上的滑座轴线及高程，确认符合要求，方可顶推。

④ 顶推前进时，应及时由后面插入补充滑块，插入滑块应排列紧凑，滑块间最大间隙不得超过 10～20cm。滑块的滑面上应涂硅酮酯。

⑤ 顶推过程中应随时检测桥梁轴线和高程，做好导向、纠偏等工作。梁段中线偏移大于 20mm 时应采用千斤顶纠偏复位。滑块受力不均匀、变形过大或滑块插入困难时，应停止顶推，用竖向千斤顶将梁托起校正。竖向千斤顶顶升高度不得大于 10mm。

⑥ 顶推过程中应随时检测桥墩墩顶变位，其纵横向位移均不得超过设计要求。

2. 拱桥

1）石料及混凝土预制块砌筑拱圈质量控制要点

① 拱石和混凝土预制块强度等级以及砌体所用水泥砂浆的强度等级，应符合设计要求，当设计对砌筑砂浆强度无规定时，拱圈跨度小于或等于 30m，砌筑砂浆强度不得低于 M10；拱圈跨度大于 30m，砌筑砂浆强度不得低于 M15。

② 拱石加工应按砌缝和预留空缝的位置和宽度，统一规划，两个相邻排间的砌缝，必须错开 10cm 以上，同一排上下层拱石的砌缝可不错开。

③ 宽度（拱轴方向），内弧边不得小于 20cm；高度（拱圈厚度方向）应为内弧宽度的 1.5 倍以上；长度（拱圈宽度方向）应为内弧宽度的 1.5 倍以上。

④ 分段浇筑程序应对称于拱顶进行，且应符合设计要求。

⑤ 分段浇筑钢筋混凝土拱圈（拱肋）时，纵向不得采用通长钢筋，钢筋接头应安设在后浇的几个间隔槽内，并应在浇筑间隔槽混凝土时焊接。

2）劲性骨架浇筑混凝土拱圈质量控制要点

① 劲性骨架混凝土拱圈（拱肋）浇筑前应进行加载程序设计，计算出各施工阶段钢骨架以及钢骨架与混凝土组合结构的变形、应力，并在施工过程中进行监控。

② 分环浇筑劲性骨架混凝土拱圈（拱肋）时，两个对称的工作段必须同步浇筑，且两段浇筑顺序应对称。

③ 劲性骨架混凝土拱圈应全数检查拱圈是否外形圆顺，表面平整，无孔洞、露筋、蜂窝、麻面和宽度大于 0.15mm 的收缩裂缝。

3）装配式混凝土拱质量控制要点

① 大、中跨装配式箱形拱施工前，必须核对验算各构件吊运、堆放、安装、拱肋合龙和施工加载等各阶段强度和稳定性。

② 现浇拱肋接头和合龙缝宜采用补偿收缩混凝土。横系梁混凝土宜与接头混凝土一并浇筑。

③ 无支架安装拱圈（拱肋）时，应结合桥梁规模、现场条件等选择适合的吊装机具，并制定吊装方案。各项辅助结构应按相关规范经过设计确定。

④ 拱段接头现浇混凝土强度必须达到设计要求或达到设计强度的75％后，方可进行拱上结构施工。

4）钢管混凝土拱质量控制要点

① 钢管内混凝土应饱满，管壁与混凝土紧密结合。

② 拱肋节段焊接强度不应低于母材强度，所有焊缝均应进行外观检查；对接焊缝应100％进行超声波探伤，其质量应符合设计要求和国家现行标准规定。

③ 钢管混凝土拱应检查防护涂料规格和层数，应符合设计要求。涂装遍数应全数检查，涂层厚度每批构件抽查10％，且同类构件不少于3件。

④ 钢管混凝土的质量检测办法应以超声波检测为主，人工敲击为辅。

3. 钢梁、斜拉桥、悬索桥

1）钢梁质量控制要点

① 钢梁应由具有相应资质的企业制造，出厂前必须进行试装，并应按设计和有关规范的要求验收。钢梁制造企业应向安装企业提供产品合格证、钢材和其他材料质量证明书和检（试）验报告、施工图，拼装简图、工厂高强度螺栓摩擦面抗滑移系数试验报告、焊缝无损检（试）验报告和焊缝重大修补记录、产品试板的试验报告、工厂试拼装记录和杆件发运和包装清单。

② 钢材、焊接材料、涂装材料应符合国家现行标准规定和设计要求。全数检查出厂合格证和厂方提供的材料性能试验报告，并按国家现行标准规定抽样复验。

③ 高强度螺栓等紧固件及其连接应符合设计要求和国家现行标准规定。

④ 钢梁现场安装前应对临时支架、支承、吊车等临时结构和钢梁结构本身在不同受力状态下的强度、刚度和稳定性进行验算；应按构件明细表核对进场的杆件和零件，检查产品出场合格证、钢材质量证明书。

⑤ 高强度螺栓终拧完毕后必须当班检查。每栓群应抽查总数的5％，且不得少于两套。抽查合格率不得小于80％，否则应继续抽查，直至合格率达到80％以上。对螺栓拧紧度不足者应补拧，对超拧者应更换、重新施拧并检查。

⑥ 现场涂装检（试）验应符合下列要求：

A. 涂装前钢材表面不得有焊渣、灰尘、油污、水和毛刺等。钢材表面除锈等级和粗糙度应符合设计要求。

B. 涂装遍数应符合设计要求，每一涂层的最小厚度不应小于设计要求厚度的90％，涂装干膜总厚度不得小于设计要求厚度。

2）斜拉桥质量控制要点

① 施工过程中，必须对主梁各个施工阶段的拉索索力、主梁标高、塔梁内力以及索塔位移量等进行监测，并应及时将有关数据反馈给设计单位，分析确定下一施工阶段的拉索张拉量值和主梁线形、高程及索塔位移控制量值等，直至合龙。

② 设计要求安装避雷设施时，电缆线宜敷设于预留孔道中，地下设施部分宜在基础等施工时配合完成。

③ 索塔及横梁表面不得出现孔洞、露筋和超过设计规定的受力裂缝。其拉索索力、

支座反力以及梁、塔应力符合设计及规范要求。

④ 施工控制，在主梁悬臂施工阶段应以标高控制为主；在主梁施工完成后，应以索力控制为主。

3）悬索桥质量控制要点

① 施工过程中，应及时对成桥结构线形及内力进行监控，确保符合设计要求。

② 重力式锚锭混凝土应按大体积混凝土的要求进行施工，基坑开挖应符合设计要求和规范规定。塔顶钢框架的安装必须在索塔上横系梁施工完毕且达到设计强度后方能进行。

③ 承重索宜采用钢丝绳或钢绞线。承重索的安全系数不得小于3.0。

④ 主缆防护应在桥面铺装完毕后进行，防护前必须清除主缆表面灰尘、油污和水分等，并临时覆盖，待涂装及缠丝时再揭开临时覆盖。

⑤ 主缆涂装应均匀，严禁遗漏。涂装材料应具有良好的防水密封性和防腐性，并应保持柔软状态，不硬化、不变裂、不霉变。

⑥ 钢加劲梁段拼装允许偏差应符合规范规定，安装线形应平顺、无明显弯折，焊缝平整、顺齐、光滑，防护涂层完好。

4.3.3　桥面系与附属工程施工质量控制点

（1）桥面防水层

1）桥面层防水材料的品种、规格、性能、质量应符合设计要求和相关标准规定。

2）桥面防水层、粘结层与基层之间应密贴、结合牢固。

3）桥面泄水口、泄水槽顶面应低于桥面铺装层10～15mm，泄水管安装应牢固可靠，泄水管可通过竖向管道直接引至地面或雨水管线，其竖向管道应采用抱箍、卡环、定位卡等预埋件固定在结构物上。

4）卷材防水层表面应平整，不得有空鼓、脱层、裂缝、翘边、油包、气泡和皱褶等现象；涂料防水层的厚度应均匀一致，不得有漏涂处；防水层与泄水口、汇水槽接合部位应密封，不得有漏封处。

5）桥面防水层应直接铺设在混凝土表面上，不得在两者之间加铺砂浆找平层。

（2）桥面铺装

1）桥面铺装层材料的品种、规格、性能、质量应符合设计要求和相关标准规定。

2）水泥混凝土桥面铺装层的强度和沥青混凝土桥面铺装层的压实度应符合设计要求。

3）水泥混凝土桥面铺装层表面应坚实、平整，无裂缝，并应有足够的粗糙度；面层伸缩缝应直顺，灌缝应密实。

4）沥青混凝土桥面铺装层表面应坚实、平整，无裂纹、松散、油包、麻面。

5）桥面铺装层与桥头路接槎应紧密、平顺。

（3）伸缩装置

1）伸缩装置的形式和规格应符合设计要求，缝宽应根据设计规定和安装时气温进行调整。

2）伸缩装置宜采用后嵌法安装，先铺桥面层，再切割出预留槽安装伸缩装置。

3）伸缩装置安装时焊接质量和焊缝长度应符合设计要求和规范规定，焊缝必须牢固，严禁用点焊连接。大型伸缩装置与钢梁连接处的焊缝应做超声波检测。

4）伸缩装置锚固部位的混凝土强度应符合设计要求，表面应平整，与路面衔接应平顺。

5）检查伸缩装置应无渗漏、无变形，伸缩缝应无阻塞。

（4）桥头搭板

1）现浇和预制桥头搭板，应保证桥梁伸缩缝贯通、不堵塞，且与地梁、桥台锚固牢固。

2）桥头搭板枕梁混凝土表面不得有蜂窝、露筋，板的表面应平整，板边缘应直顺。

3）搭板、枕梁支承处应接触严密、稳固，相邻板之间的缝隙嵌填密实。

（5）隔声和防眩装置

1）隔声和防眩装置应在基础混凝土达到设计强度后方可安装。安装时应连续，不得留有间隙，在桥梁伸缩缝部位应按设计要求处理。

2）声屏障的降噪效果应符合设计要求。检查数量和检查方法按环保或设计要求方法检测。

3）隔声与防眩装置安装应符合设计要求，安装必须牢固、可靠。

4）隔声与防眩装置防护涂层厚度应符合设计要求，不得漏涂、剥落，表面不得有气泡、起皱、裂纹、毛刺和翘曲等缺陷。

5）防眩板安装应与桥梁线形一致，板间距、遮光角应符合设计要求。

（6）防护设施

1）栏杆和防撞、隔离设施应在桥梁上部结构混凝土的浇筑支架卸落后施工，其线形应流畅、平顺，伸缩缝必须全部贯通，并与主梁伸缩缝相对应。

2）预制混凝土栏杆采用榫槽连接时，安装就位后应用硬塞块固定，灌浆固结。塞块拆除时，灌浆材料强度不得低于设计强度的 75%。采用金属栏杆时，焊接必须牢固，毛刺应打磨平整，并及时除锈防腐。

3）金属栏杆、防护网的品种、规格应符合设计要求，安装必须牢固。

（7）防冲刷结构

1）防冲刷结构的基础埋置深度及地基承载力应符合设计要求，锥形护坡、护岸、海墁结构厚度应满足设计要求。

2）干砌护坡时，护坡土基应夯实达到设计要求的压实度。

4.4 市政管道工程施工质量控制点

4.4.1 沟槽开挖、支护和回填质量控制点

（1）沟槽开挖

1）沟槽底部开挖宽度，应符合设计要求；设计无要求时，应符合规范要求见表 4-12。

2）堆土距沟槽边缘应不小于 0.8m，且高度不应超过 1.5m；沟槽边堆置土方不得超过施工设计堆置高度。槽边堆土视沟槽开挖深度而定：一般按 1:1.5 控制，即沟槽开挖 1.0m 槽边堆土距沟槽边缘应不小于 1.5m。

3) 沟槽挖深较大时，应确定分层开挖的深度，并符合下列规定：人工开挖沟槽的槽深超过 3m 时应分层开挖，每层的深度不超过 2m；人工开挖多层沟槽的层间留台宽度：放坡开槽时不应小于 0.8m，直槽时不应小于 0.5m，安装井点设备时不应小于 1.5m；采用机械挖槽时，沟槽分层的深度按机械性能确定。

管道工作面宽度（mm） 表 4-12

管道的外径 D_0	管道一侧的工作面宽度（mm）		
	混凝土类管道		金属类管道、化学建材管道
$D_0 \leqslant 500$	刚性接口	400	300
	柔性接口	300	
$500 < D_0 \leqslant 1000$	刚性接口	500	400
	柔性接口	400	
$1000 < D_0 \leqslant 1500$	刚性接口	600	500
	柔性接口	500	
$1500 < D_0 \leqslant 2000$	刚性接口	800～1000	700
	柔性接口	600	

4) 对于平面上呈直线的管道，坡度板设置的间距不宜大于 15m；对于曲线管道，坡度板间距应加密；井室位置、折点和变坡点处，应增设坡度板。

5) 沟槽的开挖断面应符合施工组织设计（方案）的要求。槽底原状地基土不得扰动，机械开挖时槽底预留 200～300mm 土层并由人工开挖至设计高程，整平。

6) 沟槽开挖地基承载力应满足设计要求，其沟槽开挖满足设计要求。

（2）沟槽支撑

1) 采用撑板支撑应经计算确定撑板构件的规格尺寸，木撑板构件规格应符合下列规定：撑板厚度不宜小于 50mm，长度不宜小于 4m；横梁或纵梁宜为方木，其断面不宜小于 150mm×150mm；横撑宜为圆木，其梢径不宜小于 100mm。

2) 撑板支撑的横梁、纵梁和横撑布置应符合下列规定：每根横梁或纵梁不得少于 2 根横撑；横撑的水平间距宜为 1.5～2.0m；横撑的垂直间距不宜大于 1.5m；横撑影响下管时，应有相应的替撑措施或采用其他有效的支撑结构。

3) 在软土或其他不稳定土层中采用横排撑板支撑时，开始支撑的沟槽开挖深度不得超过 1.0m。开挖与支撑交替进行，每次交替的深度宜为 0.4～0.8m。

4) 采用钢板桩支撑，应符合下列规定：构件的规格尺寸经计算确定；通过计算确定钢板桩的入土深度和横撑的位置与断面；采用型钢作为横梁时，横梁与钢板桩之间的缝应采用木板垫实，横梁、横撑与钢板桩连接牢固。

5) 沟槽支撑应经常检查，发现支撑构件有弯曲、松动、移位或劈裂等迹象时，应及时处理；雨期及春季解冻时期应加强检查；拆除支撑前，应对沟槽两侧的建筑物、构筑物和槽壁进行安全检查，并应制订拆除支撑的作业要求和安全措施；施工人员应由安全梯上下沟槽，不得攀登支撑。

6) 支撑形式有横撑、竖撑和板桩撑，横撑和竖撑由撑板、立柱和撑扛组成。

① 横撑用于土质较好、地下水量较小的沟槽，随着沟槽逐渐挖深而设，因此，施工

不安全。

②竖撑用于土质较差、地下水量较大或有流砂的情况。竖撑的特点是撑板可在开槽过程中先由挖土插入土中，在回填以后再拔出，因此，支撑和拆撑都较安全。

③板桩撑是将桩垂直打入槽底下一定深度。目前常用的钢板为槽钢或工字钢或特制的拉森钢板桩，桩板与桩板之间一般采用齿口连接，以提高板桩撑的整体性和水密性。

4.4.2 管道主体结构施工质量控制点

（1）管基础

验槽后原状土地基局部超挖或扰动时应按规范的有关规定进行处理；岩石地基局部超挖时，应将基底碎渣全部清理，回填低强度等级混凝土或粒径 $10\sim15mm$ 的砂石回填夯实；管道不得铺设在冻结的地基上；管道安装过程中，应防止地基冻胀。

（2）管道质量控制要点

1）钢管

①管节及管件、焊接材料的质量符合规范规定。

②接口焊缝坡口、焊口错边、焊口焊接质量符合规范规定。

③法兰接口的法兰应与管道同心，螺栓自由穿入，高强度螺栓扭矩应符合规范规定。

2）球墨铸铁管

①管节及管件的产品质量符合规范规定。

②承插接口连接时，两管节轴线应保持同心，承口、插口无破损、变形、开裂。

③插口推入深度符合规范规定。

④法兰接口连接时，插口与承口法兰压盖的纵向轴线一致，连接螺栓终拧扭矩应符合设计或产品使用说明要求，接口连接后，连接部位及连接件应无变形、破损。

3）钢筋混凝土管

①管节管件、橡胶圈的产品质量符合规范规定。

②柔性接口的橡胶圈位置正确，无扭曲、外露现象；承口、插口无破损、开裂；双道橡胶圈的单口水压试验合格。

③刚性接口的强度符合设计要求，不得有开裂、空鼓、脱落现象。

4）塑料管

①管节管件、橡胶圈等产品质量符合规范规定。

②承插、套筒式连接时，承口、插口部位及套筒连接紧密，无破损、变形、开裂等现象。插入后胶圈应位置正确，无扭曲等现象，双道橡胶圈的单口水压试验合格。

③聚乙烯管、聚丙烯管接口熔焊连接符合规范规定。

（3）管道铺设

1）管道埋设深度、轴线位置符合设计要求，无压力管道严禁倒坡敷设。

2）刚性管道无结构贯通裂缝和明显缺损情况。

3）柔性管道的管壁不得出现纵向隆起、环向扁平和其他变形情况。

4）管道铺设安装必须稳固，管道安装后应线形平直。

（4）沟槽回填

1）灰土地基、砂石地基和粉煤灰地基施工前必须按规范规定处理。

2）沟槽回填管道应符合以下规定：压力管道水压试验前，除接口外，管道两侧及管顶以上回填高度不应小于 0.5m；水压试验合格后，应及时回填沟槽的其余部分；无压管道在闭水或闭气试验合格后应及时回填。

3）每层回填土的虚铺厚度，应根据所采用的压实机具按表 4-13 的规定选取。

每层回填土的虚铺厚度　　　　　　　　　　　　　　　　　表 4-13

压实机具	虚铺厚度（mm）	压实机具	虚铺厚度（mm）
木夯、铁夯	≤200	压路机	200～300
轻型压实设备	200～250	振动压路机	≤400

4）管道两侧和管顶以上 500mm 范围内的回填材料，应由沟槽两侧对称运入槽内，不得直接回填在管道上；回填其他部位时，应均匀运入槽内，不得集中推入。

5）刚性管道沟槽回填的压实作业应符合下列规定：回填压实应逐层进行，且不得损伤管道；管道两侧和管顶以上 500mm 范围内胸腔夯实，应采用轻型压实机具，管道两侧压实面的高差不应超过 300mm。

6）柔性管道的沟槽回填作业应符合下列规定：管内径大于 800mm 的柔性管道，回填施工时应在管内设有竖向支撑；管基有效支承角范围应采用中粗砂填充密实，与管壁紧密接触，不得用土或其他材料填充；管道半径以下回填时应采取防止管道上浮、位移的措施；管道回填时间宜在一昼夜中气温最低时段，从管道两侧同时回填，同时夯实。柔性管道沟槽回填部位与压实度如图 4-14 所示。

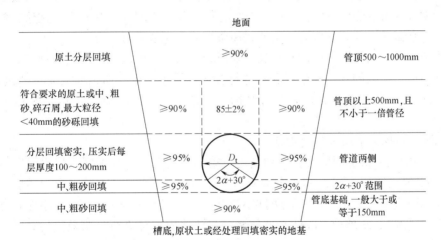

图 4-14　柔性管道沟槽回填部位与压实度示意图

7）当钢管或球墨铸铁管道变形率超过 2%，但不超过 3% 时；化学建材管道变形率超过 3%，但不超过 5% 时；应采取选用适合回填材料按规定重新回填施工，直至设计高程。

不开槽管道主体结构质量控制

（1）顶管施工质量控制要点

顶管顶进方法及设备的选择，应根据工程设计要求、工程水文地质条件、周围环境和现场条件，经技术经济比较后确定，并应符合下列规定：采用敞口式（手掘式）顶管机时，应将地下水位降至管底以下不小于 0.5m 处，并应采取措施，防止其他水源进入顶管的管道；周围环境要求控制地层变形或无降水条件时，宜采用封闭式的土压平衡或泥水平衡顶管机施工；穿越建（构）筑物、铁路、公路、重要管线和防汛墙等时，应制订相应的保护措施；小口径的金属管道，无地层变形控制要求且顶力满足施工要求时，可采用一次顶进的挤密土层顶管法。

1) 管节及附件等工程材料的产品质量应符合国家有关标准的规定和设计要求。

2) 接口橡胶圈安装位置正确，无位移、脱落现象；钢管的接口焊接质量应符合《给水排水管道工程施工及验收规范》GB 50268—2008 第 5 章的相关规定，焊缝无损探伤检（试）验符合设计要求。

3) 无压管道的管底坡度无明显反坡现象；曲线顶管的实际曲率半径符合设计要求。

4) 管道接口端部应无破损、顶裂现象，接口处无滴漏。

（2）盾构施工质量控制要点

1) 盾构应依据工程条件和设计要求选择。掘进时应确保前方土体稳定。

2) 轴线按设计要求进行控制，每掘进一环应对盾构姿态、衬砌位置进行测量。

3) 对盾构的施工参数和掘进速度实时监控，根据地质、埋深、地面的建筑设施及地面的沉降值等情况，及时进行调整。

4) 盾构掘进每次达到 1/3 管道长度时，对已建管道部分的贯通测量不少于一次；曲线管道还应增加贯通测量次数。

5) 管片拼装前应清理盾尾底部，拼装成环后应进行质量检测，并记录填写报表。

6) 盾构掘进中应采用注浆以利于管片衬砌结构稳定，其注浆应符合下列规定：注浆量控制宜大于环形空隙体积的 150%，压力宜为 0.2～0.5MPa；并宜多孔注浆；注浆后应及时将注浆孔封闭；注浆前应对注浆孔、注浆管路和设备进行检查。

盾构施工的给水排水管道设有现浇钢筋混凝土二次衬砌的，衬砌的断面形式、结构形式和厚度，以及衬砌的变形缝位置和构造符合设计要求；全断面钢筋混凝土二次衬砌的，衬砌应一次浇筑成型，浇筑时应左右对称、高度基本一致，混凝土达到规定强度方可拆模。

（3）浅埋暗挖施工质量控制要点

1) 开挖前的土层加固应符合下列规定：第一，超前小导管加固土层沿拱部轮廓线外侧设置，间距、孔位、孔深、孔径符合设计要求；小导管的后端应支承在已设置的钢格栅上，其前端应嵌固在土层中，前后两排小导管的重叠长度不应小于 1m；小导管外插角不应大于 15°。第二，水玻璃、改性水玻璃浆液与注浆应取样进行注浆效果检查，砂层中注浆宜定量控制，注浆压力宜控制在 0.15～0.3MPa 之间，最大不得超过 0.5MPa，每孔稳压时间不得小于 2min，第三，钢筋锚杆加固土层锚杆孔距允许偏差：普通锚杆±100mm，预应力锚杆±200mm；灌浆锚杆孔内应砂浆饱满，砂浆配比及强度符合设计要求。

2) 浅埋暗挖初期衬砌混凝土的强度应符合设计要求，按设计要求设置变形缝，且变形缝间距不宜大于 25m。

3) 防水层材料应符合设计要求，铺设基面凹凸高差不应大于 50mm，基面阴阳角应处理成圆角或钝角，圆弧半径不宜小于 50mm。

4) 二次衬砌应符合下列规定：

① 在防水层验收合格后，结构变形基本稳定的条件下施作；采取措施保护防水层

完好。

② 模板和支架的强度、刚度和稳定性应满足设计要求，使用前应经过检查，重复使用时应经修整。

③ 模板接缝拼接严密，不得漏浆。

④ 变形缝端头模板处的填缝中心应与初期支护变形缝位置重合，端头模板支设应垂直、牢固。

⑤ 混凝土灌筑前，应对设立模板的外形尺寸、中线、标高、各种预埋件等进行隐蔽工程检查，并填写记录；检查合格后，方可进行灌筑。

⑥泵送混凝土应符合下列规定：坍落度为 60～200mm；碎石级配，骨料最大粒径 25mm。

（4）定向钻及夯管

1）定向钻又称为水平钻，其施工质量控制应符合下列要求：

① 管道材料及泥浆质量应符合设计要求。

② 管节组对拼接、钢管外防腐层质量经检（试）验合格。

③ 管道回拖前预水压试验应合格，回拖后的线形应平顺、无突变、变形现象，实际曲率半径符合设计要求。

2）夯管施工质量控制应符合下列要求：

① 第一节管入土层时应检查设备运行工作情况，并控制管道轴线位置。

② 每夯入 1m 应进行轴线测量，其偏差控制在 15mm 以内。

③ 夯管时，应将第一节管夯入接收工作井不少于 500mm，并检查露出部分管节的外防腐层及管口损伤情况。

3. 沉管和桥管施工主体结构质量控制

（1）沉管施工质量控制要点

1）沉管基槽底部宽度和边坡应符合下列规定。

2）沉管基槽中心位置和浚挖深度符合设计要求。

3）沉管基槽处理、管基结构形式应符合设计要求。

4）沉放前、后管道无变形、受损；沉放及接口连接后管道无滴漏、线漏和明显渗水现象。

5）沉放后，对于无裂缝设计的沉管严禁有任何裂缝；对于有裂缝设计的沉管，其表面裂缝宽度、深度应符合设计要求。

6）接口连接形式符合设计文件要求；柔性接口无渗水现象；混凝土刚性接口密实，无裂缝、滴漏、线漏和明显渗水现象。

（2）桥管施工质量控制要点

1）桥管安装前的地基、基础、下部结构工程经验收合格，墩台顶面高程、中线及孔跨径满足设计和管道安装要求。

2）管道支架底座的支承结构、预埋件等的加工、安装应符合设计要求，且连接牢固。

3）桥管管节吊装的吊点位置应符合设计要求，采用分段悬臂拼装的，每管段轴线安装的扰度曲线变化应符合设计要求。

4.4.3　管道附属构筑物质量控制点

（1）井室的混凝土基础应与管道基础同时浇筑。

（2）砌筑结构的井室砌筑应垂直砌筑，需收口砌筑时，应按设计要求的位置设置钢筋混凝土梁进行收口；圆井采用砌筑逐层砌筑收口，四面收口时每层收进不应大于 30mm，偏心收口时每层收进不应大于 50mm。砌筑时，铺浆应饱满，灰浆与砌筑四周粘结紧密、不得漏浆，上下砌筑应错缝砌筑；砌筑时应同时安装踏步，踏步安装后在砌筑砂浆未达到规定抗压强度前不得踩踏；内外井壁应采用水泥砂浆勾缝；有抹面要求时，抹面应分层压实。

（3）预制装配式结构的井室采用水泥砂浆接缝时，企口坐浆与竖缝灌浆应饱满，装配后的接缝砂浆凝结硬化期间应加强养护，并不得受外力碰撞或振动；设有橡胶密封圈时，胶圈应安装稳固，止水严密可靠；底板与井室、井室与盖板之间的拼缝，水泥砂浆应填塞严密，抹角光滑平整。

（4）井室的砌筑水泥砂浆强度、结构混凝土强度应符合设计要求。

（5）支墩应在坚固的地基上修筑，修筑完毕并达到强度要求后方可进行水压试验。

（6）雨水口的槽底应夯实并及时浇筑混凝土基础，雨水口位置正确，深度符合设计要求，安装不得扭歪，井框、井箅安装平稳、牢固，支、连管应顺直，无倒坡、错口及破损现象。

4.4.4　管道功能性试验质量控制点

（1）管道功能性试验一般要求

1）压力管道水压试验进行实际渗水量测定时，宜采用注水法。

2）向管道内注水应从下游缓慢注入，注入时在试验管段上游的管顶及管段中的高点应设置排气阀，将管道内的气体排除。

3）全断面整体现浇的钢筋混凝土无压管渠处于地下水位以下时，除设计有要求外，管渠的混凝土强度、抗渗性能检（试）验合格，并按以下要求进行检查，符合设计要求时，可不必进行闭水试验。

① 大口径（$D_i \geqslant 1500$mm）钢筋混凝土结构的无压管道。

② 地下水位高于管道顶部。

③ 结构检查应符合设计要求的防水等级标准；无设计要求时，不得有滴漏、线流现象。

④ 上述不必做闭水试验的管道现按设计要求可采取 CCTV 和声呐检测。

4）管道采用两种（或两种以上）管材时，宜按不同管材分别进行试验；不具备分别试验的条件必须组合试验，且设计无具体要求时，应采用不同管材的管段中试验控制最严的标准进行试验。

5）管道的试验长度除《给水排水管道工程施工及验收规范》GB 50268—2008 规定和设计另有要求外，压力管道水压试验的管段长度不宜大于 1.0km；无压力管道的闭水试验，条件允许时可一次试验不超过 5 个连续井段；对于无法分段试验的管道，应由工程有关方面根据工程具体情况确定。

6）给水管道必须水压试验合格，并网运行前进行冲洗与消毒。经检（试）验水质达到标准后，方可允许并网通水投入运行。

7）污水、雨污水合流管道及湿陷土、膨胀土、流砂地区雨水管道，必须经严密性试验合格后方可投入运行。

8）压力管道水压试验前，管道回填土应符合设计及规范要求，试验管段所有敞口应封闭，管道升压时，管道的气体应排除，应分级升压，每升一级应检查无异常现象时再继续升压。

（2）无压力管道闭水试验：

① 闭水试验法应按设计要求和试验方案进行。

② 试验管段应按井距分隔，抽样选取，带片试验。

③ 无压管道闭水试验时，试验段管道及检查井外观质量已验收合格；管道未回填土且沟槽内无积水；全部预留孔应封堵，不得渗水；管道两端堵板承载力经核算应大于水压力的合力；除预留进出水管外，应封堵坚固，不得渗水；顶管施工，其注浆孔封堵且管口按设计要求处理完毕，地下水位于管底以下。

④ 管道闭水试验应符合下列规定：试验段上游设计水头不超过管顶内壁时，试验水头应以试验段上游管顶内壁加 2m 计；试验段上游设计水头超过管顶内壁时，试验水头应以试验段上游设计水头加 2m 计；计算出的试验水头小于 10m，但已超过上游检查井井口时，试验水头应以上游检查井井口高度为准；管道闭水试验应按《给水排水管道工程施工及验收规范》GB 50268—2008 附录（闭水法试验）进行。

⑤ 管道闭水试验时，应进行外观检查，不得有漏水现象，且符合《给水排水管道工程施工及验收规范》GB 50268—2008 的规定时，管道闭水试验为合格。

（3）无压力管道闭气试验

闭气试验适用于混凝土类的无压管道在回填土前进行的严密性试验。

闭气试验时，地下水位应低于管外底 150mm，环境温度为 −15～50℃，下雨时不得进行闭气试验。管道闭气试验不合格时，应进行漏气检查、修补后复检。

（4）给水管道冲洗与消毒

给水管道严禁取用污染水源进行水压试验、冲洗，施工管段处于污染水水域较近时，必须严格控制污染水进入管道；如不慎污染管道，应由水质检测部门对管道污染水进行化验，并按其要求在管道并网运行前进行冲洗与消毒。

管道第一次冲洗应用清洁水冲洗至出水口水样浊度小于 3NTU 为止，冲洗流速应大于 1.0m/s。

管道第二次冲洗应在第一次冲洗后，用有效氯离子含量不低于 20mg/L 的清洁水浸泡 24h 后，再用清洁水进行第二次冲洗直至水质检测、管理部门取样化验合格为止。

（5）无压力管道 CCTV 试验

① 市政道路中的雨污水管道进行 100% 的检测。

② 小区里的雨污水管道进行 20% 的抽检。

③ CCTV 检测结果有Ⅱ级以上（不含Ⅱ级）缺陷进行 100% 整改。复测合格后再进行验收。

④ 改造性的市政道路中雨、污水管道建设，工期较紧，管道中运行水位较高，管道

使用不能中断，可采用声呐对管道进行 100％检测。

管道施工前的注意事项：

① 对地下现有管道纵横走向进行全面调查。如需要迁移保护：提出合理的方案，得到产权单位的批复再进行处理。

② 对上下游接口位置、标高与图纸确认无误后再施工，预防雨污水下游无法接入。

③ 对预留的支管标高、位置进行一对一核对，预防遗漏、接错位置或标高。

④ 对管道边有构筑物，施工前预留沉降观测点，及影像资料，必要时留存第三方资料。

第 5 章　市政工程主要材料的质量评价

5.1　道路基层混合料的质量评价

5.1.1　基层混合料质量评价的依据标准

《城镇道路工程施工与质量验收规范》CJJ 1—2008；

《公路路面基层施工技术细则》JTG/T F20—2015；

《公路工程无机结合料稳定材料试验规程》JTG E51—2009。

5.1.2　常用的基层材料

1. 石灰稳定土类基层

（1）石灰稳定土有良好的板体性，但其水稳性、抗冻性以及早期强度不如水泥稳定土。石灰土的强度随龄期增长，并与养护温度密切相关，温度低于5℃时强度几乎不增长。

（2）石灰稳定土的干缩和温缩特性十分明显，且都会导致裂缝。与水泥土一样，由于其收缩裂缝严重，强度未充分形成时表面遇水会软化以及表面容易产生唧浆、冲刷等损坏，石灰土已被严格禁止用于高等级路面的基层，只能用于高级路面的底基层。

2. 水泥稳定土基层

（1）水泥稳定土有良好的板体性，其水稳性和抗冻性都比石灰稳定土好。水泥稳定土的初期强度高，其强度随龄期增长。水泥稳定土在暴露条件下容易干缩，低温时会冷缩，而导致裂缝。

（2）水泥稳定细粒土（简称水泥土）的干缩系数、干缩应变以及温缩系数都明显大于水泥稳定粒料，水泥土产生的收缩裂缝会比水泥稳定粒料的裂缝严重得多；水泥土强度没有充分形成时，表面遇水会软化，导致沥青面层龟裂破坏；水泥土的抗冲刷能力低，当水泥土表面遇水后，容易产生唧浆、冲刷，导致路面裂缝、下陷，并逐渐扩展。为此，水泥土只用于高级路面的底基层。

3. 石灰工业废渣稳定土基层

（1）石灰工业废渣稳定土中，应用最多、最广的是石灰粉煤灰类的稳定土（粒料），简称二灰稳定土（粒料），其特性在石灰工业废渣稳定土中具有典型性。

（2）二灰稳定土有良好的力学性能、板体性、水稳性和一定的抗冻性，其抗冻性能比石灰土高很多。

（3）二灰稳定土早期强度较低，随龄期增长，并与养护温度密切相关，温度低于4℃；强度几乎不增长；二灰中的粉煤灰用量越多，早期强度越低，3个月龄期的强度增长幅度也越大。

（4）二灰稳定土也具有明显的收缩特性，但小于水泥土和石灰土，也被禁止用于高等级路面的基层，而只能做底基层。二灰稳定粒料可用于高等级路面的基层与底基层。

4. 适用条件

（1）塑性指数在 15～20 的黏性土以及含有一定数量黏性土的中粒土和粗粒土适合于用石灰稳定。

（2）塑性指数在 10 以下的粉质黏土和砂土宜采用水泥稳定，如用石灰稳定，应采取适当的措施。

（3）塑性指数在 15 以上更适于用水泥和石灰综合稳定。在石灰工业废渣稳定土中，为提高石灰工业废渣的早期强度，可外加 1%～2% 的水泥。

5.1.3 基层混合料的质量评价

1. 混合料质量要求

（1）混合料宜用 1～3 级新灰，石灰的技术指标应符合《城镇道路工程施工与质量验收规范》CJJ 1—2008 表 7.2.1 的要求。磨细生石灰，可不经消解直接使用；块灰应在使用前 2～3d 完成消解，未能消解的生石灰块应筛除，消解石灰的粒径不得大于 10mm。石灰稳定土类基层，宜采用塑性指数 10～15 的粉质黏土、黏土。土中的有机物含量宜小于 10%。使用旧路的级配砾石、砂石或杂填土等应先进行试验。级配砾石、砂石等材料的最大粒径不宜超过分层厚度的 60%，且不应大于 10cm。土中欲掺入碎砖等粒料时，粒料掺入含量应经试验确定。

（2）粉煤灰中的 SiO_2、Al_2O_3 和 Fe_2O_3 总量宜大于 70%；细度应满足 90% 通过 0.30mm 筛孔，70% 通过 0.075mm 筛孔。当烧失量大于 10% 时，应经试验确认混合料强度符合要求时，方可采用。当采用石灰粉煤灰稳定土时，土的塑性指数宜为 12～20。

（3）应选用初凝时间大于 45min、终凝时间不大于 10h 的 32.5 级及以上的普通硅酸盐水泥、矿渣硅酸盐水泥、火山灰质硅酸盐水泥。水泥应有出厂合格证与生产日期，复检合格方可使用。水泥稳定土类基层土的均匀系数不应小于 5，宜大于 10，塑性指数宜为 10～17；土中小于 0.6mm 颗粒的含量不应小于 30%；宜选用粗粒土、中粒土。颗粒应符合的要求：当作基层时，粒料最大粒径不宜超过 37.5mm；当作底基层时，粒料最大粒径对城市快速路、主干路不应超过 37.5mm；对次干路及以下道路不应超过 53mm。集料中的有机质含量不应超过 2%，集料中硫酸盐含量不应超过 0.25%。水泥稳定土类材料 7d 抗压强度：对城市快速路、主干路基层为 3～4MPa，对底基层为 1.5～2.5MPa，对其他等级道路基层为 2.5～3MPa，底基层为 1.5～2MPa。

（4）级配碎石、砂砾、未筛分碎石、碎石土、砾石和煤矸石、粒状矿渣等材料均可做粒料原材。当作基层时，粒料最大粒径不宜超过 37.5mm；当作底基层时，粒料最大粒径：对城市快速路、主干路不应超过 37.5mm；对次干路及以下道路不应超过 53mm。各种粒料，应按其自然级配状况，经人工调整使其符合《城镇道路工程施工与质量验收规范》CJJ 1—2008 表 7.5.2 的规定。碎石、砾石、煤矸石等的压碎值：对城市快速路、主干路基层与底基层不应大于 30%；对其他道路基层不应大于 30%，对底基层不应大于 35%；级配碎石及级配碎砾石基层，轧制碎石的材料可为各种类型的岩石、砾石。轧制碎石的砾石粒径应为碎石最大粒径的 3 倍以上，碎石中不应有黏土块、植物根叶、腐殖质等有害物质。碎石中针片状颗粒的总含量不应超过 20%。

2. 混合料无侧限抗压强度

根据现场条件按不同材料（水泥、粉煤灰、石灰），采用不同拌合方法制出的混合料，应按最佳含水量和计算得的干密度制备试件，进行 7d 侧限抗压强度判定。

（1）为保证试验结果的可靠性和准确性，每组试件的数目要求为小试件不少于 6 个，中试件不少于 9 个，大试件不少于 13 个。同一组试件试验中，采用 3 倍均方差方法剔除异常值，小试件可经允许有 1 个异常值；中试件可经允许有 1~2 个异常值；大试件可经允许有 2~3 个异常值，异常值数量超过上述规定的试验重做。

（2）同一组试验的变异（偏差）系数 C_v（%）符合下列规定，方为有效试验：小试件 $C_v \leqslant 6\%$；中试件 $C_v \leqslant 10\%$；大试件 $C_r \leqslant 15\%$。如不能保证试验结果的变异系数小于规定的值，则应按允许误差 10% 和 90% 概率重新计算所需（需要的试件数量，增加试件数量并另做新试验）。新试验结果与老试验结果一并重新进行统计评定，直到变异系数满足上述规定。

基层、底基层试件作 7d 无侧限抗压强度，应符合设计要求，每 2000m² 抽检 1 组（6块），采用现场取样试验方法。

3. 标准击实

对混合料进行击实试验，以绘制稳定材料的含水量-干密度关系曲线，从而确定其最佳含水量和最大干密度。混合料应做两次平行试验，取两次试验的平均值作为最大干密度和最佳含水量。两次重复性试验最大干密度的差值不应超过 0.05g/cm³（稳定细粒土）和 0.08g/cm³（稳定中粒土和粗粒土），最佳含水量不应超过 0.5%（最佳含水量小于 10%）和 1.0%（最佳含水量大于 10%）。超过上述规定值，应重做试验，直到满足精度要求。

4. 压实度

压实度是路基施工质量检测的关键指标之一，表征现场压实后的密度状况。压实度越高，密度越大，材料整体性能越好。对于基层而言，压实度是指工地上实际达到的干密度与室内标准击实试验所得最大干密度的比值，压实度通过试验应在同一点进行两次平行测定，两次测定的差值不得大于 0.03g/cm³。通过现场试坑材料与击实试验的材料有较大差异时，可以对试坑材料做标准击实，求取实际的最大干密度。

基层、底基层的压实度应符合要求，每 1000m² 每压实层抽检 1 点。

5. 弯沉值

用混合料基层的回弹弯沉值以评定其整体承载能力，进行弯沉测量后，路段的代表弯沉值应小于设计要求的标准值。

弯沉值不应大于设计规定，每车道、每 20m，测 1 点。

5.2 沥青混合料的质量评价

5.2.1 沥青混合料质量评定依据标准

《城镇道路工程施工与质量验收规范》CJJ 1—2008；
《公路沥青路面施工技术规范》JTG F40—2004；

《公路工程沥青及沥青混合料试验规程》JTG E20—2011；

《公路工程集料试验规程》JTG E 42—2005。

5.2.2　热拌沥青混合料

1. 普通沥青混合料

（1）普通沥青混合料即 AC 型沥青混合料，适用于城市次干路、辅路或人行道等面层。

（2）沥青混合料分为粗粒式、中粒式、细粒式。

（3）粗粒式级配类型为 AC-25、ATB-25；中粒式级配类型为 AC-20、AC-16；细粒式级配类型为 AC-13、AC-10。

2. 改性沥青混合料

（1）改性沥青混合料是指掺加橡胶、树脂、高分子聚合物、磨细的橡胶粉或其他填料等外掺剂（改性剂），使沥青或沥青混合料的性能得以改善制成的沥青混合料。

（2）改性沥青混合料与 AC 型混合料相比具有较高的路面抗流动性即高温下抗车辙的能力，良好的路面柔性和弹性即低温下抗开裂的能力，较高的耐磨耗能力和延长使用寿命。

（3）改性沥青适用城市主干道和城镇快速路。

3. 沥青玛琋脂碎石混合料（SMA）

（1）SMA 是一种以沥青、矿粉及纤维稳定剂组成的沥青玛琋脂结合料，填充于间断级配的矿料骨架中，所形成的混合料。

（2）SMA 是一种间断级配的沥青混合料，5mm 以上的粗骨料比例高达 70%～80%，矿粉的用量达 7%～13%（"粉胶比"超出通常值 1.2 的限制）；沥青用量较多，高达 6.5%～7%，粘结性要求高，且选用针入度小、软化点高、温度稳定性好的沥青。

（3）SMA 是当前国内外使用较多的一种抗变形能力强，耐久性较好的沥青面层混合料；适用于城市主干道和城镇快速路磨耗层。

4. 改性（沥青）SMA

（1）采用改性沥青，材料配比采用 SMA 结构形式。

（2）具有非常好的高温抗车辙能力、低温变形性能和水稳定性，且构造深度大，抗滑性能好、耐老化性能及耐久性等路面性能都有较大提高。

（3）适用于交通流量和行驶频度急剧增长，客运车的轴重不断增加，严格实行分车道单向行驶的城镇主干路和城镇快速路。

5.2.3　冷拌沥青混合料

冷拌沥青混合料具有如下主要特征：适用于任何天气和环境。它的适用温度为－30℃～50℃（环境温度），可以在雨雪潮湿的恶劣条件下及时修补沥青路面坑槽。适用面广，可以广泛用于道路、桥梁路面、停车场、机场跑道的修补，还可以用于在春、冬季环境条件下的二级公路及以下路面的表处。施工过程操作简便，路面维修过程无须专门的设备，也无须专门的技术，只需将待补的坑槽清理干净放入沥青混合料，用平板振动夯或通过汽车车轮压实即可开放交通。修补质量好，可根据需要将各种不同的改性沥青制成冷拌沥青，改性冷拌沥青混合料具有极强的抗老化性能，修补的沥青路面的坑槽及冷拌沥青混合料表处的路面的寿命在 10 年以上，并且不易产生龟裂等病害。养护成本低，由于沥青混合料的制作可以在常温下进行集中生产拌和，不需要对集料进行加热，可节省大量的能源，加上不受天气、坑槽大小及数量的影响。

5.2.4 再生沥青混合料

1. 沥青的再生是沥青老化的逆过程。在已老化的旧沥青中，加入某种组分的低黏度油料（即再生剂），或者加入适当稠度的沥青材料，经过科学合理的工艺，调配出具有适宜黏度并符合路用性能要求的再生沥青。再生沥青比旧沥青复合流动度有较大提高，流变性质大为改善。

2. 沥青路面材料再生技术是将需要翻修或者废弃的旧沥青混凝土路面，经过翻挖、回收、破碎、筛分，再添加适量的新骨料、新沥青，重新拌合成为具有良好路用性能的再生沥青混合料，用于铺筑路面面层或基层的整套工艺技术。

3. 沥青路面材料再生利用，能够节约大量的沥青和砂石材料，节省工程投资。同时，有利于处理废料、节约能源、保护环境，因而具有显著的经济效益和社会效益。

5.2.5 沥青混合料的质量评价

1. 原材料

沥青在常温下是黑色或黑褐色的黏稠液体或者是固体，它是一种棕黑色有机胶凝状物质，包括天然沥青、石油沥青、页岩沥青和煤焦油沥青四种。主要成分是沥青质和树脂，其次有高沸点矿物油和少量的氧、硫和氯的化合物。道路用沥青的品质、标号应符合国家现行有关标准的规定。石油沥青常规进场复验项目：针入度、软化点、延度、蜡含量、闪点和质量损失；改性沥青常规进场复验项目：针入度、软化点、延度、储存稳定性、闪点和质量损失；乳化沥青常规进场复验项目：蒸发残留物、与粗集料的粘附性、储存稳定性和破乳速度。

选用的粗集料、细集料、矿粉、纤维稳定剂等按设计及规范要求进行检测并判定符合性。粗集料的质量技术要求和粒径规格应符合规范要求，常规进场复验项目有筛分、压碎值、密度、磨耗损失与坚固性；细集料应洁净、干燥、无风化、无杂质。常规进场复验项目有筛分、表观密度、砂当量和亚甲蓝值。矿粉应用石灰岩等憎水性石料磨制。城市快速路与主干路的沥青面层不宜采用粉煤灰做填料。当次干路及以下道路用粉煤灰作填料时，其用量不应超过填料总量 50%，粉煤灰的烧失量应小于 12%。

2. 沥青混合料温度

沥青混合料拌合和施工温度应根据沥青标号及黏度、气候条件、铺装层的厚层、下卧层温度确定。普通沥青混合料拌合和压实温度宜通过 135～175℃条件下测定的黏度—温度曲线并按要求确定。聚合物改性沥青混合料搅拌及施工温度应根据实践经验，经试验确定。通常宜较普通沥青混合料温度提高 10～20℃，SMA 混合料的施工温度应经试验确定。

3. 马歇尔试验

马歇尔试验是目前沥青混合料中最重要的一个试验方法，用以进行沥青混合料的配合比设计或沥青路面施工质量检验。试验结果中当一组测定值中某个测定值与平均值之差大

于标准差的 k 倍时，该测定值应予舍弃，并以其余测定值的平均值作为试验结果。当试件数目 n 为 3、4、5、6 个时，k 值分别为 1.15、1.46、1.67、1.82。

4. 车辙检（试）验

沥青混合料的车辙试验是试件在规定温度及荷载条件下，测定试验轮往返行走所形成的车辙变形速率，以每产生 1mm 变形的行走次数即动稳定度表示。

同一沥青混合料或同一路段路面，至少平行试验 3 个试件。当 3 个试件动稳定系数不大于 20％时，取其平均值作为试验结果；变异系数大于 20％时分析原因，并追加试验。如计算动稳定度值大于 6000 次/mm，记作："＞6000 次/mm"。

5. 抗滑性能检（试）验

沥青路面的抗滑性能是一项重要的路用性能，它取决于集料自身的表面纹理结构以及混合料的级配所决定的表面构造深度。

取 3 个试件的表面构造深度的测定结果平均值作为试验结果。当平均值小于 0.2mm 时，试验结果以"＜0.2mm"表示。

6. 渗水检（试）验

用路面渗水仪测定碾压成型的沥青混合料的渗水系数，以检验沥青混合料的配合比设计。按试验步骤对同一种材料制作 3 块试件测定渗水系数，取其平均值，作为检测结果。逐点报告每个试件的渗水系数及 3 个试件的平均值。

7. 压实度检（试）验

沥青压实度试验方法多样，通过检测路段数据整理方法，计算一个评定本路段检测的压实度的平均值、变异系数、标准差，并代表压实度的试验结果。

5.3　建筑钢材的质量评价

5.3.1　检测依据

《钢筋混凝土用钢　第 1 部分：热轧光圆钢筋》GB 1499.1—2008；

《钢筋混凝土用钢　第 1 部分：热轧带肋钢筋》GB 1499.2—2007；

《金属材料　弯曲试验方法》GB/T 232—2010；

《钢筋焊接及验收规程》JGJ 18—2012；

《钢筋焊接接头试验方法标准》JGJ/T 27—2001；

《钢筋机械连接技术规程》JGJ 107—2010；

《混凝土结构工程施工质量验收规范》GB 50204—2015。

5.3.2　钢材的概念

钢材是钢锭、钢坯或钢材通过压力加工制成需要的各种形状、尺寸和性能的材料。根据断面形状的不同，钢材一般分为型材、板材、管材和金属制品四大类。

钢材应用广泛、品种繁多，对于市政工程用钢材多的主要是钢筋混凝土和预应力钢筋混凝土所用钢材（钢筋）。

5.3.3 建筑钢材的质量评价

1. 检查产品质保材料

钢材品种、牌号、规格和技术性能必须符合国家现行标准规定和设计要求。

2. 钢材技术指标

建筑钢材的力学性能检验，一般要做力学性能、工艺性能和重量偏差三个项目。

（1）钢筋力学性能检（试）验

拉伸试验：如果一组拉伸试样中，每根试样的所有试验结果都符合产品标准的规定，则判定该组试样拉伸试验合格；如果有一根试样的某一项指标（屈服强度、抗拉强度、伸长度）试验结果不符合产品标准的规定，则应加倍取样，重新检测全部拉伸试验指标；如果仍有一根试样的某一项指标不符合规定，则判定该组试样拉伸试验不合格。当试样断在标距外或断在机械刻划的标距标记上，而且断后伸长率小于规定最小值，或者试验期间设备发生故障，影响了试验结果，则试验结果无效，应重做同样数量试样的试验；试验后试样出现两个或两个以上的缩颈以及显示出肉眼可见的冶金缺陷（例如分层、气泡、夹渣、缩孔等），应在试验记录和报告中注明。

1）焊接接头

① 3 个热轧钢筋接头试件的抗拉强度均不得小于该牌号钢筋规定的抗拉强度；RRB400 钢筋接头试件的抗拉强度均不得小于 $570N/mm^2$；

② 至少应有 2 个试件断于焊缝之外，并应呈延性断裂。当达到上述 2 项要求时，应评定该批接头为抗拉强度合格。

③ 当试验结果有 2 个试件抗拉强度小于钢筋规定的抗拉强度；或 3 个试件均在焊缝或热影响区发生脆性断裂时，则一次判定该批接头为不合格品。

④ 当试验结果有 1 个试件的抗拉强度小于规定值，或 2 个试件在焊缝或热影响区发生脆性断裂，其抗拉强度均小于钢筋规定抗拉强度的 1.10 倍时，应进行复验。

⑤ 复验时，应再切取 6 个试件。复验结果，当仍有 1 个试件的抗拉强度小于规定值，或有 3 个试件断于焊缝或热影响区呈脆性断裂，其抗拉强度小于钢筋规定抗拉强度的 1.10 倍时，应判定该批接头为不合格品。

注：当接头试件虽断于焊缝或热影响区，呈脆性断裂，但其抗拉强度大于或等于钢筋规定抗拉强度的 1.10 倍时，可按断于焊缝或热影响区之外，称延性断裂同等对待。

闪光对焊接头、气压焊接头进行弯曲试验时，应将受压面的全面毛刺和敦粗凸起部分消除，且应与钢筋的外表齐平。

2）机械连接接头

① 接头连件的屈服承载力和受拉承载力的标准值不应小于被连接钢筋的屈服承载力和受拉承载力标准值的 1.10 倍。

② 接头应根据抗拉强度、残余变形以及高应力和大变形条件下反复拉压性能的差异，分为下列三种性能等级：

Ⅰ级：接头抗拉强度等于被连接钢筋的实际拉断强度或不小于 1.10 倍钢筋抗压强度标准值，残余变形小并具有高延性及反复拉压性能。

Ⅱ级：接头抗拉强度不小于被连接钢筋抗拉强度标准值，残余变形较小并具有高延性及反复拉压性能。

Ⅲ级：接头抗拉强度不小于被连接钢筋屈服强度标准值的 1.25 倍，残余变形较小并具有一定的延性及反复拉压性能。具体要求如表 5-1 所示。

钢筋机械连接接头的抗拉强度 表 5-1

接头等级	Ⅰ级	Ⅱ级	Ⅲ级
抗拉强度	$f_{mst}^0 \geqslant f_{stk}$ 断于钢筋 或 $f_{mst}^0 \geqslant 1.10 f_{stk}$ 接头	$f_{mst}^0 \geqslant f_{stk}$	$f_{mst}^0 \geqslant 1.25 f_{yk}$

注：f_{mst}^0—接头试件实测抗拉强度；f_{stk}—钢筋抗拉强度标准值；f_{yk}—钢筋屈服强度标准值。

对接头的每一验收批，必须在工程结构中随机截取 3 个接头试件作为抗压强度试件，按设计要求的接头等级进行评定。当 3 个接头试件的抗拉强度均符合表 5-1 中相应等级的强度要求时，该验收批应评为合格。如有 1 个试件的抗拉强度不符合要求，应再取 6 个试件进行复检。复检中如仍有 1 个试件的抗拉强度不符合要求，则该验收批应评为不合格。

3）钢筋焊接网

应沿钢筋焊接网两个方向各截取一个试样，每个试样至少有一个交叉点。试样长度应足够，以保证夹具之间的距离不小于 20 倍试样直径或 180mm（取两者之较大者），可考虑试样长度 500mm。对于并筋，非受拉钢筋应在离交叉焊点约 20mm 处切断。拉伸试样上的横向钢筋宜距交叉点约 25mm 处切断。

（2）工艺性能

1）弯曲性能应符合表 5-2 的规定。

弯曲性能（mm） 表 5-2

牌号	公称直径 d	弯心直径
HRB335 HRBF335	6～25	3d
	28～40	4d
	>40～50	5d
HRB400 HRBF400	6～25	4d
	28～40	5d
	>40～50	6d
HRB500 HRBF500	6～25	6d
	28～40	7d
	>40～50	8d

2）反向弯曲性能根据需方要求，钢筋可进行反向弯曲性能试验。反向弯曲试验的弯芯直径比弯曲试验相应增加一个钢筋公称直径。反向弯曲试验：先正向弯曲 90°，再反向弯曲 20°。两个弯曲角度均应在去载之前测量。经反向弯曲试验后，钢筋受弯曲部位表面不得产生裂纹。

3）冷弯试验

如果一组弯曲试样中，弯曲试验后每根试样的弯曲外表面均无肉眼可见的裂纹，则判定该组试样弯曲试验合格；如果有一组试样在达到规定弯曲角度之前发生断裂，或虽已达到规定的弯曲角度但试样弯曲外表面有肉眼可见的裂纹，则应加倍重新进行弯曲试验，如果仍有一根试样不符合要求，则判定该组试样弯曲试验不合格。

弯曲试验可在万能试验机、手动或电动液压弯曲试验器上进行，焊缝应处于弯曲中心点，弯心直径和弯曲角应符合表 5-3 的规定。

接头弯曲试验指标   表 5-3

钢筋牌号	弯心直径	弯曲角度（°）
HPB300	$2d$	90
HRB335	$4d$	90
HRB400、RRB400	$5d$	90
HRB500	$7d$	90

注：1. d 为钢筋直径（mm）；
　　2. 直径大于 25mm 的钢筋焊接接头，弯心直径应增加 1 倍钢筋直径。

当试验结果弯至 90°时，有 2 个或 3 个试件外侧（含焊缝和热影响区）未发生破裂，应评定该批接头弯曲试验合格；当 3 个试件均发生破裂，则一次判定该批接头为不合格品；当有 2 个试件发生破裂，应进行复验。复验时应再切取 6 个试件。复验结果中有 3 个试件发生破裂时，应判定该接头为不合格品。

注：当试件外侧横向裂纹宽度达到 0.5mm 时，应认定已经破裂。

钢筋网片应沿钢筋两个方向各截取一个弯曲试样，试样应保证试验时受弯曲部位离开交叉焊点至少 25mm。

钢筋网片抗剪试验应沿同一横向钢筋随机截取 3 个试样。钢筋网两个方向均为单根钢筋时，较粗钢筋为受拉钢筋；对于并筋，其中之一为受拉钢筋，另一支非受拉钢筋应在交叉焊点处切断，但不应损伤受拉钢筋焊点。抗剪试样上的横向钢筋应距交叉点不少于 25mm 之处切断。钢筋焊接网抗剪力试验结果如不合格，则应从该批钢筋焊接网中任取双倍试样进行不合格项目的检验，复验结果全部合格时，该批钢筋焊接网判定为合格。

焊接网钢筋的力学与工艺性能应分别符合相应标准中相应牌号钢筋的规定。对于公称直径不小于 6mm 的焊接网用冷轧带肋钢筋，冷轧带肋钢筋的最大力总伸长率（A_{gt}）应不小于 2.5%，钢筋的强屈比 $R_m/R_{p0.2}$ 应不小于 1.05。钢筋焊接网焊点的抗剪力应不小于试样受拉钢筋规定屈服力值的 0.3 倍。

（3）重量偏差

依据规范要求，进场钢筋必须进行钢筋重量偏差检测。测量钢筋重量偏差时，试样应从不同钢筋上截取，数量不少于 5 根，每根试样长度不少于 500mm，其重量偏差按下式计算，允许偏差如表 5-4 所示。

$$重量偏差 = \frac{试样实际总重量 - （试样总长度 × 单位长度理论重量）}{试样总长度 × 单位长度理论重量}$$

重量偏差表   表 5-4

公称直径（mm）	实际重量与理论重量的偏差（%）
6~12	±7
14~20（14~22 光圆钢筋）	±5
22~50	±4

（4）尺寸检测

1）光圆钢筋

光圆钢筋要求如表 5-5 所示。

光圆钢筋 表 5-5

公称直径(mm)	允许偏差(mm)	不圆度(mm)
6(6.5)、8、10、12	±0.3	≤0.4
14、16、18、20、22	±0.4	

2）带肋钢筋

① 横肋与钢筋轴线的夹角 β 不应小于 45°，当该夹角不大于 70°时，钢筋相对两面上横肋的方向应相反。

② 横肋公称间距不得大于钢筋公称直径的 0.7 倍。

③ 横肋侧面与钢筋表面的夹角 α 不得小于 45°。

④ 钢筋相邻两面上横肋末端之间的间隙（包括纵肋宽度）总和不应大于钢筋公称周长的 20%。

⑤ 当钢筋公称直径不大于 12mm 时，相对肋面积不应小于 0.055；公称直径为 14mm 和 16mm 时，相对肋面积不应小于 0.060；公称直径大于 16mm 时，相对肋面积不应小于 0.065。

3. 预应力筋理化检（试）验

预应力筋进场时，应对其质量证明文件、包装、标志和规格进行检验，并应符合下列规定：

（1）钢丝检验每批不得大于 60t；从每批钢丝中抽查 5%，且不少于 5 盘，进行形状、尺寸和表面检查，如检查不合格，则将该批钢丝全数检查；从检查合格的钢丝中抽取 5%，且不少于 3 盘，在每盘钢丝的两端取样进行抗拉强度、弯曲和伸长率试验，试验结果有一项不合格时，则不合格盘报废，并从同批未检验过的钢丝盘中取双倍数量的试样进行该不合格项的复验，如仍有一项不合格，则该批钢丝为不合格。

（2）钢绞线检验每批不得大于 60t；从每批钢绞线中任取 3 盘，并从每盘所选用的钢绞线端部正常部位截取一根试样，进行表面质量、直径偏差检查和力学性能试验，如每批少于 3 盘，应全数检查。试验结果如有一项不合格时，则不合格盘报废，并再从该批未检验过的钢绞线中取双倍数量的试样进行该不合格项的复验，如仍有一项不合格，则该批钢绞线为不合格。

（3）精轧螺纹钢筋检验每批不得大于 60t，对表面质量应逐根检查；检查合格后，在每批中任选 2 根钢筋截取试件进行拉伸试验，试验结果如有一项不合格，则取双倍数量试件重做试验，如仍有一项不合格，则该批钢筋为不合格。

5.4 混凝土的质量评价

5.4.1 混凝土质量评价依据标准

《混凝土结构工程施工质量验收规范》GB 50204—2015；

《建设用砂》GB/T 14684—2011；

《建设用卵石、碎石》GB/T 14685—2011；

《混凝土外加剂应用技术规范》GB 50119—2013；

《普通混凝土拌合物性能试验方法标准》GB/T 50080—2002；

《普通混凝土力学性能试验方法标准》GB/T 50081—2002；

《混凝土强度检验评定标准》GB/T 50107—2010；

《普通混凝土长期性能和耐久性能试验方法标准》GB/T 50082—2009。

5.4.2 混凝土的种类

（1）按表观密度不同，分重混凝土、普通混凝土、轻质混凝土。

（2）按使用功能不同，分结构用混凝土、道路混凝土、水工（防水）混凝土、耐热凝土、耐酸混凝土、大体积混凝土及防辐射混凝土等。

（3）按施工工艺不同，分喷射混凝土、泵送混凝土、振动灌浆混凝土等。

（4）按抗压强度等级不同，分普通混凝土、高强度混凝土（$f_{cu} \geqslant 60MPa$）、超高殖混凝土（$f_{cu} \geqslant 100MPa$）等。

（5）为了克服混凝土抗拉强度低的缺陷，人们还将水泥混凝土与其他材料复合，出现了钢筋混凝土、预应力混凝土、各种纤维增强混凝土及聚合物浸渍混凝土等。

5.4.3 混凝土的质量评价

1. 对混凝土中的原材料进行检（试）验

（1）检查水泥出厂合格证和出厂检（试）验报告，应对其强度、细度、安定性和凝固时间抽样复检。拌制混凝土应优先采用硅酸盐水泥、普通硅酸盐水泥，不宜使用矿渣硅酸盐水泥，不得使用火山灰质硅酸盐水泥及粉煤灰硅酸盐水泥。粗骨料应采用碎石，其粒径宜为 5～25mm。混凝土中的水泥用量不宜大于 550kg/m³。

（2）对结构工程混凝土宜使用非碱活性骨料，当使用碱活性骨料时，混凝土的总碱含量不宜大于 3kg/m³；对大桥、特大桥梁等主体结构总碱含量不宜大于 1.8kg/m³；对处于环境类别属三类以上受严重侵蚀环境的桥梁，不得使用碱活性骨料。

（3）混凝土中严禁使用含氯化物的外加剂及引气剂或引气型减水剂。从各种材料引入混凝土中的氯离子最大含量不宜超过水泥用量的 0.06%。超过以上规定时，宜采取掺加阻锈剂；增加保护层厚度、提高混凝土密实度等防锈措施。

2. 坍落度

坍落度是指混凝土的和易性，具体来说就是保证施工的正常进行，其中包括混凝土的保水性，流动性和粘聚性。

坍落度的测试方法：用一个上口 100mm、下口 200mm、高 300mm 喇叭状的坍落度桶，灌入混凝土后捣实，然后拔起桶，混凝土因自重产生坍落现象，用桶高（300mm）减去坍落后混凝土最高点的高度，称为坍落度。如果差值为 10mm，则坍落度为 10。

通过试验，当混凝土试件的一侧发生崩坍或一边剪切破坏，则应重新取样另测。如果第二次仍发生上述情况，则表示该混凝土和易性不好，应记录。坍落度试验从开始装料到提坍落度筒的整个过程应不间断进行，并应在 150s 内完成。

当混凝土拌合物的坍落度大于 220mm 时，用钢尺测量混凝土扩展后最终的最大直径和最小直径，在这两个直径之差小于 50mm 的条件下，用其算术平均值作为坍落扩展度值，否则，此次试验无效。

如果发现粗骨料在中央堆积或边缘有水泥浆析出，表示此混凝土拌合物抗离析性不好，应予记录。混凝土拌合物坍落度和坍落扩展度值以毫米为单位，测量精确至 1mm，结果表达修约 5mm。

3. 耐久性能

（1）混凝土抗冻性能、抗水渗透性能和抗硫酸盐侵蚀性能的等级划分应符合表 5-6 的规定。

混凝土抗冻性能、抗水渗透性能和抗硫酸盐侵蚀性能的等级划分　　　　表 5-6

抗冻等级（快冻法）		抗冻等级（慢冻法）	抗渗等级	抗硫酸盐等级
F50	F250	D50	P4	KS30
F100	F300	D100	P6	KS60
F150	F350	D150	P8	KS90
F200	F400	D200	P10	KS120
＞F400		＞D200	P12	KS150
			＞P12	＞KS150

（2）混凝土抗氯离子渗透性能的等级划分应符合下列规定。

当采用氯离子迁移系数划分混凝土抗氯离子渗透性能等级时，应符合表 5-7 的规定，且混凝土测试龄期应为 84d。

混凝土抗氯离子渗透性能的等级划分　　　　表 5-7

等　级	RCM-Ⅰ	RCM-Ⅱ	RCM-Ⅲ	RCM-Ⅳ	RCM-V
氯离子迁移系数 D_{RCM}（RCM 法）（$\times 10^{-12} m^2/s$）	$D_{RCM} \geqslant 4.5$	$3.5 \leqslant D_{RCM} < 4.5$	$2.5 \leqslant D_{RCM} < 3.5$	$1.5 \leqslant D_{RCM} < 2.5$	$D_{RCM} < 1.5$

当采用电通量划分混凝土抗氯离子渗透性能等级时，应符合表 5-8 的规定，且混凝土测试龄期宜为 28d。当混凝土中水泥混合材料与矿物掺合料之和超过胶凝材料用量的 50% 时，测试龄期可为 56d。

混凝土抗氯离子渗透性能的等级划分　　　　表 5-8

等级	Q-Ⅰ	Q-Ⅱ	Q-Ⅲ	Q-Ⅳ	Q-V
电通量 Q_s（C）	$Q_s \geqslant 4000$	$2000 \leqslant Q_s < 4000$	$1000 \leqslant Q_s < 2000$	$500 \leqslant Q_s < 1000$	$Q_s < 500$

（3）混凝土抗碳化性能的等级划分应符合表 5-9 的规定。

混凝土抗碳化性能的等级划分　　　　表 5-9

等级	T-Ⅰ	T-Ⅱ	T-Ⅲ	T-Ⅳ	T-V
碳化深度 d（mm）	$d \geqslant 30$	$20 \leqslant d < 30$	$10 \leqslant d < 20$	$0.1 \leqslant d < 10$	$d < 0.1$

（4）混凝土早期抗裂性能的等级划分应符合表 5-10 的规定。

等级	L-I	L-II	L-III	L-IV	L-V
单位面积上的总开裂面积 $c(\mathrm{mm^2/m^2})$	$c \geqslant 1000$	$700 \leqslant c < 1000$	$400 \leqslant c < 700$	$100 \leqslant c < 400$	$c < 100$

4. 强度

混凝土强度分为抗压强度、抗折强度、抗拉强度等。混凝土抗压强度是评定混凝土质量的主要指标。

（1）取 3 个试件强度的算术平均值作为每组试件的强度代表值。

（2）当一组试件中强度的最大值或最小值与中间值之差超过中间值的 15% 时，取中间值作为该组试件的强度代表值。

（3）当一组试件中强度的最大值和最小值与中间值之差均超过中间值的 15% 时，该组试件的强度不应作为评定的依据。

（4）评定的方法有以下两种。

1）采用统计方法评定时，应按下列规定进行

当连续产生的混凝土，产生条件在较长时间内保持一致，且同一品种、同一强度等级混凝土的强度变异性保持稳定时，应按下列规定进行评定。

一个检验（收）批的样本容量应为连续的 3 组试件，其强度应同时符合式（5-1）、式（5-2）规定。

$$m_{f_{cu}} \geqslant f_{cu,k} + 0.7\sigma_0 \tag{5-1}$$

$$f_{cu,min} \geqslant f_{cu,k} - 0.7\sigma_0 \tag{5-2}$$

检验（收）批混凝土立方体抗压强度的标准差应按式（5-3）计算。

$$\sigma = \sqrt{\frac{\sum_{i=1}^{n} f_{cu,i}^2 - n m_{f_{cu}}^2}{n-1}} \tag{5-3}$$

当混凝土强度等级不高于 C20 时，其强度的最小值尚应满足式（5-4）要求。

$$f_{cu,min} \geqslant 0.85 f_{cu,k} \tag{5-4}$$

当混凝土强度等级高于 C20 时，其强度的最小值尚应满足式（5-5）要求。

$$f_{cu,min} \geqslant 0.90 f_{cu,k} \tag{5-5}$$

式中　$m_{f_{cu}}$——同一检验（收）批混凝土立方体抗压强度的平均值（N/mm²），精确到（N/mm²）；

　　$f_{cu,k}$——混凝土立方体抗压强度标准值（N/mm²），精确到 0.1（N/mm²）；

　　σ——检验（收）批混凝土立方体抗压强度的标准差（N/mm²），精确到 0.01（N/mm²）；当检验（收）批混凝土强度标准差计算值小于 2.5N/mm² 时，应取 2.5N/mm²；

　　$f_{cu,i}$——前一个检（试）验期内同一品种、同一强度等级的第 i 组混凝土试件的立方体抗压强度代表值（N/mm²），精确到 0.1（N/mm²）；该检（试）验期不应少于 60d，也不得大于 90d；

　　n——前一检（试）验期内的样本容量，在该期间内样本容量不应小于 45；

　　$f_{cu,min}$——同一检验（收）批混凝土立方体抗压强度的最小值（N/mm²），精确到

0.1（N/mm²）。

其他情况应按下列规定进行评定。

当样本容量不小于 10 组时，其强度应同时满足式（5-6）、式（5-7）要求。

$$m_{f_{cu}} \geqslant f_{cu,k} + \lambda_1 \times S_{f_{cu}} \tag{5-6}$$

$$f_{cu,min} \geqslant \lambda_2 \times f_{cu,k} \tag{5-7}$$

同一检验（收）批混凝土立方体抗压强度的标准差应按式（5-8）计算。

$$S_{f_{cu}} = \sqrt{\frac{\sum_{i=1}^{n} f_{cu,i}^2 - n m_{f_{cu}}^2}{n-1}} \tag{5-8}$$

式中 $S_{f_{cu}}$——同一检验（收）批混凝土立方体抗压强度的标准差（N/mm²），精确到 0.01（N/mm²）；当检验（收）批混凝土强度标准差计算值小于 2.5N/mm² 时，应取 2.5N/mm²；

λ_1，λ_2——合格评定系数，按表 5-11 取用；

n——本检（试）验期内的样本容量。

混凝土强度的合格评定系数 表 5-11

试件组数	10～14	15～19	≥20
λ_1	1.15	1.05	0.95
λ_2	0.90	0.85	

2）非统计方法评定

当用于评定的样本容量小于 10 组时，应采用非统计方法评定混凝土强度。

按非统计方法评定混凝土强度时，其强度应同时符合式（5-9）、式（5-10）规定。

$$m_{f_{cu}} \geqslant \lambda_3 \times f_{cu,k} \tag{5-9}$$

$$f_{cu,min} \geqslant \lambda_4 \times f_{cu,k} \tag{5-10}$$

式中 λ_3，λ_4——合格评定系数，应按表 5-12 取用。

混凝土强度的非统计法合格评定系数 表 5-12

混凝土强度等级	<C60	≥C60
λ_3	1.15	1.10
λ_4	0.95	

5.5 砌体材料的质量评价

5.5.1 砌筑材料质量评定依据标准

《烧结普通砖》GB 5101—2003；

《砌墙砖试验方法》GB/T 2542—2012；

《砌墙砖检验规则》JC 466—1992（1996）；

《蒸压灰砂砖》GB 11945—1999；

《烧结多孔砖和多孔砌块》GB 13544—2011；

《蒸压粉煤灰砖》JC/T 239—2014；

《混凝土实心砖》GB/T 21144—2007。

5.5.2 砌体材料的种类

根据砌体材料使用原料分为砖、石块和砌块。砖按工艺制作及外形特征不同可分为烧结砖和非烧结砖。

烧结砖：经烧结而制成的砖，主要有：黏土砖、页岩砖、煤矸石等普通砖、烧结多孔砖、烧结空心砖。

非烧结砖：主要以工业废料为主要原料经蒸养或蒸压而成的砖，如：粉煤灰砖、蒸压灰砂砖、蒸压粉煤灰砖、空心砌块、炉渣砖、碳化砖等。

砌块主要有普通混凝土小型空心砌块和蒸压加气混凝土砌块。

市政工程常用砖的种类有普通烧结砖、烧结多孔砖和多孔砌块、烧结空心砖和空心砌块、混凝土多孔砖、蒸压加气混凝土砌块等。

5.5.3 砌体材料的质量评价

1. 烧结普通砖

（1）尺寸偏差

尺寸允许偏差应符合表 5-13 的规定。

尺寸允许偏差（mm）　　　　　　　　　　　　　　　　　表 5-13

公称尺寸	优等品		一等品		合格品	
	样本平均偏差	样本极差≤	样本平均偏差	样本极差≤	样本平均偏差	样本极差≤
240	±2.0	6	±2.5	7	±3.0	8
115	±1.5	5	±2.0	6	±2.5	7
53	±1.5	4	±1.6	5	±2.0	6

（2）强度等级

烧结普通砖的强度等级应符合表 5-14 规定。

烧结普通（多孔）砖的强度等级要求（MPa）　　　　　　表 5-14

强度等级	抗压强度平均值 $f\geqslant$	变异系数 $\delta\leqslant0.21$	变异系数 $\delta>0.21$
		强度标准值 $f_k\geqslant$	单块最小抗压强度值 $f_{min}\geqslant$
MU30	30.0	22.0	25.0
MU25	25.0	18.0	22.0
MU20	20.0	14.0	16.0
MU15	15.0	10.0	12.0
MU10	10.0	6.5	7.5

（3）石灰爆裂

优等品：不允许出现最大破坏尺寸大于 2mm 的爆裂区域。

一等品：最大破坏尺寸大于 2mm，且小于等于 10mm 的爆裂区域，每组砖样不得多于 15 处；不允许出现最大破坏尺寸大于 10mm 的爆裂区域。

合格品：最大破坏尺寸大于 2mm，且小于等于 15mm 的爆裂区域，每组砖样不得多于 15 处，其中大于 10mm 的不得多于 7 处；不允许出现最大破坏尺寸大于 15mm 的爆裂区域。

2. 烧结多孔砖和多孔砌块

（1）尺寸允许偏差尺寸

允许偏差应符合表 5-15 的规定。

尺寸允许偏差（mm）　　　　　　　　　　　　　　　　表 5-15

尺寸	样本平均偏差	样本极差≤	尺寸	样本平均偏差	样本极差≤
>400	±3.0	10.0	100~200	±2.0	7.0
300~400	±2.5	9.0	<100	±1.5	6.0
200~300	±2.5	8.0			

（2）强度等级

强度等级应符合表 5-16 的规定。

强度等级（MPa）　　　　　　　　　　　　　　　　表 5-16

强度等级	抗压强度平均值 $\bar{f}$ ≥	强度标准值 f_k ≥
MU30	30.0	22.0
MU25	25.0	18.0
MU20	20.0	14.0
MU15	15.0	10.0
MU10	10.0	6.5

（3）石灰爆裂

石灰爆裂应满足以下规定：

1）破坏尺寸大于 2mm 且小于或等于 15mm 的爆裂区域，每组砖或砌块不得多于 15 处，其中大于 10mm 的不得多于 7 处；

2）不允许出现破坏尺寸大于 15mm 的爆裂区域。

3. 烧结空心砖和空心砌块

（1）尺寸允许偏差

尺寸允许偏差应符合表 5-17 的规定。

尺寸允许偏差　　　　　　　　　　　　　　　　表 5-17

尺寸	优等品		一等品		合格品	
	样本平均偏差	样本极差≤	样本平均偏差	样本极差≤	样本平均偏差	样本极差≤
>300	±2.5	6.0	±3.0	7.0	±3.5	8.0
200~300	±2.0	5.0	±2.5	6.0	±3.0	7.0
100~200	±1.5	4.0	±2.0	5.0	±2.5	6.0
<100	±1.5	3.0	±1.7	4.0	±2.0	5.0

（2）强度等级

强度等级应符合表 5-18 的规定。

强度等级 表 5-18

强度等级	抗压强度（MPa）			密度等级范围（kg/m³）
	抗压强度平均值 $\bar{f}\geqslant$	变异系数 $\delta\leqslant0.21$	变异系数 $\delta>0.21$	
		强度标准值 $f_k\geqslant$	单块最小抗压强度值 $f_{min}\geqslant$	
MU10.0	10.0	7.0	8.0	≤1100
MU7.5	7.5	5.0	5.8	
MU5.0	5.0	3.5	4.0	
MU3.5	3.5	2.5	2.8	
MU2.5	2.5	1.6	1.8	≤800

（3）石灰爆裂

每组砖和砌块应符合下列规定：

优等品：不允许出现最大破坏尺寸大于 2mm 的爆裂区域。

一等品：

1）最大破坏尺寸大于 2mm 且小于等于 10mm 的爆裂区域，每组砖和砌块不得多于 15 处；

2）不允许出现最大破坏尺寸大于 10mm 的爆裂区域。

合格品：

1）最大破坏尺寸大于 2mm 且小于等于 15mm 的爆裂区域，每组砖和砌块不得多于 15 处，其中大于 10mm 的不得多于 7 处；

2）不允许出现最大破坏尺寸大于 15mm 的爆裂区域。

4. 混凝土多孔砖

（1）尺寸允许偏差

尺寸允许偏差应符合表 5-19 的规定。

尺寸允许偏差（mm） 表 5-19

项目名称	一等品（B）	合格品（C）
长度	±1	±2
宽度	±1	±2
高度	±1.5	±2.5

（2）强度等级

强度等级应符合表 5-20 的规定。

强度等级（MPa） 表 5-20

强度等级	抗压强度		强度等级	抗压强度	
	平均值≥	单块最小值≥		平均值≥	单块最小值≥
MU10	10.0	8.0	MU25	25.0	20.0
MU15	15.0	12.0	MU30	30.0	24.0
MU20	20.0	16.0			

5. 混凝土实心砖

（1）尺寸允许偏差

尺寸允许偏差应符合表 5-21 规定。

尺寸允许偏差（mm）　　　　　　　　　表 5-21

项目名称	标准值	项目名称	标准值
长度	−1～+2	高度	−1～+2
宽度	−2～+2		

（2）强度等级

强度等级应符合表 5-22 的规定。

强度等级（MPa）　　　　　　　　　表 5-22

强度等级	抗压强度		强度等级	抗压强度	
	平均值≥	单块最小值≥		平均值≥	单块最小值≥
MU40	40.0	35.0	MU25	25.0	21.0
MU35	35.0	30.0	MU20	20.0	16.0
MU30	30.0	26.0	MU15	15.0	12.0

（3）软化系数

软化系数应不小于 0.80。

6. 混凝土普通砖

（1）尺寸允许偏差

尺寸允许偏差应符合表 5-23 的规定。

尺寸允许偏差（mm）　　　　　　　　　表 5-23

公称尺寸	优等品		一等品		合格品	
	样本平均偏差	样本极差≤	样本平均偏差	样本极差≤	样本平均偏差	样本极差≤
240	±2.0	7	±2.5	7	±3.0	8
115	±1.5	5	±2.0	6	±2.5	7
53	±1.5	4	±1.6	5	±2.0	6

（2）强度等级

强度等级应符合表 5-24 的规定。

强度等级（MPa）　　　　　　　　　表 5-24

用途	强度等级	抗压强度平均值 $\bar{p}$≥	变异系数 δ≤0.21	变异系数 δ>0.21
			强度标准值 p_k≥	单块最小抗压强度值 p_{min}≥
承重	MU30	30.0	22.0	25.0
	MU25	25.0	18.0	22.0
	MU20	20.0	14.0	16.0
	MU15	15.0	10.0	12.0
	MU10	10.0	6.5	7.5
非承重	MU7.5	7.5	5.0	5.8
	MU5.0	5.0	3.5	4.0
	MU3.5	3.5	2.5	2.8

7. 承重混凝土多孔砖

（1）尺寸允许偏差

尺寸允许偏差应符合表 5-25 的规定。

尺寸允许偏差（mm）   表 5-25

项目名称	技术指标
长度	+2，−1
宽度	+2，−1
高度	±2

（2）强度等级

强度等级应符合表 5-26 的规定。

强度等级（MPa）   表 5-26

强度等级	抗压强度	
	平均值≥	单块最小值≥
MU15	15.0	12.0
MU20	20.0	16.0
MU25	25.0	20.0

（3）软化系数

软化系数应不小于 0.85。

8. 非承重混凝土空心砖

（1）尺寸允许偏差

尺寸允许偏差应符合表 5-27 的规定。

尺寸允许偏差（mm）   表 5-27

项目名称	技术指标
长度	+2，−1
宽度	+2，−1
高度	±2

（2）强度等级

强度等级应符合表 5-28 的规定。

强度等级（MPa）   表 5-28

强度等级	密度等级范围	抗压强度	
		平均值≥	单块最小值≥
MU5	≤900	5.0	4.0
MU7.5	≤1100	7.5	6.0
MU10	≤1400	10.0	8.0

（3）软化系数

软化系数应不小于 0.75。

9. 蒸压加气混凝土砌块

（1）砌块的干密度应符合表 5-29 的规定。

砌块的干密度 表 5-29

	干密度	B03	B04	B05	B06	B07	B08
干密度	优等品(A)≤	300	400	500	600	700	800
	合格品(B)≤	325	425	525	625	725	825

（2）砌块的立方体抗压强度应符合表 5-30 的规定。

砌块的立方体抗压强度（MPa） 表 5-30

强度级别	立方体抗压强度	
	平均值≥	单块最小值≥
A1.0	1.0	0.8
A2.0	2.0	1.6
A2.5	2.5	2.0
A3.5	3.5	2.8
A5.0	5.0	4.0
A7.5	7.5	6.0
A10.0	10.0	8.0

（3）砌块的强度级别应符合表 5-31 的规定。

砌块的强度级别 表 5-31

	干密度级别	B03	B04	B05	B06	B07	B08
干密度	优等品(A)	A1.0	A2.0	A3.5	A5.0	A7.5	A10.0
	合格品(B)			A2.5	A3.5	A5.0	A7.5

10. 普通混凝土小型空心砌块

（1）尺寸允许偏差应符合表 5-32 的要求。

尺寸允许偏差（mm） 表 5-32

项目名称	优等品(A)	一等品(B)	合格品(C)
长度	±2	±3	±3
宽度	±2	±3	±3
高度	±2	±3	+3 −4

（2）强度等级应符合表 5-33 的规定。

强度等级（MPa） 表 5-33

强度等级	砌块抗压强度	
	平均值≥	单块最小值≥
MU3.5	3.5	2.8
MU5.0	5.0	4.0
MU7.5	7.5	6.0
MU10.0	10.0	8.0
MU15.0	15.0	12.0
MU20.0	20.0	16.0

11. 石料

（1）石料应符合设计规定的类别和强度，石质化、无裂纹。

（2）石料抗压强度的测定，应符合《公路工程岩石试验规程》JTGE 41—2005 的规定。

（3）在潮湿和浸水地区主体工程的石料软化系数，不得小于 0.8。对最冷月份平均气温低于 −10℃ 的地区，除干旱地区的不受冰冻部位外，石料的抗冻性指标应符合冻融循环 25 次的要求。

12. 蒸压灰砂砖

（1）尺寸偏差和外观质量

尺寸偏差和外观质量采用二次抽样方法，根据《蒸压灰砂砖》GB11945—1999 中表 1 规定的质量指标，检查出其中不合格品块数 d_1 按下列规则判定：

$d_1 \leqslant 5$ 时，尺寸偏差和外观质量合格；

$d_1 \geqslant 9$ 时，尺寸偏差和外观质量不合格；

$d_1 > 5$ 且 $d_1 < 9$ 时，需再次从该产品批中抽样 50 块检（试）验，检查出不合格品数 d_2，按下列规则判定：

$(d_1 + d_2) \leqslant 12$ 时，尺寸偏差和外观质量合格；

$(d_1 + d_2) \geqslant 13$ 时，尺寸偏差和外观质量不合格。

（2）强度等级应符合表 5-34 的规定。

蒸压灰砂砖的强度等级要求（MPa）　　　　　　　　表 5-34

强度等级	抗压强度		抗折强度	
	平均值不小于	单块值不小于	平均值不小于	单块值不小于
MU25	25.0	20.0	5.0	4.0
MU20	20.0	16.0	4.0	3.2
MU15	15.0	12.0	3.3	2.6
MU10	10.0	8.0	2.5	2.0

注：优等品的强度级别不得小于 MU15。

13. 粉煤灰砖

（1）尺寸偏差和外观质量

尺寸偏差和外观质量采用二次抽样方法，首先抽取第一样本（$n_1 = 50$），根据《粉煤灰砖》JC/T 239—2014 中表 1 规定的质量指标，检查出其中不合格品块数 d_1 按下判定：

$d_1 \leqslant 5$ 时，尺寸偏差和外观质量合格；

$d_1 \geqslant 9$ 时，尺寸偏差和外观质量不合格；

$d_1 > 5$ 且 $d_1 < 9$ 时，需对第二样本（$n_2 = 50$）进行检（试）验，检查出不合格品数 d_2，按下列规则判定：

$(d_1 + d_2) \leqslant 12$ 时，尺寸偏差和外观质量合格；

$(d_1 + d_2) \geqslant 13$ 时，尺寸偏差和外观质量不合格。

（2）强度等级应符合表 5-35 的规定。

强度等级	抗压强度		抗折强度	
	10 块平均值≥	单块值≥	10 块平均值≥	单块值≥
MU30	30.0	24.0	6.2	5.0
MU25	25.0	20.0	5.0	4.0
MU20	20.0	16.0	4.0	3.2
MU15	15.0	12.0	3.3	2.6
MU10	10.0	8.0	2.5	2.0

注：强度级别以蒸汽养护后一天的强度为准。

5.6　预制构件的质量评价

5.6.1　检（试）验依据

《混凝土路缘石》JC 899—2002；

《无机地面材料耐磨性试验方法》CB/T 12988—2009；

《混凝土和钢筋混凝土排水管》GB/T 11836—2009；

《混凝土和钢筋混凝土排水管试验方法》GB/T 16752—2006；

《铸铁检查井盖》CJ/T 3012—1993；

《钢纤维混凝土检查井盖》JC 889—2001；

《再生树脂复合材料检查井盖》CJ/T 121—2000；

《混凝土结构工程施工质量验收规范》GB 50204—2015。

5.6.2　预制构件的分类

根据工程的施工特点，将预制构件分为结构预制构件（装配式）和小型预制构件。

装配式预制构件包括钢筋混凝土空心梁板、混凝土桩、混凝土柱、混凝土桁架等。

小型预制构件包括混凝土路缘石、混凝土路面砖、混凝土管材、检查井盖、雨水箅等。

5.6.3　预制构件的质量评价

1. 装配式预制构件

（1）检查预制构件合格证，预制构件必须符合设计要求。

（2）预制构件的外观质量不应有严重缺陷，对已经出现的严重缺陷，应按技术处理方案进行处理，并重新检查验收。

预制构件应在明显部位标明生产单位、构件型号、生产日期和质量验收标志。构件上的预埋件、插筋和预留孔洞的规格、位置和数量应符合标准图或设计的要求。

（3）尺寸偏差

预制构件不应有影响结构性能和安装、使用功能的尺寸偏差。对超尺寸允许偏差且影响结构性能和安装、使用功能的部位，应按技术处理方案进行处理，并重新检查验收。

预制构件的允许偏差及检验方法见表 5-36。

预制构件尺寸的允许偏差及检验方法 表 5-36

项目		允许偏差(mm)	检验方法
长度	板、梁	+10、−5	钢尺检查
	柱	+5、−10	
	墙板	±5	
	薄腹梁、桁架	+15、−10	
宽度、高(厚)度	板、梁、柱、墙板、薄腹梁、桁架	±5	钢尺量一端及中部、取其中较大值
侧向弯曲	梁、柱、板	1/750 且≤20	拉线、钢尺量最大侧向弯曲处
	墙板、薄腹梁、桁架	1/1000 且≤20	
预埋件	中心线位置	10	钢尺检查
	螺栓位置	5	
	螺栓外露长度	+10、−5	
预留孔	中心线位置	5	
预留洞	中心线位置	15	
主筋保护层厚度	板	+5、−3	钢尺或保护层厚度测定仪量测
	梁、柱、墙板、薄腹梁、桁架	+10、−5	
对角线差	板、墙板	10	钢尺量两个对角线
表面平整度	板、墙板、柱、梁	5	2m 靠尺和塞尺检查
预应力构件预留孔道位置	梁、墙板、薄腹梁、桁架	3	钢尺检查
翘曲	板	1/750	调平尺在两端量测
	墙板	1/1000	

注：1. 检查中心线、螺栓和孔道位置时，应沿纵、横两个方向量测，并取其中的较大值。
2. 对形状复杂或有特殊要求的构件，其尺寸偏差应符合标准图或设计的要求。

（4）强度

混凝土按 5m³ 且不超过半个工作班生产的相同配合比的混凝土留置一组试件，并经检（试）验合格。

（5）结构性能检（试）验

钢筋混凝土构件和允许出现裂缝的预应力混凝土构件进行承载力、挠度和裂缝宽度检（试）验结果如下：

1）当试件结构性能的全部检（试）验结果均符合《混凝土结构工程施工质量验收规范》的检（试）验要求时，该批构件的结构性能应通过验收。

2）当第一个试件的检（试）验结果不能全部符合上述要求，但又能符合第二检（试）验的要求时，可再抽两个试件进行检（试）验。第二次检（试）验的指标，对承载力及抗裂检（试）验系数的允许值应取国家验收规范规定的允许值减 0.05；对挠度的允许值应取国家验收规范规定允许值的 1.10 倍，当第二次抽取的两个试件的全部检（试）验结果均符合第二次检（试）验的要求时，该批构件的结构性能应通过验收。

3）当第二次抽取的第一个试件的全部检（试）验结果均已符合国家规范中的要求时，该批构件的结构性能应通过验收。

2. 小型预制构件

（1）混凝土路缘石

1）外观质量和尺寸偏差如表 5-37 和表 5-38 所示。

混凝土路缘石外观质量 表 5-37

项目	单位	优等品（A）	一等品（B）	合格品（C）
缺棱掉角影响顶面或侧面的破坏最大投影尺寸≤	mm	10	15	30
面层非贯穿裂纹最大投影尺寸≤	mm	0	10	20
可视面粘皮（脱皮）及表面缺损面积≤	mm²	20	30	40
贯穿裂纹		不允许		
分层		不允许		
色差、杂色		不明显		

混凝土路缘石尺寸允许偏差 表 5-38

项目	优等品（A）	一等品（B）	合格品（C）
长度 L	±3	+4　−3	+5　−3
宽度 b	±3	+4　−3	+5　−3
高度 h	±3	+4　−3	+5　−3
平整度≤	2	3	4
垂直度≤	2	3	4

经检（试）验外观质量及尺寸偏差的所有项目都符合某一等级规定时，判定该项为相应质量等级。

根据某一项目不合格试件的总数（R_1）及二次抽样检（试）验中不合格（包括第一次检（试）验不合格试件）的总数（R_2）进行判定。

若 $R_1 \leqslant 1$，合格；若 $R_1 \geqslant 3$，不合格，若 $R_1 = 2$ 时，则允许按规范要求进行第二抽样检（试）验。若 $R_2 \leqslant 4$，合格；若 $R_2 \geqslant 5$，不合格。

若该批产品经过两次抽样检（试）验达不到标准规定要求而不合格时，可进行逐件检（试）验处理，重新组成外观质量和尺寸偏差合格的批。

2）拉弯与抗压强度如表 5-39 所示。

混凝土路缘石拉弯与抗压强度 表 5-39

直线路缘石			直线路缘石（含圆形、L 形）		
弯拉强度（MPa）			抗压强度（MPa）		
强度等级 C_f	平均值	单块最小值	强度等级 C_c	平均值	单块最小值
$C_f3.0$	≥3.00	2.40	C_c30	≥30.0	24.0
$C_f4.0$	≥4.00	3.20	C_c40	≥35.0	28.0
$C_f5.0$	≥5.00	4.00	C_c50	≥40.0	32.0

3）吸水率见表 5-40。

混凝土路缘石吸水率 表 5-40

项　目	优等品（A）	一等品（B）	合格品（C）
吸水率(%)不大于	6.0	7.0	8.0

　　3 块试件试验结果的算术平均值符合表 5-39 中某一等级规定时，判定该检（试）验项为相应的质量等级；3 件（块）试件试验结果的算术平均值及单件（块）试样最小值均符合某一等级规定时，判定该试样为相应的强度等级。所有检（试）验项目的检（试）验结果同时符合某一等级时，判定该试件为相应的质量等级；抗折强度、抗压强度、吸水率中有一项不符合合格品等级规定时，该批产品判为不合格品。

　　（2）混凝土路面砖

　　1）外观质量和尺寸偏差如表 5-41 和表 5-42 所示。

路面砖的外观质量 表 5-41

项目	优等品	一等品	合格品
正面粘皮及缺损的最大投影尺寸(mm)≤	0	5	10
缺棱掉角的最大投影尺寸(mm)≤	0	10	20
非贯穿裂纹长度最大投影尺寸(mm)≤	0	10	20
贯穿裂纹	不允许		
分层	不允许		
色差、杂色	不明显		

　　在 50 块试件中，根据不合格试件的总数（K_1）及二次抽样检（试）验中不合格（包括第一次检（试）验不合格试件）的总数（K_2）进行判定。

　　若 $K_1 \leqslant 3$，可验收；若 $K_1 \geqslant 7$，拒绝验收，若 $4 \leqslant K_1 \leqslant 6$，则允许按规范要求进行第二抽样检（试）验。

　　若 $K_2 \leqslant 8$，可验收；若 $K_2 \geqslant 9$，拒绝验收。

路面砖的尺寸偏差（mm） 表 5-42

项目	优等品	一等品	合格品
长度、宽度	±2.0	±2.0	±2.0
厚度	±2.0	±3.0	±4.0
厚度差	≤2.0	≤3.0	≤3.0
平整度	≤1.0	≤2.0	≤2.0
垂直度	≤1.0	≤2.0	≤2.0

　　在 10 块试件中，根据不合格试件的总数（K_1）及二次抽样检（试）验中不合格（包括第一次检（试）验不合格试件）的总数（K_2）进行判定。

　　若 $K_1 \leqslant 1$，可验收；若 $K_1 \geqslant 3$，拒绝验收，$K_1 = 2$，则允许按规范要求进行第二抽样检（试）验。

　　若 $K_2 = 2$，可验收；若 $K_2 \geqslant 3$，拒绝验收。

　　2）抗折与抗压强度如表 5-43 所示。

路面砖的强度（MPa） 表 5-43

边长/厚度	小于 5mm		大于或等于 5mm		
强度等级	平均值≥	单块最小值≥	强度等级	平均值≥	单块最小值≥
C$_c$30	30.0	25.0	C$_f$3.5	3.50	3.00
C$_c$35	350	30.0	C$_f$4.0	4.00	3.20
C$_c$40	40.0	35.0	C$_f$5.0	5.00	4.20
C$_c$50	50.0	42.0	C$_f$6.0	6.00	5.00
C$_c$60	60.0	50.0	—	—	—

3）吸水率见表 5-44。

路面砖的吸水率 表 5-44

质量等级	吸水率(％)
优等品	≤5.0
一等品	≤6.5
合格品	≤8.0

所有检（试）验项的检（试）验结果都符合表 3-17 某一等级规定时，判定该批产品为相应的质量等级；有一个检（试）验项不符合合格品等级的规定时，该批产品判定为不合格品。

（3）混凝土管材

1）外观质量

钢筋混凝土管不宜有破损、裂纹、蜂窝、麻面和外观色差等。其有效长度和壁厚应符合要求。

2）质量判定

混凝土管材质量判定如表 5-45 所示。

混凝土管材质量判定 表 5-45

质量等级	判定标准
优等品	混凝土抗压强度符合标准要求,外观质量符合标准规定,8 根或 8 根以上管子尺寸达到优等品;内水压力和外压荷载达到规定要求时,该产品为优等品
一等品	混凝土抗压强度符合标准要求,外观质量符合标准规定,允许有 2 根管子修补,且在规定的允许修补范围内已修补,8 根或 8 根以上管子尺寸达到一等品要求,内水压力和外压荷载达到规定要求时,该产品为一等品
合格品	混凝土抗压强度符合标准要求,外观质量符合标准规定,允许有管子修补,且在规定的允许修补范围内已修补,8 根或 8 根以上管子尺寸达到合格品要求,内水压力和外压荷载达到规定要求时,该产品为合格品

（4）检查井盖、雨水箅

1）外观质量及尺寸偏差

井盖的表面应完整，材质均匀，无影响产品使用的缺陷。盖座保持顶平，井盖上表面不应有拱度，井盖与井座的接触面应平塞铁井盖并与井座应为同一种材质，井盖与井座装配尺寸应符合《铸件 尺寸公差与机械加工余量》GB/T6414—1999 的要求。雨水箅表面应光洁、平整、无破损、无裂缝和标记清晰。

检查井盖上表面应有防滑花纹。高度为：对于 A15、B125、C250 高度为 2～6mm；对于 D400、E600、F900 高度为 3～8mm，凹凸部分面积与整个面积相比不应小于 10%，不应大于 70%。嵌入深度应符合规范要求。

2）承载能力

从受检批中采用随机抽样的方法抽取 20 套检查井盖，逐套进行外观质量和尺寸偏差检验。从受检外观质量和尺寸偏差合格的检查井中抽取 2 套，逐套进行承载能力检验。承载力试验时，如有 1 套不符合要求，则再抽取 2 套重复本项试验，如再有 1 套不符合要求则该检查井盖和雨水箅盖为不合格。

（5）检查井井壁模块

1）外观质量及尺寸偏差

模块应外观整齐、颗粒均匀、尺寸准确、结构密实，无缺棱掉角、裂缝、色差等。

2）技术指标

混凝土井壁模块的抗压强度应符合表 5-46 的规定。

抗压强度（MPa）   表 5-46

模块等级	抗压强度平均值	单块最小值
MU20	≥20.0	≥18.0
MU25	≥25.0	≥22.0
MU30	≥30.0	≥27.0

混凝土井壁模块的空心率应不小于 40%。

混凝土井壁模块的抗渗性能应满足 2h 内试验水面最大下降高度不大于 5mm。

混凝土井壁模块每批次至少检验 1 组。外观质量和尺寸偏差取样 12 块进行检验；抗压强度取 5 块进行检验；空心率取 3 块进行检验；抗渗性能取 3 块进行检验。抗压强度和抗渗性能均符合规定，判该批产品为合格；当有一项不符合规定，判定该批产品不合格。

5.7 防水材料的质量评价

5.7.1 防水材料质量评价的依据标准

《地下防水工程质量验收规范》GB 50208—2011
《聚氨酯防水涂料》GB/T 19250—2013
《聚合物乳液建筑防水涂料》JC/T 864—2008
《高分子防水材料 第 2 部分：止水带》GB 18173.2—2014
《高分子防水材料 第 3 部分：遇水膨胀橡胶》GB 18173.3—2014
《弹性体改性沥青防水卷材》GB 18242—2008；
《塑性体改性沥青防水卷材》GB 18243—2008。

5.7.2 常用的防水材料

1. 防水混凝土

防水混凝土是一种具有高的抗渗性能，并达到防水要求的一种混凝土。防水混凝土也称结构自防水，可通过调整混凝土的配合比或掺加外加剂、钢纤维、合成纤维等，并配合严格的施工及施工管理，减少混凝土内部的空隙率或改变孔隙形态、分布特征，从而达到防水（防渗）的目的。施工要求浇筑均匀、避免离析、振捣充分、加强潮湿养护，并且严格控制水灰比。主要用于经常受压力水作用的工程和构筑物。

2. 防水卷材

防水卷材是将沥青类或高分子类防水材料浸渍在胎体上，制作成的防水材料产品，以卷材形式提供。根据主要组成材料不同，分为沥青防水卷材、高聚物改性沥青防水卷材和合成高分子防水卷材；根据胎体的不同分为无胎体卷材、纸胎卷材、玻璃纤维胎卷材、玻璃布胎卷材和聚乙烯胎卷材。防水卷材要求有良好的耐水性，对温度变化的稳定性（高温下不流淌、不起泡、不滑动；低温下不脆裂），一定的机械强度、延伸性和抗断裂性，要有一定的柔韧性和抗老化性等。

3. 防水涂料

防水涂料是一种液态施工的单组分环保型防水涂料，是以聚氨酯预聚体为基本成分，无焦油和沥青等添加剂。涂刷在建筑物表面上，经溶剂或水分的挥发或两种组分的化学反应形成一层薄膜，使建筑物表面与水隔绝，从而起到防水、密封的作用。防水涂料经固化后形成的防水薄膜具有一定的延伸性、弹塑性、抗裂性、抗渗性及耐候性，能起到防水、防渗和保护作用。防水涂料有良好的温度适应性，操作简便，易于维修与维护。

4. 其他防水材料

止水带主要用于基建工程、地下设施、隧道、污水处理厂、水利、地铁等工程。遇水膨胀橡胶是具有遇水膨胀性能的遇水膨胀腻子条和遇水膨胀橡胶条的统称。遇水膨胀橡胶是一种独特的橡胶新产品。它既有一般橡胶制品的性能，又有遇水自行膨胀的性能，是一种新型防水材料，其止水、防水效果比一般橡胶更为可靠。该种橡胶在遇水后产生 2~3 倍的膨胀变形，并充满接缝的所有不规则表面、空穴及间隙，同时产生巨大的接触压力，彻底防止渗漏。当接缝或施工缝发生位移，造成间隙超出材料的弹性范围时，普通型橡胶止水材料则失去止水作用。而该材料还可以通过吸水膨胀来止水。使用遇水膨胀橡胶作为堵漏密封止水材料，不仅用量节省，而且还可以消除一般弹性材料因过大压缩而引起弹性疲劳的特点，使防水效果更为可靠。

5.7.3 防水材料质量评价

1. 防水混凝土

防水混凝土的原材料、配合比及坍落度必须符合设计要求，实测坍落度与要求坍落度之间的偏差应符合表 5-47 的规定。混凝土抗压强度和抗渗压力必须符合设计要求。抗渗性能应采用标准条件下养护混凝土抗渗试件的试验结果评定。试件应在浇筑地点制作。连续浇筑混凝土每 500m³ 应留置一组抗渗试件（一组为 6 个抗渗试件），且每项工程不得少于两组。采用预拌混凝土的抗渗试件，留置组数应视结构的规模和要求而定。防水混凝土的施工质量检验数量，应按混凝土外露面积每 100m² 抽查 1 处，每处 10m²，且不得少于 3 处。变形缝、施工缝、后浇带、穿墙管道、埋设件等细部应全数检查，严禁有渗漏。

混凝土坍落度允许偏差 表 5-47

要求坍落度（mm）	允许偏差（mm）
≤40	±10
50～90	±15
≥100	±20

2. 防水卷材

（1）防水卷材按胎基分为聚酯胎（PY）和玻纤胎（G）两类，按物理力学性能分为 I 型和 II 型。按上表面隔离材料分为聚乙烯膜（PE）、细砂（S）与矿物粒（片）料（M）三种。卷材按不同胎基、不同上表面材料分为六个品种，见表 5-48。

卷材品种 表 5-48

胎基 上表面材料	聚酯胎	玻纤胎
聚乙烯膜	PY-PE	G-PE
细砂	PY-S	G-S
矿物粒（片）料	PY-M	G-M

（2）防水材料使用前应检查防水材料的出厂合格证和性能检（试）验报告；其中卷重、面积及厚度应符合表 5-49 规定。

卷重、面积及厚度 表 5-49

规格（工程厚度）（mm）		2		3			4					
上表面材料		PE	S	PE	S	M	PE	S	M	PE	S	M
面积 （m²/卷）	公称面积	15		10			10			7.5		
	偏差	±0.15		±0.10			±0.10			±0.10		
最低卷重（kg/卷）		33.0	37.5	32.0	35.0	40.0	42.0	45.0	50.0	31.5	33.0	37.5
厚度（mm）	平均值≥	2.0		3.0		3.2	4.0		4.2	4.0		4.2
	最小单值	1.7		2.7		2.9	3.7		3.9	3.7		3.9

注：1. 用最小分度值为 0.2kg 的台秤量每卷卷材的质量。
　　2. 用最小分度值为 1mm 卷尺在卷材两端和中部三处测量宽度、长度，以长乘宽的平均求得每卷卷材面积。若有接头，以量出两段长度之和减去 150mm 计算。
　　3. 当面积超出标准规定的正偏差时，按公称面积计算其卷重，当其符合最低卷重要求时，亦判为合格。

（3）外观

1）成卷卷材应卷紧、卷齐，端面里进外出不得超过 10mm。

2）成卷卷材在 4～60℃ 任一产品温度下展开，在距卷芯 1000mm 长度外不应有 10mm 以上的裂纹或粘结。

3）胎基应浸透，不应有未被浸渍的条纹。

4）卷材表面必须平整，不允许有孔洞、缺边和裂口，矿物粒（片）料粒度应均匀一致并紧密地粘附于卷材表面。

5）每卷接头处不应超过 1 个，较短的一段不应小于 1000mm，接头应剪切整齐，并加长 150mm。

6）将卷材立放于平面上。用一把钢板尺平放在卷材的端面上，用另一把最小分度值为 1mm 的钢板尺垂直伸入卷材端面最凹处，测得的数值即为卷材端面的里进外出值。然后将卷材展开按外观质量要求检查。沿宽度方向裁取 50mm 宽的一条，胎基内不应有未被浸透的条纹。

（4）物理力学性能

物理力学性能符合表 5-50 规定。

防水卷材物理力学性能　　　　　　　表 5-50

序号	胎基		PY		G	
	型号		Ⅰ	Ⅱ	Ⅰ	Ⅱ
1	可溶物含量(g/m²)≥	2mm	—		1300	
		3mm	2100			
		4mm	2900			
2	不透水性	压力(MPa)≥	0.3	0.2		0.3
		保持时间(min)≥	30			
3	耐热度(℃)		110	130	110	130
			无滑动、流淌、滴答			
4	拉力(N/50mm)≥	纵向	450	800	350	500
		横向			250	300
5	最大拉力时延伸率(%)≥	纵向	25	40		
		横向				
6	低温柔度(℃)		—5	—15	—5	—15
			无裂纹			
7	撕裂强度(N)≥	纵向	250	350	250	350
		横向			170	200
8	人工气候加速老化	外观	Ⅰ 级			
			无滑动、流淌、滴答			
		拉力保持率(%)≥ 纵向	80			
		低温柔度(℃)	3	—10	3	—10
			无裂纹			

注：表 1～6 项为强制性项目。当需要耐热度超过 130℃卷材时，该指标可由供需双方协商确定。

拉力、最大拉力时延伸率、撕裂强度各项试验结果的平均值达到标准规定的指标时判为该项指标合格，不透水性、耐热度、低温柔度、人工气候加速老化各项试验结果满足表 5-50 的要求。

3. 防水涂料

（1）涂料防水层所用材料及配合比必须符合设计要求，应具有良好的耐水性、耐久性、耐腐蚀性及耐菌性。无毒、难燃、低污染。无机防水涂料应具有良好的湿干粘结性、耐磨性和抗刺穿性；有机防水涂料应具有较好的延伸性及较大适应基层变形能力。

（2）涂料防水层及其转角处、变形缝、穿墙管道等细部做法均须符合设计要求，涂刷程序应先做转角处、穿墙管道、变形缝等部位的涂料加强层，后进行大面积涂刷。涂料防水层的施工缝（甩槎）应注意保护，搭接缝宽度应大于100mm，涂前应将其甩槎表面处理干净；涂料防水层中铺贴的胎体增强材料，同层相邻的搭接宽度应大于100mm，上下层接缝应错开1/3幅宽。按所刷涂料面积的1/10进行抽查，每处检查10m²，且不得少于3处。

4. 其他防水材料（止水带、遇水膨胀橡胶）

（1）止水带性能要求如表5-51所示。

止水带物理力学性能 表5-51

序号	项目			指标		
				B	S	J
1	硬度（邵尔 A）（度）			60±5	60±5	60±5
2	拉伸强度（MPa）≥			15	12	10
3	扯断伸长率（%）≥			380	380	300
4	压缩永久变形	70℃×24h（%）≤		35	35	35
		23℃×168h（%）≤		20	20	20
5	撕裂强度（kN/m）≥			30	25	25
6	脆性温度（℃）≤			−45	−40	−40
7	热空气老化	70℃×168h	硬度（邵尔 A）（度）≤	+8	+8	—
			拉伸强度（MPa）≥	12	10	
			扯断伸长率（%）≥	300	300	
		100℃×168h	硬度（邵尔 A）（度）≤	—	—	+8
			拉伸强度（MPa）≥			9
			扯断伸长率（%）≥			250
8	臭氧老化 50pphm：20%,48h			2 级	2 级	2 级
9	橡胶与金属黏合			断面在弹性体内		

注：橡胶与金属黏合项仅适用于具有钢边的止水带。

（2）遇水膨胀橡胶性能要求如表5-52和表5-53所示。

制品型膨胀橡胶物理力学性能 表5-52

序号	项目		指标			
			PZ-150	PZ-250	PZ-400	PZ-600
1	硬度（邵尔 A）（度）		42±7		42±7	
2	拉伸强度（MPa）≥		3.5		3	
3	扯断伸长率（%）≥		450		350	
4	体积膨胀倍率（%）≥		150	250	400	600
5	反复浸水试验	拉伸强度（MPa）≥	3		2	
		扯断伸长率（%）≥	350		250	
		体积膨胀倍率（%）≥	150	250	300	500
6	低温弯折（−20℃×2h）		无裂纹			

腻子型膨胀橡胶物理力学性能

表 5-53

序号	项目	指标		
		PN-150	PN-220	PN-300
1	体积膨胀倍率(%)≥	150	220	300
2	高温流淌性(80℃×5h)	无流淌	无流淌	无流淌
3	低温试验(-20℃×2h)	无脆裂	无脆裂	无脆裂

　　抽样的防水材料的物理性能指标达到本标准规定时,判为合格。若有一项指标不符合标准规定,应从受检产品中重新取样复验该指标,复验指标合格,判该批材料为合格。

第6章　施工试验的内容、方法和判断标准

6.1　城镇道路工程

6.1.1　道路路基工程的检（试）验内容、方法和判断标准

1. 检（试）验内容

（1）土的含水率试验。

（2）土的压实度试验。

（3）液限和塑限联合测定法。

（4）土的击实试验。

（5）CBR 值测试方法。

（6）土的回弹弯沉值试验方法。

2. 检（试）验方法

（1）土的含水率试验

1）烘干法

① 取具有代表性试样 15～30g 或用环刀中的试样，有机质土、砂类土和整体状构造冻土放入称量盒内，盖上盒盖，称盒加湿土质量，准确至 0.01g。

② 打开盒盖，将盒置于烘箱内，在 105～110℃的恒温下烘至恒量，烘干时间对黏土、粉土不得少于 8h，对砂土不得少于 6h，对含有机质超过干土质量 5% 的土，应将温度控制在 65～70℃的恒温下烘至恒量。

③ 将称量盒从烘箱中取出，盖上盒盖，放入干燥容器内冷却至室温，称盒加干土质量，准确至 0.01g。

④ 对层状和网状构造的冻土含水率试验应按下列步骤进行：用四分法切取 200～500g 试样（视冻土结构均匀程度而定，结构均匀少取，反之多取）放入搪瓷盘中，称盘和试样质量，准确至 0.1g。

待冻土试样融化后，调成均匀糊状（土太湿时，多余的水分让其自然蒸发或用吸球吸出，但不得将土粒带出；土太干时，可适当加水）称土糊和盘质量，准确至 0.1g。从糊状土中取样测定并含水率。

2）酒精燃烧法

① 取有代表性试样（黏质土 5～10g，砂类土 20～30g），放入称量盒内称湿土质量，准确至 0.01g。

② 用滴管将酒精注入放有试样的称量盒中，直至盒中出现自由液面为止。为使酒精在试样中充分混合均匀，可将盒底在桌面上轻轻敲击。

③ 点燃盒中酒精，燃至火焰熄灭。将试样冷却数分钟，再重新燃烧两次。

④ 待第三次火焰熄灭后，盖好盒盖，立即称干土质量 m，准确至0.01g。

3）相对密度法

① 取代表性砂类土试样200～300g，放入土样盘内。

② 向玻璃瓶中注入清水至1/3左右，然后用漏斗将土样盘中的试样倒入瓶中，并用玻璃棒搅拌1～2min，直到所含气体完全排出为止。

③ 向瓶中加清水至全部充满，静置1min后用吸水球吸去泡沫，再加清水使其充满，盖上玻璃片，擦干瓶外壁，称重量。

④ 倒去瓶中混合液并洗净，再向瓶中加清水至全部充满，盖上玻璃片，擦干瓶外壁，称重量，准确至0.5g。

（2）土的压实度试验

1）环刀法

本试验方法适用于细粒土。

根据试验要求用环刀切取试样时，应在环刀内壁涂一薄层凡士林，刃口向下放在土样上，将环刀垂直下压，并用切土刀沿环刀外侧切削土样，边压边削至土样高出环刀，根据试样的软硬采用钢丝锯或切土刀整平环刀两端土样，擦净环刀外壁，称环刀和土的总质量。

2）蜡封法

本试验方法适用于易破裂土和形状不规则的坚硬土。

① 从原状土样中，切取体积不小于30cm³ 的代表性试样，清除表面浮土及尖锐棱角，系上细线，称试样质量，准确至0.01g。

② 持线将试样缓缓浸入刚过溶点的蜡液中，浸没后立即提出，检查试样周围的蜡膜，当有气泡时应用针刺破，再用蜡液补平，冷却后称蜡封试样质量。

③ 将蜡封试样挂在天平的一端，浸没于盛有纯水的烧杯中，称蜡封试样在纯水中的质量，并测定纯水的温度。

④ 取出试样擦干蜡面上的水分，再称蜡封试样质量。当浸水后试样质量增加时，应另取试样重做试验。

3）灌水法

本试验方法适用于现场测定粗粒土的密度。

① 根据试样最大粒径，确定试坑尺寸见表6-1。

试坑尺寸

表6-1

试样最大粒径(mm)	试坑尺寸(mm)	
	直径	深度
5(20)	150	200
40	200	250
60	250	300

② 将选定试验处的试坑地面整平，除去表面松散的土层。

③ 按确定的试坑直径划出坑口轮廓线，在轮廓线内下挖至要求深度，边挖边将坑内的试样装入盛土容器内，称试样质量，准确到10g，并应测定试样的含水率。

④ 试坑挖好后，放上相应尺寸的套环，用水准尺找平，将大于试坑容积的塑料薄膜

袋平铺于坑内，翻过套环压住薄膜四周。

⑤ 记录储水筒内初始水位高度，拧开储水筒出水管开关，将水缓慢注入塑料薄膜袋中。当袋内水面接近套环边缘时，将水流调小，直至袋内水面与套环边缘齐平时关闭出水管，持续 3~5min，记录储水筒内水位高度。当袋内出现水面下降时，应另取塑料薄膜袋重做试验。

4）灌砂法

本试验方法适用于现场测定粗粒土的密度。

① 按上述灌水法 1~3 的步骤挖好规定的试坑尺寸，并称试样质量。

② 向容砂瓶内注满砂，关阀门，称容砂瓶、漏斗和砂的总质量，准确至 10g。

③ 将密度测定器倒置（容砂瓶向上）于挖好的坑口上，打开阀门，使砂注入试坑。在注砂过程中不应震动，当砂注满试坑时关闭阀门，称容砂瓶、漏斗和余砂的总质量，准确至 10g，并计算注满试坑所用的标准砂质量。

（3）液限和塑限联合测定法

1）取有代表性的天然含水率或风干土样进行试验。如土中含大于 0.5mm 的土粒或杂物时，应将风干土样用带橡皮头的研杵研碎或用木棒在橡皮板上压碎，过 0.5mm 的筛。取 0.5mm 筛下的代表性土样 200g，分开放入三个盛土皿中，加不同数量的蒸馏水，土样的含水率分别控制在液限（a 点）、略大于塑限（c 点）和二者的中间状态（b 点）。用调土刀调匀，盖上湿布，放置 18h 以上。测定 a 点的锥入深度，对于 100g 锥应为 20mm±0.2mm，对于 76g 锥应为 17mm。测定 c 点的锥入深度，对于 100g 锥应控制在 5mm 以下，对于 76g 锥应控制在 2mm 以下。对于砂类土，用 100g 锥测定 c 点的锥入深度可大于 5mm，用 76g 锥测定 c 点的锥入深度可大于 2mm。

2）将制备的土样充分搅拌均匀，分层装入盛土杯，用力压密，使空气逸出。对于较干的土样，应先充分搓揉，用调土刀反复压实，试杯装满后，刮成与杯边齐平。

3）当用游标式或百分表式液限塑限联合测定仪试验时，调平仪器，提起锥杆（此时游标或百分表读数为零），锥头上涂少许凡士林。

4）将装好土的试样放在联合测定仪的升降座上，转动升降旋钮，待锥尖与土样表面刚好接触时停止升降，扭动锥下降旋钮，同时开动秒表，经 5s 时，松开旋钮，锥体停止下落，此时游标读数即为锥入深度 h_1。

5）改变锥尖与接触位置（锥尖两次锥入位置距离不小于 1cm），重复③ 和④ 步骤，得锥入深度 h_2。h_1、h_2 允许平行误差为 0.5mm，否则，应重做，取 h_1、h_2 平均值作为该点的锥入深度 h。

6）去掉锥尖入土处的凡士林，取 10g 以上的土样两个，分别装入称量盒内，称质量（准确至 0.01g），测定其含水量 w_1、w_2（计算至 0.1%）。计算含水量平均值 w。

7）重复② 至⑥ 步骤，对其他两个含水量土样进行试验，测其锥入深度和含水率。

（4）土的击实试验

1）试验方法

击实试验分轻型击实和重型击实。

① 轻型击实：适用于粒径不大于 20mm 的土，锤底直径为 5cm，击锤质量为 2.5kg，落距为 30cm，单位体积击实功为 598.2kJ/m³；分 3 层夯实，每层 27 击。

② 重型击实：适用于粒径不大于 40mm 的土。锤底直径为 5cm，击锤质量为 4.5kg，落距为 45cm，单位体积击实功为 2687.0kJ/m³；分 5 层击实，每层 27 击。

2）试样

① 本试验可分别采用不同的方法准备试样，各方法可按表 6-2 准备试料。

试料用量   表 6-2

使用方法	类别	试筒内径(cm)	最大粒径 mm	试料用量(kg)
干土法，试样不重复使用	b	10	20	至少 5 个试样，每个 3kg
		15.2	40	至少 5 个试样，每个 6kg
湿土法，试样不重复使用	c	10	20	至少 5 个试样，每个 3kg
		15.2	40	至少 5 个试样，每个 6kg

② 干土法（土不重复使用）按四分法至少准备 5 个试样，分别加入不同水分（按 2%～3%含水量递增），拌匀后焖料一夜备用。

③ 湿土法（土不重复使用），对于高含水量土，可省略过筛步骤，用于拣除大于 38mm 的粗石子即可，保持天然含水量的第一个土样，可立即用于击实试验，其余几个试样，将土分成小土块，分别风干，使含水量按 2%～3%递减。

3）试验步骤

① 根据工程要求，按上述试验方法中规定选择轻型或重型试验方法，根据土的性质（含易击碎风化石数量多少，含水率高低），按表 6-2 规定选用干土法（土不重复使用）或湿土法。

② 将击实筒放在坚硬的地面上，在筒壁上抹一薄层凡士林，并在筒底（小试筒）或垫块（大试筒）上放置蜡纸或塑料薄膜。取制备好的土样分 3～5 次倒入筒内。小筒按三层法时，每次约 800～900g（其量应使击实后的试样等于或略高于筒高的 1/3）；按五层法时，每次约 400～500g（其量应使击实后的试样等于或略高于筒高的 1/5）。对于大试筒，先将垫块放入筒内底板上，按三层法时，每层需试样 1700g 左右。整平表面，并稍加压紧，然后按规定的击数进行第一层土的击实；击实时击锤应自由垂直落下，锤迹必须均匀分布于土样面，第一层击实完后，将试样层面"拉毛"然后再装入套筒，重复上述方法进行其余各层土的击实。小试筒击实后，试样不应高出筒顶面 5mm，大试筒击实后，试样不应高出筒顶面 6mm。

③ 用修土刀沿套筒内壁削刮，使试样与套筒脱离后，扭动并取下套筒，齐筒顶细心削平试样，拆除底板，擦净筒外壁、称量、准确至 1g。

④ 用推土器推出筒内试样，从试样中心处取样测其含水率，计算至 0.1%。测定含水率用试样的数量按表 6-3 规定取样（取出有代表性的土样）。

测定含水率用试样的数量   表 6-3

最大粒径	试样质量(g)个	个数
<5	15～20	2
约 5	约 50	1
约 20	约 250	1
约 40	约 500	1

⑤ 本试验含水率须进行二次平行测定，取其算术平均值，允许平行差值应符合表 6-4 的要求。

含水率测定的允许平行差值表 表 6-4

含水率(%)	允许平行差值(%)	含水率(%)	允许平行差值(%)
5 以下	0.3	40 以上	≤2
40 以下	≤1		

⑥ 对于干土法（土不重复使用）和湿土法（土不重复使用），将试样搓散，然后按上述试样要求进行洒水、拌合，每次约增加 2%～3% 的含水率，其中有两个大于和两个小于最佳含水量，所需加水量按下式计算：

$$m_w = \frac{m_i}{1+0.01\omega_i} \times 0.01(\omega - \omega_i) \tag{6-1}$$

式中 m_w——所需的加水量（g）；

m_i——含水率 ω_i 时土样的质量（g）；

ω_i——土样原有含水率（%）；

ω——要求达到的含水率（%）。

按上述步骤进行其他含水率试样的击实试验。

（5）现场 CBR 值测试方法（采用承载比法）

本试验方法适用于在规定试样筒内制样后，对扰动土进行试验，试样的最大粒径不大于 20mm。采用 3 层击实制样时，最大粒径不大于 40mm。

① 称试筒本身质量（m_1），将试筒固定在底板上，将垫块放入筒内，并在垫块上放一张滤纸，安上套环。

② 将 1 份试料，用重型击实标准按 3 层每层 98 次进行击实，求试料的最大干密度和最佳含水量。

③ 将其余 3 份试料，按最佳含水量制备 3 个试件，将一份试料铺于金属盘内，按事先计算得的该份试料应加的水量均匀地喷洒在试料上。

$$m_w = \frac{m_i}{1+0.01\omega_i} \times 0.01(\omega - \omega_i) \tag{6-2}$$

式中 m_w——所需的加水量（g）；

m_i——含水率 ω_i 时土样的质量（g）；

ω_i——土样原有含水率（%）；

ω——要求达到的含水率（%）。

用小铲将试料充分拌合到均匀状态，然后装入密闭容器或塑料口袋内浸润备用。

浸润时间：重黏土不得少于 24h，轻黏土可缩短到 12h，砂土可缩短到 1h，天然砂砾可缩短到 2h 左右。

制作每个试件时，都要取样测定试料的含水量。

注：需要时，可制备三种干密度试件。如每种干密度试件制 3 个，则共制 9 个试件。每层击数分别为 30、50 和 98 次，使试件的干密度从低于 95% 到等于 100% 的最大干密度。这样，9 个试件共需试料约 55kg。

④ 将试筒放在坚硬的地面上，取备好的试样分 3 次倒入筒内（视最大粒径而定），按五层法时，每层需试样约 900（细粒土）～1100g（粗粒土），按三层法时，每层需试样 1700g 左右（其量应使击实后的试样高出 1/3 筒约 1～2mm）。整平表面，并稍加压紧，然后按规定的击数进行第一层试样的击实，击实时锤应自由垂直落下，锤迹必须均匀分布于试样面上。每一层击实完后，将试样层面"拉毛"，然后再装入套筒。重复上述方法进行其余每层试样的击实。试筒击实制件完成后，试样不宜高出筒高 10mm。

⑤ 卸下套环，用直刮刀沿试筒顶修平击实的试件，表面不平整处用细料修补。取出垫块，称量筒和试件的质量 m_2。

⑥ 贯入试验应按下列步骤进行：

A. 将浸水后的试样放在贯入仪的升降台上，调整升降台的高度，使贯入杆与试样顶面刚好接触，试样顶面放上 4 块荷载块，在贯入杆上施加 45N 的荷载，将测力计和变形量测设备的位移计调整至零位。

B. 启动电动机，施加轴向压力，使贯入杆以 1～1.25mm/min 的速度压入试样，测定测力计内百分表在指定整读数（如 20、40、60 等）下相应的贯入量，使贯入量在 2.5mm 时的读数不少于 5 个，试验至贯入量为 10～12.5mm 时终止。

C. 本试验应进行 3 个平行试验，3 个试样的干密度差值应小于 0.03g/cm³，当 3 个试验结果的变异系数大于 12% 时，去掉一个偏离大的值取其余 2 个结果的平均值，当变异系数小于 12% 时，取 3 个结果的平均值。

（6）土的回弹弯沉值试验方法

1）在测试路段布置测点，其距离随测试需要而定，测点应在路面行车车道的轮迹带上，并用白油漆或粉笔画上标记。用贝克曼梁法现场检测，每车道，每 20m 测 1～2 点。

2）将试验车后轮轮隙对准测点后约 3～5cm 处的位置上。

3）将弯沉仪插入汽车后轮之间的缝隙处，与汽车方向一致，梁臂不得碰到轮胎，弯沉仪测头置于测点上（轮隙中心前方 3～5m 处），并安装百分表于弯沉仪的测定杆上，百分表调零，用手指轻轻叩打弯沉仪，检查百分表是否稳定回零。

弯沉仪可采取单侧测定，也可以双侧同时测定。

4）测定者吹哨发令指挥汽车缓缓前进，百分表随路面变形的增加而持续向前转动。当表针转动到最大值时，迅速读取初读数 L_1。汽车仍在继续前进，表针反向回转；待汽车驶出弯沉影响半径（3m 以上）后，吹口哨或挥动红旗指挥停车。待表针回转稳定后读取终读数 L_2。汽车前进的速度宜为 5km/h 左右。

3. 判断标准

土的各项指标判断标准见《公路土工试验规程》JTG E40—2007。

（1）含水率

1）烘干法的含水率，应按下式计算，准确至 0.1%。

$$w_0 = (\frac{m_0}{m_d} - 1) \times 100 \qquad (6-3)$$

式中　m_d——干土质量（g）；

　　　m_0——湿土质量（g）。

2）层状和网状冻土烘干法的含水率，应按下式计算，准确至 0.1%。

$$w=\left[\frac{m_1}{m_2}(1+0.01w_h)-1\right]\times100 \tag{6-4}$$

式中 w——含水率（%）；

m_1——冻土试样质量（g）；

m_2——糊状试样质量（g）；

w_h——糊状试样的含水率（%）。

本试验必须对两个试样进行平行测定，测定的差值：当含水率小于40%时为1%；当含水率等于、大于40%时为2%，对层状和网状构造的冻土不大于3%。取两个测值的平均值，以百分数表示。

3）酒精燃烧法的含水率，应按下式计算。

$$\omega=\frac{m-m_s}{m_s}\times100 \tag{6-5}$$

式中 ω——含水率（%）；

m——干土质量（g）；

m_s——湿土质量（g）。

本试验须进行二次平行测定，取其算术平均值，允许平行差值应符合表6-5规定。

4）相对密度法按下式计算含水率：

$$w=\left[\frac{m(G_s-1)}{G_s(m_1-m_2)}-1\right]\times100 \tag{6-6}$$

式中： w——砂类土的含水率（%），计算至0.1；

m——湿土质量（g）；

m_1——瓶、水、土、玻璃片合质量（g）；

m_2——瓶、水、玻璃片合质量（g）；

G_s——砂类土的比重。

本试验须进行二次平行测定，取其算术平均值，允许平行差值应符合表6-5规定。

含水率测定的允许平行差值 表6-5

含水率(%)	允许平行差值(%)	含水率(%)	允许平行差值(%)
5以下	0.3	40以上	≤2
40以上	≤1	对层状和网状构造的冻土	<3

（2）压实度

1）环刀法试样的湿密度，应按下式计算：

$$\rho_0=\frac{m_0}{V} \tag{6-7}$$

式中： ρ_0——试样的湿密度（g/cm³），准确到0.01g/cm³。

2）环刀法试样的干密度，应按下式计算：

$$\rho_d=\frac{\rho_0}{1+0.01\omega_0} \tag{6-8}$$

本试验应进行两次平行测定，两次测定的差值不得大于 $0.03g/cm^3$，取两次测值的平均值。

3）蜡封法试样的密度，应按下式计算：

$$\rho_0 = \frac{m_0}{\dfrac{m_n - m_{nw}}{\rho_{wT}} - \dfrac{m_n - m_0}{\rho_0}} \qquad (6-9)$$

式中：m_n——蜡封试样质量（g）；

$\quad m_{nw}$——蜡封试样在纯水中的质量（g）；

$\quad \rho_{wT}$——纯水在 T℃时的密度（g/cm^3）；

$\quad \rho_n$——蜡的密度（g/cm^3）。

本试验应进行两次平行测定，两次测定的差值不得大于 $0.03g/cm^3$，取两次测值的平均值。

4）灌水法试坑的体积，应按下式计算

$$V_p = (H_1 - H_2) \times A_w - V_0 \qquad (6-10)$$

式中：V_p——试坑体积（cm^3）；

$\quad H_1$——储水筒内初始水位高度（cm）；

$\quad H_2$——储水筒内注水终了时水位高度（cm）；

$\quad A_w$——储水筒断面积（cm^2）；

$\quad V_0$——套环体积（cm^3）。

5）灌水法试样的密度，应按下式计算：

$$\rho_0 = \frac{m_p}{V_p} \qquad (6-11)$$

式中 $\quad m_p$——取自试坑内的试样质量（g）。

6）灌砂法试样的密度，应按下式计算：

$$\rho_0 = \frac{m_p}{\dfrac{m_s}{\rho_s}} \qquad (6-12)$$

式中 $\quad m_s$——注满试坑所用标准砂的质量（g）；

$\quad \rho_s$——标准砂的密度（g/cm^3）。

7）灌砂法试样的干密度，应按下式计算，准确至 $0.01g/cm^3$。

$$\rho_d = \frac{\dfrac{m_p}{1 + 0.01w_1}}{\dfrac{m_s}{\rho_s}} \qquad (6-13)$$

（3）液限和塑限

采用《公路土工试验规程》JTG E40—2007 判断。

采用 76g 锥做液限和塑限，则在 h-ω 图上，查得锥入土深度 h 是 17mm 所对应的含水率为液限，查得锥入深度为 10mm 所对应的含水率为 10mm 液限，查得锥入为 2mm

所对应的含水率为塑限，取值以百分数表示，精确至 0.1% 分别为土样的液限 ω_L 和塑限 ω_p。

1）塑性指数应按下式计算：

$$I_p = \omega_L - \omega_p \qquad (6\text{-}14)$$

式中：I_p——塑性指数；

　　　ω_L——液限（%）；

　　　ω_p——塑限（%）。

2）液性指数应按下式计算：

$$I_L = \frac{w_0 - w_p}{I} \qquad (6\text{-}15)$$

式中：I_L——液性指数，计算至 0.01。

（4）土的击实

土的击实试验采用《公路土工试验规程》JTGE40—2007 判断。

$$\rho_d = \frac{\rho}{1 + 0.01\omega} \qquad (6\text{-}16)$$

式中：ρ_d——干密度（g/cm³），计算至 0.01；

　　　ρ——湿密度（g/cm³）；

　　　ω——含水率（%）。

（5）CBR 值

测试采用《公路土工试验规程》JTG E40—2007 判断。

1）贯入量为 2.5mm 时：

$$CBR_{2.5} = \frac{p}{7000} \times 100 \qquad (6\text{-}17)$$

式中：$CBR_{2.5}$——贯入量 2.5mm 时的承载比（%）；

　　　p——单位压力（kPa）；

　　　7000——贯入量 2.5mm 时所对应的标准压力（kPa）。

2）贯入量为 5.0mm 时：

$$CBR_{5.0} = \frac{p}{10500} \times 100 \qquad (6\text{-}18)$$

式中　$CBR_{5.0}$——贯入量 5.0mm 时的承载比（%）；

　　　10500——贯入量 5.0mm 时所对应的标准压力（kPa）。

如果贯入量为 5mm 时的承载比大于 2.5mm 时的承载比，则试验应重做。如结果仍然如此，则采用 5mm 时的承载比。

标准荷载强度与贯入量之间的关系：

$$P = 1.62L^{0.61} \qquad (6\text{-}19)$$

（6）土的回弹弯沉值采用《公路路基路面现场测试规程》JTG E60—2008 进行判断。

$$L_1 = \overline{L} + S \qquad (6\text{-}20)$$

式中：L_1——计算代表弯沉值；

$\overline{L}$——舍弃不合格要求的测点所余各测点弯沉的算术平均值；

S——舍弃不合格要求的测点所余各测点弯沉的标准差。

6.1.2 道路基层工程的检（试）验内容、方法和判断标准

1. 检验内容

(1) 道路基层含水量试验；

(2) 道路基层无机结合料稳定材料击实试验；

(3) 道路基层压实度检测；

(4) 道路基层混合料的无侧限饱水抗压强度；

(5) 道路基层弯沉回弹模量检测。

2. 试验方法

(1) 道路基层含水量试验

1) 烘干法

① 水泥、粉煤灰、生石灰粉、消石灰和消石灰粉、稳定细粒土。

取清洁干燥的铅盒，称其质量 m_1，并精确至 0.01g；取约 50g 试样（对生石灰粉、消石灰和消石灰粉取 100g），经手工木锤粉碎后松放在铅盒中，应尽快盖上盒盖，尽量避免水分散失，称其质量 m_2，并精确至 0.01g。

对于水泥稳定材料，将烘箱温度调到 110℃；对于其他材料，将烘箱调到 105℃。待烘箱达到设定的温度后，取下盒盖，并将盛有试样的铅盒放在盒盖上，然后一起放入烘箱中进行烘干，需要的烘干时间随试样种类和试样数量而改变。当冷却试样连续两次称量的差（每次间隔 4h）不超过原试样质量的 0.1% 时，即认为样品已烘干。

烘干后，从烘箱中取出盛有试样的铅盒，并将盒盖盖紧。

将盛有烘干试样的铅盒放入干燥器内冷却。然后称铅盒和烘干试样的质量 m_3，并精确至 0.01g。

② 稳定中粒土

取清洁干燥的铅盒，称其质量 m_1，并精确至 0.1g。取 500g 试样（至少 300g）经粉碎后松放在铅盒中，盖上盒盖，称其质量 m_2，并精确至 0.1g。

对于水泥稳定材料，将烘箱温度调到 110℃；对于其他材料，将烘箱调到 105℃。待烘箱达到设定的温度后，取下盒盖，并将盛有试样的铅盒放在盒盖上，然后一起放入烘箱中进行烘干，需要的烘干时间随试样种类和试样数量而改变。当冷却试样连续两次称量的差（每次间隔 4h）不超过原试样质量的 0.1% 时，即认为样品已烘干。

烘干后，从烘箱中取出盛有试样的铅盒，并将盒盖盖紧，放置冷却。

称铅盒和烘干试样的质量 m_3，并精确至 0.1g。

③ 稳定粗粒土

取清洁干燥的铅盒，称其质量 m_1，并精确至 0.1g。取 2000g 试样经粉碎后松放在铅盒中，盖上盒盖，称其质量 m_2，并精确至 0.1g。

对于水泥稳定材料，将烘箱温度调到110℃；对于其他材料，将烘箱调到105℃。待烘箱达到设定的温度后，取下盒盖，并将盛有试样的铅盒放在盒盖上，然后一起放入烘箱中进行烘干，需要的烘干时间随试样种类和试样数量而改变。当冷却试样连续两次称量的差（每次间隔4h）不超过原试样质量的0.1%时，即认为样品已烘干。

烘干后，从烘箱中取出盛有试样的铅盒，并将盒盖盖紧，放置冷却。

称铅盒和烘干试样的质量 m_3，并精确至0.1g。

④ 计算

按下式计算无机结合料稳定材料的含水量

$$\omega = \frac{m_2 - m_3}{m_3 - m_1} \times 100 \tag{6-21}$$

式中：ω——无机结合料稳定材料的含水量（%）；

　　m_1——铅盒的质量（g）；

　　m_2——铅盒和湿稳定材料的合计质量（g）；

　　m_3——铅盒和干稳定材料的合计质量（g）。

本试验应进行两次平行测定，取算术平均值，保留至小数点后两位。允许重复性误差应符合表6-6要求。

2）砂浴法

本方法适用于在工地快速测定无机结合料稳定材料的含水量。当土中含有大量石膏、碳酸钙或有机质时，不应使用本方法。

① 稳定细粒土

取清洁干燥的铝盒，称其质量 m_1，并精确至0.01g。至少取30g试样，经粉碎后松放在铝盒中，盖上盒盖，称其质量 m_2，并精确至0.01g。

取下盒盖，将盛有试样的铝盒放在正在加热的砂浴内，但需注意勿使砂浴温度太高。在加热过程中，应经常用调土刀搅拌试样，以促使水分蒸发。

当加热一段时间（通常1h足够）使试样干燥后，从砂浴中取出铝盒，盖上盒盖，并放置冷却。

称铝盒和烘干试样质量 m_3，并精确至0.01g。

② 稳定中粒土和粗粒土

取清洁干燥的方盘，称其质量 m_1，并精确至0.1g。稳定中粒土的试样至少要300g，稳定粗粒土的试样至少要2000g。将试样弄碎并均匀地撒布在方盘内，称方盘和试样的总质量 m_2，并精确至0.1g。

将方盘放在正在加热的砂浴内，应注意砂浴温度不要过高，在加热过程中，应经常用调刀搅拌试样，以促使水分蒸发。

当加热一段时间（通常1h足够）后，从砂浴中取出方盘，并让其冷却。

当方盘冷却后，立即称方盘和烘干试样的总质量 m_3，并精确至0.1g。

③ 计算

按下式计算无机结合料稳定材料的含水量。

$$\omega = \frac{m_2 - m_3}{m_3 - m_1} \times 100 \tag{6-22}$$

式中：ω——无机结合料稳定材料的含水量（%）；

m_1——铅盒或方盘的质量（g）；

m_2——铅盒或方盘和湿稳定材料的合计质量（g）；

m_3——铅盒或方盘和干稳定材料的合计质量（g）。

本试验应进行两次平行测定，取算术平均值，保留至小数点后两位。允许重复性误差应符合表 6-6 要求。

3）酒精法

本方法适用于在工地快速测定无机结合料稳定材料的含水量。当土中含有大量黏土、石膏、石灰质或有机质时，不应使用本方法。

① 将蒸发皿洗净、烘干，称其质量 m_1，并精确至 0.01g。

② 对于细粒土，取试样 30g 左右放在蒸发皿内；对于中粒土，取试样 300g 左右放在蒸发皿内；对于粗粒土，取 2000g 放在蒸发皿或方盘中。称蒸发皿和试样的合质量 m_2，对细粒土精确至 0.01g，对中粒土、粗粒土精确至 0.1g。

③ 对于细粒土，取约 25mL 酒精；对于中粒土，取约 200mL 酒精；对于粗粒土，取约 1500mL 酒精。将酒精倒在试样上，使其浸没试样。用刮土刀搅拌酒精和土样，并将大土块破碎。

④ 将蒸发皿放在不怕热的表面上，点火燃烧。

在酒精燃烧过程中，用搅拌棒经常搅拌试样，但应注意勿使试样损失。对细粒土，至少燃烧 3 遍，对中、粗粒土，一般需燃烧 2～3 遍。

⑤ 酒精燃毕完后，使蒸发皿冷却。当蒸发皿冷却至室温时，称蒸发皿和试样的合质量 m_3，细粒土精确至 0.01g，中、粗粒土精确至 0.1g。

⑥ 计算

按下式计算无机结合料稳定材料的含水量。

$$\omega = \frac{m_2 - m_3}{m_3 - m_1} \times 100 \tag{6-23}$$

式中：ω——无机结合料稳定材料的含水量（%）；

m_1——铅盒或方盘的质量（g）；

m_2——铅盒或方盘和湿稳定材料的合计质量（g）；

m_3——铅盒或方盘和干稳定材料的合计质量（g）。

本试验应进行两次平行测定，取算术平均值，保留至小数点后两位。允许重复性误差应符合表 6-6 要求。

含水量测定的允许重复性误差值　　　　　　　　　　　　　　表 6-6

含水量（%）	允许误差（%）	含水量（%）	允许误差（%）
≤7	≤0.5	>40	≤2
>7,≤40	≤1		

（2）无机结合料稳定材料击实试验

本方法适用于在规定的试筒内，对水泥稳定材料（在水泥水化前）、石灰稳定材料及石灰（或水泥）粉煤灰稳定材料进行击实试验，以绘制稳定材料的含水量—干密度关系曲线，从而确定其最佳含水量和最大干密度。

试验准备：将具有代表性的风干试料（必要时，也可以在50℃烘箱内烘干）用木锤捣碎或用木碾碾碎。土团均应破碎到能通过4.75mm的筛孔。但应注意不使粒料的单个颗粒破碎或不使其破碎程度超过施工中拌合机械的破碎率。

如试料是细粒土，将已破碎的具有代表性的土过4.75mm筛备用。

如试料中含有粒径大于4.75mm的颗粒，则先将试料过19mm筛；如存留在19mm筛上的颗粒的含量不超过10%；则过26.5mm筛，留作备用。

如试料中粒径大于19mm的颗粒含量超过10%，则将试料过37.5mm筛；如果存留在37.5mm筛上的颗粒含量不超过10%，则过53mm的筛备用。

每次筛分后，均应记录超尺寸颗粒的百分率P。

在预定做击实试验的前一天，取出代表性的试料测定其风干含水量。对于细粒土，试样应不少于100g；对于中粒土，试样应不少于1000g；对于粗粒土的各种集料，试样应不少于2000g。

在试验前用游标卡尺准确测量试模的内径、高和垫块的厚度，以计算试筒的容积。

试验步骤：

1）甲法：将已筛分的试样用四分法逐次分小，至最后取出约10～15kg试料。再用四分法将已取出的试料分成5～6份，每份试料的干质量为2.0g（对细粒土）或2.5g（对于各种中粒土）。

预定5～6个不同含水量，依次相差0.5%～1.5%，且其中至少有两个大于和两个小于最佳含水量。

按一定含水量制备试样。将1份试料平铺于金属盘内，将事先计算得的该份试料中应加的水量均匀地喷洒在试料上，用小铲将试料充分拌和到均匀状态（如为石灰稳定材料、石灰粉煤灰综合稳定材料、水泥粉煤灰综合稳定材料和水泥、石灰综合稳定材料，可将石灰、粉煤灰和试料一起拌匀），然后装入密闭容器或塑料口袋内浸润备用。

浸润时间要求：黏质土12～24h，粉质土6～8h，砂类土、砂砾土、红土砂砾、级配碎砾等可以缩短到4h，含土很少的未筛分碎石、砂砾和砂可缩短到2h。浸润时间一般不超过24h。

应加水量可按下式计算。

$$m_{\mathrm{w}} = \left(\frac{m_{\mathrm{n}}}{1+0.01\omega_{\mathrm{n}}} + \frac{m_{\mathrm{c}}}{1+0.01\omega_{\mathrm{c}}} \right) \times 0.01\omega - \frac{m_{\mathrm{n}}}{1+0.01\omega_{\mathrm{n}}} \times 0.01\omega_{\mathrm{n}} - \frac{m_{\mathrm{c}}}{1+0.01\omega_{\mathrm{c}}} \times 0.01\omega_{\mathrm{c}}$$

(6-24)

式中：m_{w}——混合料中应加的水量（g）；

m_{n}——混合料中素土（或集料）的质量（g），其含水量为ω_{n}（风干含水量）（%）；

m_{c}——混合料中水泥或石灰的质量（g），其原始含水量为ω_{c}（%）

ω——要求达到的混合料的含水量（%）。

将所需要的稳定剂水泥加到浸润后的试样中，并用小铲、泥刀或其他工具充分拌和到均匀状态。水泥应在土样击实前逐个加入。加有水泥的试样拌和后，应在 1h 内完成下述击实试验。拌和后超过 1h 的试样，应予作废（石灰稳定材料和石灰粉煤灰稳定材料除外）。

试筒套环与击实底板应紧密联结。将击实筒放在坚实地面上，用四分法取制备好的试样 400～500g（其量应使击实后的试样等于或略高于筒高的 1/5）倒入筒内，整平其表面并稍加压紧，然后将其安装到多功能自控电动击实仪上，设定所需锤击次数，进行第 1 层试样的击实。第 1 层击实完后，检查该层高度是否合适，以便调整以后几层的试样用量。用刮刀或螺丝刀将已击实层的表面"拉毛"，然后重复上述做法，进行其余 4 层试样的击实。最后一层试样击实后，试样超出筒顶的高度不得大于 6mm，超出高度过大的试件应该作废。

用刮土刀沿套环内壁削挖（试样与套环脱离）后，扭动并取下套环。与筒顶平齐细心刮平试样，并拆除底板。如试样底面略突出筒外或有孔洞，则应细心刮平或修补。最后用工字形刮平尺齐筒顶和筒底将试样刮平。擦净试筒的外壁，称其质量 m_1。

用脱模器推出筒内试样。从试样内部从上至下取两个有代表性的样品（可将脱出试件用锤打碎后，用四分法采取），测定其含水量，计算至 0.1％。两个试样的含水量的差值不得大于 1％。所取样品的数量如表 6-7 所示（如只取一个样品测定含水量，则样品的质量应为表 6-7 列数值的两倍）。擦净试筒，称其质量 m_2。

测稳定材料含水量的样品质量 表 6-7

公称最大粒径(mm)	样品质量(g)
2.36	约 50
19	约 300
37.5	约 1000

烘箱的温度应事先调整到 110℃ 左右，以使放入的试样能立即在 105～110℃ 的温度下烘干。按本方法的步骤进行其余含水量下稳定材料的击实和测定工作。凡已用过的试样，一律不再重复使用。

2）乙法：在缺乏内径 10cm 的试筒时，以及在需要与承载比等试验结合起来进行时，采用乙法进行击实试验。本法更适用于公称最大粒径达 19mm 的集料。

将已过筛的试料用四分法逐次分小，至最后取出约 30kg 试料。再用四分法将所取的试料分成 5～6 份，每份试料的干质量约为 4.4kg（细粒土）或 5.5kg（中粒土）。

以下各步的做法与上述甲法相同，但应该先将垫块放入筒内底板上，然后加料并击实。所不同的是，每层需取制备好的试样约 900g（对于水泥或石灰稳定细粒土）或 1100g（对于稳定中粒土），每层的锤击次数为 59 次。

3）丙法：将已过筛的试料用四分法逐次分小，至最后取约 33kg 试料。再用四分法将所取的试料分成 6 份（至少要 5 份），每份质量约 5.5kg（风干质量）。

预定 5～6 个不同含水量，依次相差 0.5％～1.5％。在估计最佳含水量左右可只差 0.5％～1％。

试样制备与甲法相同，将试筒、套环与夯击底板紧密地联结在一起，并将垫块放在筒内底板上。击实筒应放在坚实地面上，取制备好的试样 1.8kg 左右倒入筒内，整平其表面，并稍加压紧。然后将其安装到多功能自控电动击实仪上，设定所需锤击次数，进行第 1 层试样的击实。第 1 层击实完后检查该层的高度是否合适，以便调整之后两层的试样用量。用刮土刀或螺丝刀将已击实的表面"拉毛"，然后重复上述做法，进行其余两试样的击实。最后一层试样击实后，试样超出试筒顶的高度不得大于 6mm。超出高度过大的试件应该作废。

用刮土刀沿套环内壁削挖（使试样与套环脱离），扭动并取下套环。齐筒顶细心刮平试样，并拆除底板，取走垫块。擦净试筒的外壁，称其质量 m_1。

用脱模器推出筒内试样。从试样内部由上至下取两个有代表性的样品（可将脱出试件用捶打碎后，用四分法采取），测定其含水量，计算至 0.1%。两个试样的含水量的差值不得大于 1%。所取样品的数量应不少于 700g，如只取一个样品测定含水量，则样品的数量应不少于 1400g。烘箱的温度应事先调整到 110℃左右，以使放入的试样能立即在 105～110℃的温度下烘干。擦净试筒，称其质量 m_2。

按照甲法进行其余含水量下稳定材料的击实和测定。凡已用过的试料，一律不再重复使用。

（3）道路基层压实度检测

1）环刀法

① 按有关试验方法对检测试样用同种材料进行击实试验，得到最大干密度及最佳含水量。

② 用人工取土器测定黏性土及无机结合料稳定细粒土密度的步骤：

A. 擦净环刀，称取环刀质量 m_2，准确至 0.1g。

B. 在试验地点，将面积约 30cm×30cm 的地面清扫干净，并将压实层铲去表面浮动及不平整的部分，达一定深度，使环刀打下后，能达到要求的取土深度，但不得将下层扰动。

C. 将定向筒齿钉固定于铲平的地面上，顺次将环刀、环盖放入定向筒内与地面垂直。

D. 将导杆保持垂直状态，用取土器落锤将环刀打入压实层中，至环盖顶面与定向筒上口齐平为止。

E. 去掉击实锤和定向筒，用镐将环刀及试样挖出。

F. 轻轻取下环盖，用修土刀自边至中削去环刀两端余土，用直尺检测直至修平为止。

G. 擦净环刀壁，用天平称取出环刀及试样合计质量 m_1，准确至 0.1g。

H. 自环刀中取出试样，取具有代表性的试样，测定其含水率 ω。

③ 用人工取土器测定砂性土或砂层密度时的步骤：

A. 如为湿润的砂土，试验时不需要使用击实锤和定向筒。在铲平的地面上，细心挖出一个直径较环刀外径略大的砂土柱，将环刀刃口向下，平置于砂土柱上，用两手平稳地将环刀垂直压下，直至砂土柱突出环刀上端约 2cm 时为止。

B. 削掉环刀口上的多余砂土，并用直尺刮平。

C. 在环刀口上盖一块平滑的木板，一手按住木板，另一手用小铁锹将试样从环刀底部切断，然后将装满试样的环刀反转过来，削去环刀刃口上的多余砂土，并用直尺刮平。

D. 擦净环外壁，称环刀与试样合计质量 m_1，准确至 0.1g。

E. 自环刀中取具有代表性的试样测定其含水率 ω。

F. 干燥的砂土不能挖成砂土柱时，可直接将环刀压入或打入土中。

④ 用电动取土器测定无机结合料细土和硬塑土密度的步骤：

A. 装上所需规格的取芯头。在施工现场取芯前，选择一块平整的路段，将四只行走轮打起，四根定位销钉采用人工加压的方法，压入路基土层中。松开锁紧手柄，旋动升降手轮，使取芯头刚好与土层接触，锁紧手柄。

B. 将电瓶与调速器接通，调速的输出端接入取芯机电源插口。指示灯亮，显示电路已通；启动开关，电动机工作，带动取芯机构转动。根据土层含水量调节转速，操作升降手柄，提取芯机构、停机、移开机器。由于取芯头圆筒外表有几条螺旋状突起，切下的土屑排在筒外顺螺纹上旋抛出地表，因此，将取芯筒套在切削好的土芯立柱上，摇动即可取出样品。

C. 取出样品，立即按取芯套长度用修土或钢丝锯修平两端，制成所需规格土芯，如拟进行其他试验项目，装入铅盒，进试验室备用。

D. 用天平称量土芯带套筒质量 m_1，从土芯中心部分取试样测定含水率 ω。

⑤ 本试验须进行两次平行测定，其平行差值不得大于 $0.03g/cm^3$。求其算术平均值。

2）灌砂法

① 在试验地点，选一块平坦表面，并将其清扫干净，其面积不得小于基板面积。

② 将基板放在平坦表面上，当表面的粗糙度较大时，则将盛有量砂（m_5）的灌砂筒放在基板中间的圆孔上，将灌砂筒的开关打开，让砂流入基板的中孔内，直到储砂筒内的砂不再下流时关闭开关。取下灌砂筒，并称量筒内砂的质量（m_6），准确至1g。

③ 取走基板，并将留在试验地点的量砂收回，重新将表面清扫干净。

④ 将基板放回清扫干净的表面上（尽量放在原处），沿基板中孔凿洞（洞的直径与灌砂筒一致）。在凿洞过程中，应注意不使凿出的材料丢失，并随时将凿松的材料取出装入塑料袋中，不使水分蒸发，也可放在大试样盒内。试洞的深度应等于测定层厚度，但不得有下层材料混入，最后将洞内的全部凿松材料取出。对土基或基层，为防止试样盘内材料的水分蒸发，可分几次称取材料的质量，全部取出材料的总质量为 m_w，准确至1g。

注：当需要检测厚度时，应先测量厚度后再进行这一步骤。

⑤ 从挖出的全部材料中取有代表性的样品，放在铝盒或洁净的搪瓷盘中，测定其含水量（ω，以%计）。样品的数量如下：用小灌砂筒测定时，对于细粒土，不少于100g；对于各种中粒土，不少于500g。用大灌砂筒测定时，对于细粒土，不少于200g；对于各种中粒土，不少于1000g；对于粗粒土或水泥、石灰、粉煤灰等无机结合料稳定材料，宜将取出的全部材料烘干，且不少于2000g，称其质量 m_d。

⑥ 将基板安放在试坑上，将灌砂筒安放在基板中间（储砂筒内放满砂到要求质量 m_1），使灌砂筒的下口对准基板的中孔及试洞，打开灌砂筒的开关，让砂流入试坑内，在此期间，应注意勿碰动灌砂筒。直到储砂筒内的砂不再下流时，关闭开关，仔细取走灌砂筒，并称量筒内剩余砂的质量 m_4，准确至1g。

⑦ 如清扫干净的平坦表面的粗糙度不大，也可省去②和③的操作。在试筒挖好后，将灌砂筒直接对准放在试坑上，中间不需要放基板，打开筒开关，让砂流入试坑内，在此期间，应注意勿碰动灌砂筒。直到储砂筒内的砂不再下流时，关闭开关。仔细取走灌砂筒，并称量筒内剩余砂的质量 m'_4，准确至1g。

⑧ 仔细取出试筒内的量砂，以备下次试验时再用。若量砂的湿度已发生变化或量砂中混有杂质，则应该重新烘干、过筛，并放置一段时间，使其与空气的湿度达到平衡后再用。

（4）道路基层混合料的无侧限饱水抗压强度

1）对于同一无机结合料剂量的混合料，需要制相同状态的试件数量（即平行试验的数量）与土类及操作的仔细程度有关。对于无机结合料稳定细粒土，至少应制 6 个试件；对于无机结合料稳定中粒土和粗粒土，至少分别应制 9 个和 13 个试件。

2）称取一定数量的风干土，并计算干土的质量，其数量随试件大小而变。对于直径为 50mm×50mm 的试件，1 个试件约需干土 180～210g；对于直径为 100mm×100mm 的试件，1 个试件约需干土 1700～1900g；对于直径为 150mm×150mm 的试件，1 个试件约需干土 5700～6000g。

对于细粒土，可以一次称取 6 个试件的土；对于中粒土，可以一次称取 1 个试件的土；对于粗粒土，一次只称取 1 个试件的土。

3）将称好的土放在长方盘（400mm×600mm×70mm）内。向土中加水拌料、闷料。

石灰稳定材料、水泥和石灰综合稳定材料，石灰粉煤灰综合稳定材料和水泥粉煤灰综合稳定材料，可将石灰或粉煤灰和土一起拌合，将拌合均匀后的试料放在密闭的容器或塑料袋（封口）内浸润备用。

对于细粒土（特别是黏性土），浸润时的含水量应比最佳含水量小 3%，对于中粒土和粗粒土，可按最佳含水量加水。对于水泥稳定类材料，加水量应比最佳含水量小 1%～2%。

注：应加的水量可按下式计算。

$$m_w = \left(\frac{m_n}{1+0.01\omega_n} + \frac{m_c}{1+0.01\omega_c} \right) \times 0.01\omega - \frac{m_n}{1+0.01\omega_n} \times 0.01\omega_n - \frac{m_c}{1+0.01\omega_c} \times 0.01\omega_c$$

（6-25）

式中：m_w——混合料中应加的水量（g）；

m_n——混合料中素土（或集料）的质量（g），其含水量为 ω_n（风干含水量）（%）；

m_c——混合料中水泥或石灰的质量（g），其原始含水量为 ω_c（水泥的 ω_c 通常很小，也可以忽略不计）（%）；

ω——要求达到的混合料的含水量（%）。

浸润时间要求为：黏性土 12～24h，粉性土 6～8h，砂类土、砂砾土、红土砂砾、级配砂砾等可以缩短到 4h 左右，含土很少的未筛分碎石、砂砾及砂可以缩短到 2h。浸润时间一般不超过 24h。

4）在浸润过的试料中，加入预定数量的水泥或石灰并拌合均匀。在拌合过程中，应将预留的水（对于细粒土为 3%，对于水泥稳定类为 1%～2%）加入土中，使混合料达到最佳含水量，拌合均匀的加有水泥的混合料应在 1h 内按下述方法制成试件，超过 1h 的混合料应该作废，其他结合料稳定土，混合料虽不受此限，但也应尽快制成试件。

5）用反力架和液压千斤顶，或采用压力试验机制件。

将试模配套的下垫块放入试模的下部，但外露 2cm 左右。将称量的规定数量 m_2 的稳定土混合料分 2～3 次灌入试模中，每次灌入后用夯棒轻轻均匀捣实。如制取直径为

50mm×50mm 的小试件，则可以将混合料一次倒入试模中，然后将与试模配套的上垫块放入试模内，也应使其也外露 2cm 左右（即上、下垫块露出试模外的部分应该相等）。

6）将整个试模（连同上、下压柱）放到反力架内的千斤顶上（千斤顶下应放一扁球座）或压力机上，以 1mm/min 的加载速率加压，直到上下压柱都压入试模为止。维持压力 2min。

7）解除压力后，取下试模，并放到脱模器上将试件顶出。用水泥稳定有粘结性的材料（如黏质土）时，制件后可以立即脱模；用水泥稳定无黏结性细粒土时，最好过 2～4h 再脱模；对于中、粗粒土的无机结合稳定材料，也最好过 2～6h 脱模。

8）在脱模器上取试件时，应用双手抱住试件侧面的中下部，然后沿水平方向轻轻旋转，待感觉到试件移动后，再将试件轻轻抱起，放置到试验台上。切勿直接将试件向上抱起。

9）称试件的质量 m_2，小试件精度至 0.01g，中试件精度至 0.01g，大试件精度至 0.1g。然后用游标卡尺测量试件高度 h，精度至 0.1mm。检查试件的高度和质量，不满足成型标准的试件作为废件。

10）试件称重后立即要放在塑料袋中封闭，并用潮湿的毛巾覆盖，移放至养护室。

11）根据试验材料的类型和一般的工程经验，选择合适量程的测力计和压力机，试件破坏荷载应大于测力量程的 20％且小于测力量程的 80％。球形支座和上下顶板涂上机油，使球形支座能灵活转动。

12）将已浸水一昼夜的试件从水中取出，用软布吸去试件表面的水分，并称试件的质量 m_4。

13）用游标卡尺量试件的高度 h，准确到 0.1mm。

14）将试件放到路面材料强度试验仪或压力机上，并在升降台上先放一扁球座，进行抗压试验。试验过程中，应保持速率约为 1mm/min。记录试件破坏时的最大压力 P（N）。

15）从试件内部取有代表性的样品（经过打破），测定其含水率 ω。

（5）道路基层弯沉回弹模量检测

1）准备工作

① 检查并保持测定用标准车的车况及刹车性能良好，轮月、轮胎内胎符合规定充气压力。

② 向汽车车槽中装载铁块或块或集料，并用地磅称量后轴总质量及单侧轮荷载，均应符合要求的轴重规定。汽车行驶及测定过程中，轴载不得变化。

③ 测定轮胎接地面积：在平整光滑的硬质路面上用千斤顶将汽车后轴顶起，在轮胎下方铺一张新的复写纸，轻轻落下千斤顶，即在方格纸印上轮胎印痕，用求积仪或数方格的方法测算轮胎接地面积，准确至 0.1cm²。

④ 检查弯沉仪百分表测量灵敏情况。

⑤ 在测定时，用路表温度计测定试验时气温及路表温度（一天中气温不断变化，应随时测定），并通过气象台了解前 5d 的平均气温（日最高气温与最低气温的平均值）。

⑥ 记录路基修建时的材料、结构、厚度、施工及养护等情况。

2）测试步骤

同土基回弹弯沉值试验。弯沉仪的支点变形修正按《公路路基路面现场测试规程》

JTG E60—2008 中条款要求进行修正和计算。

3. 判断标准

（1）道路基层含水量

按《公路土工试验规程》JTG E40—2007 进行判断。同上述土基判定相同。

（2）道路基层无机结合料稳定材料击实试验

无机结合料稳定材料湿密度按下式计算：每次击实后稳定材料的湿密度。

$$\rho_w = \frac{m_1 - m_2}{V} \tag{6-26}$$

式中：ρ_w——稳定材料的湿密度（g/cm³）；

m_1——试筒与湿试样的总质量（g）；

m_2——试筒的质量（g）；

V——试筒的容积（cm³）。

无机结合料稳定材料干密度按下式计算：每次击实后稳定材料的干密度。

$$\rho_d = \frac{\rho_w}{1 + 0.01\omega} \tag{6-27}$$

式中：ρ_d——试样的干密度（g/cm³）；

ω——试样的含水量（％）。

制图，以干密度为纵坐标，含水量为横坐标，绘制含水量—干密度曲线。曲线必须为凸形的，如试验点不足以连成完整的凸形曲线，则应该进行补充试验。将试验各点采用二次曲线方法拟合曲线，曲线的峰值点对应的含水量及干密度即为最佳含水量和最大干密度。

应做两次平行试验，取两次试验的平均值作为最大干密度和最佳含水量。两次重复性试验最大干密度的差不应超过 0.05g/cm³（稳定细粒土）和 0.08g/cm³（稳定中粒土和粗粒土），最佳含水量的差不应超过 0.5％（最佳含水量小于 10％）和 1.0％（最佳含水量大于 10％）。超过上述规定值，应重做试验，直到满足精度要求。混合料密度计算应保留小数点后 3 位有效数字，含水量应该保留小数点后 1 位有效数字。

（3）道路基层压实度

采用《公路工程质量检验评定标准 第一册 土建工程》JTGE80/1—2004 进行判断。检（试）验评定段的压实度代表值 K（算术平均值的下置信界限）：

$$K = \bar{k} - \frac{t_a}{\sqrt{n}} S \geqslant K_0 \tag{6-28}$$

式中：$\bar{k}$——检（试）验评定段内各测点压实度的平均值；

t_a——t 分布表中随测点数和保证率（或置信度 α）而变的系数；

S——检测值的标准值；

n——检测点数；

K_0——压实度标准值。

路基、基层和底基层：$K \geqslant K_0$，且单点压实度 K_i 全部大于等于规定值减 2 个百分点时，评定路段的压实度可得规定满分；当 $K \geqslant K_0$，且单点压实度全部大于等于规定极值时，对于测定值低于规定值减 2 个百分点的测点，按其占总检查点数的百分率计算扣分值。

$K < K_0$ 或某一单点压实度 K_i 小于规定极值时，该评定路段压实度为不合格，评为零分。

路堤施工段较短时，分层压实度要符合要求，且实际样本数不小于 6 个。

(4) 道路基层混合料的无侧限饱水抗压强度

采用《公路工程质量检验评定标准　第一册　土建工程》JTG E80/1—2004 进行判断

$$\overline{R} \geqslant R_d / (l - Z_a C_v) \tag{6-29}$$

式中：R_d——设计抗压强度（MPa）；

C_v——试验结果的偏差系数（以小数计）；

Z_a——标准正态分布表中随保证率而变的系数（保证率可查规范）。

注意：同一组试件试验中，采用 3 倍均方差方法剔除异常值，小试件可允许有 1 个异常值；中试件 1~2 个异常值；大试件 2~3 个异常值，异常值数量超过上述规定的试验重做。

同一组试验的偏差系数 C_v（%）符合下列规定，方为有效试验：小试件 $C_v \leqslant 6\%$；中试件 $C_v \leqslant 10\%$；大试件 $C_v \leqslant 15\%$。如不能保证试验结果的变异系数小于规定的值，则应按允许误差 10% 和 90% 概率重新计算所需的试件数量，增加试件数量并另做新试验。新试验结果与旧试验结果一并重新进行统计评定，直到变异系数满足上述规定。

评定路段内无侧限饱水抗压强度评为不合格时相应分项工程不合格。

(5) 道路基层弯沉回弹模量检测

采用《公路工程质量检验评定标准　第一册　土建工程》JTG E80/1—2004 进行判断。

$$l_r = \overline{l} + Z_a S \tag{6-30}$$

式中：l_r——弯沉代表值（0.01mm）；

$\overline{l}$——实测弯沉的平均值（0.01mm）；

S——标准差；

Z_a——与要求保证率有关的系数（查规范）。

当路基的弯沉代表值不符合要求时，可将超出 $\overline{l} \pm (2\sim3) S$ 的弯沉特异值舍弃，重新计算平均值和标准值。对舍弃的弯沉值大于 $\overline{l} \pm (2\sim3) S$ 的点，应找出其周围界限，进行局部处理。

用两台弯沉仪同时进行左右轮弯沉值测定时，应接两个独立测点计，不能采用左右两点的平均值。

弯沉代表值大于设计要求的弯沉值时相应分项工程不合格。

6.1.3　道路面层工程的检（试）验的内容、方法和判断标准

1. 检（试）验内容

(1) 路面几何尺寸。

(2) 厚度检测方法。

(3) 压实度试验。

（4）平整度试验。

（5）承载能力试验。

（6）抗滑性能试验。

（7）渗水试验。

（8）车辙试验。

（9）混凝土强度试验。

（10）混凝土路面拌合物稠度试验。

2. 检（试）验方法

（1）路面几何尺寸测试方法

1）准备工作

① 在路面上准确恢复桩号；

② 在一个检测路段内选取测定的断面位置及里程桩号，在测定断面做上标记。通常将路面宽度、横坡、高程及中线平面偏位选取在同一断面位置，且宜在整数桩号上测定；

③ 根据道路设计的要求，确定路面各部分的设计宽度的边界位置，在测定位置上用粉笔做上记号；

④ 根据道路设计的要求，确定设计高程式的纵断面位置。在测定位置上用粉笔做上记号；

⑤ 根据道路设计的要求，在与中线垂直的横断面上确定成型后路面的实际中心线位置；

⑥ 根据道路设计的路拱形状，确定曲线与直线部分的交界位置及路面与路肩（或硬路肩）的交界处，作为横坡检验的基准；当有路缘石或中央分隔带时，以两侧路缘石边缘为横坡测定的基准点，用粉笔做上记号。

2）路面各部分的宽度及总宽度测试

用钢尺沿中心线垂直方向水平量取路面各部分的宽度，以 m 表示，对高速公路及一级公路，准确至 0.005m；对其他等级公路，准确至 0.01m。测量时钢尺应保持水平，不得将尺紧贴路面量取，也不得使用皮尺。

3）纵断面高程测试

① 将精密水平仪架设在路面平顺处调平，将塔尺竖立在中线的测定位置上，以路线附近的水准点高程作为基准。测记测定点的高程读数，以 m 表示，准确至 0.001m。

② 连续测定全部测点，并与水准点闭合。

4）路面横坡测试

① 设有中央分隔带的路面：将精密水准仪架设在路面平顺处调平，将塔尺分别竖立在路面与中央分隔带分界的路缘带边缘 d_1 处及路面与路肩交界位置（或外测路缘石边缘）d_2 处，d_1 与 d_2 两测点必须在同一横断面上，测量 d_1 与 d_2 处的高程，记录高程读数，以 m 表示，准确至 0.001m。

② 无中央分隔带的路面：将精密水准仪架设在路面平顺处调平，将塔尺分别竖立在路拱曲线与直线部分的交界位置 d_1 及路面与路肩（或硬路肩）的交界位置 d_2 处，d_1 与 d_2 两测点必须在同一横断面上，测量 d_1 与 d_2 处的高程，记录高程读数，以 m 表示，准确至 0.001m。

③ 用钢尺测量两测点的水平距离，以 m 表示，对高速公路及一级公路，准确至 0.005m；对其他等级公路，准确至 0.01m。

5）中线偏位测试步骤

① 有中线坐标的道路：首先从设计资料中查出待测点 P 的设计坐标，用经纬仪对该设计坐标进行放样，并在放样点 P' 做好标记，量取 PP' 的长度，即为中线平面偏位 Δ_{CL}，以 mm 表示。对高速公路及一级路，准确至 5mm；对其他等级公路，准确至 10mm。

② 无中桩坐标的低等级道路：应首先恢复交点或转点，实测偏角和距离，然后采用链距法、切线支距法或偏角法等传统方法敷设道路中线的设计位置，量取设计位置与施工位置之间的距离，即为中线平面偏位 Δ_{CL}，以 mm 表示，准确至 10mm。

（2）路面厚度试验方法

1）钻孔取芯样法厚度测试步骤

① 随机取样决定钻孔检查的位置，如为旧路，该点有坑洞等显著缺陷或接缝时，可在其旁边检测。

② 用路面取芯钻机钻孔，芯样的直径应符合要求，钻孔深度必须达到层厚。

③ 仔细取出芯样，清除底面灰土，找出与下层的分界面。

④ 用钢板尺或卡尺沿圆周对称的十字方向四处量取表面至上、下层界面的高度，取其平均值，即为该层的厚度，准确至 1mm。

⑤ 在沥青路面施工过程中，当沥青混合料尚未冷却时，可根据需要随机选择测点，用大螺丝刀插入至沥青层底面深度后用尺读数，量取沥青层的厚度，以 mm 计，准确至 1mm。

2）按下列步骤用与取样层的相同材料填补钻孔

① 适当清理坑中残留物，钻孔时留下的积水应用棉纱吸干。

② 对水泥混凝土路面板，应按相同配合比用新拌的材料分层填补并用小锤压实，水泥混凝土中宜掺加少量快凝早强剂。

③ 对正在施工的沥青路面，用相同级配的热拌沥青混合料分层填补并用加热的铁锤或热夯压实，旧路钻孔也可用乳化沥青混合料修补。

④ 所有补坑结束时，宜比原面层略鼓出少许，用重锤或压路机压实平整。

（3）压实度试验

1）核子密度湿度仪测定压实度试验

① 选择压实的路表面，按要求的测定步骤用核子密度湿度仪测定密度，记录读数。

② 在测定的同一位置用钻机钻孔法或挖坑灌砂法取样，量测厚度，按规定的标准方法测定材料的密度。

③ 对同一种路面厚度及材料类型，在使用前至少测定 15 处，求取两种不同方法测定的密度的相关关系，其相关系数应不小于 0.9。

④ 按照随机取样的方法确定测试位置，但与距路面边缘或其他物体的最小距离不得小于 30cm。核子密度湿度仪距其他射线源不得少于 10m。

⑤ 当用散射法测定时，应用细砂填平测试位置路表结构凹凸不平的空隙，使路表面平整，能与仪器紧密接触。

⑥ 当使用直接透射法测定时，应在表面上用钻杆打孔，孔深略深于要求测定的深度，

孔应竖直圆滑并稍大于射线源探头。按照规定的时间，预热仪器。

⑦ 如用散射法测定时，应将核子密度湿度仪平稳地置于测试位置上。如用直接透射法测定时，将放射源棒放下插入已预先打好的孔内。

⑧ 打开仪器，测试员退出仪器 2m 以外，按照选定的测定时间进行测量，到达测定时间后，读取显示的各项数值，并迅速关机。

2) 钻芯法测定沥青面层压实度试验方法

① 按《公路路基路面现场测试规程》JTG E60—2008 "T0901 取样方法" 钻取路面芯样，芯样直径不宜小于 φ100mm。当一次钻孔取得的芯样包含有不同层位的沥青混合料时，应根据结构组合情况用切割机将芯样沿各层结合面锯开分层进行测定。

钻孔取样应在路面完成后进行，对普通的沥青路面通常在第二天取样，对改性沥青及 SMA 路面宜在第三天后取样。

② 将钻取的试件在水中用毛刷轻轻刷净粘附的粉尘。如试件边角有浮松颗粒，应仔细清除。

③ 将试件晾干或用电风扇吹干不少于 24h，直至恒重。

④ 按现行《公路工程沥青及沥青混合料试验规程》JTG E20—2011 的沥青混合料试验方法测定试件密度 ρ_s。通常情况下采用表干法测定试件的毛体积相对密度，对吸水率大于 2％的试件，宜采用蜡封法测定试件的毛体积相对密度，对吸水率小于 0.5％特别致密的沥青混合料，在施工质量检（试）验时，允许采用水中重法测定表观相对密度。

（4）平整度试验

1) 3m 直尺测定平整度试验方法

① 按有关规范规定选择测试路段，清扫路面测定位置处的污物。

② 在施工过程中检测时，按需要确定的方向，将 3m 直尺摆在测试地点的路面上。目测 3m 直尺底面与路面之间的间隙情况，确定间隙为最大的位置。

③ 用有高度标线的塞尺塞进间隙处，量记其最大间隙的高度（mm），或者用深度尺在最大间隙位置测直尺上顶推距地面的深度，该深度减去尺高即为测试点的最大间隙的高度，准确到 0.2mm。

2) 连续式平整度仪测定平整度试验方法

① 将连续式平整度测定仪置于测试路段路面起点上。

② 在牵引汽车的后部，将连续式平整度仪与牵引汽车连接好，放下测定轮，按照仪器使用手册依次完成各项操作。

③ 启动牵引汽车，沿道路纵向行驶，横向位置保持稳定。并检查连续式平整度仪表上测定数字情况，确认牵引连续式平整度仪的速度应保持均匀，速度宜为 5km/h，最大不得超过 12km/h。

④ 在测试路段较短时，亦可用人力拖拉平整度仪测定路面的平整度。但拖拉时应保持匀速前进。

（5）承载能力试验

1) 贝克曼梁测定路基路面回弹弯沉试验方法测试步骤同土的回弹弯沉值试验。弯沉仪的支点变形修正可有以下两种情况：

① 当采用长度为 3.6cm 的弯沉仪对半刚性基层沥青路面、水泥混凝土路面等进行

弯沉测定时，有可能引起弯沉仪支座处变形，因此测定时应检（试）验支点有无变形，此时应用另一台检（试）验用的弯沉仪安装在测定用弯沉仪的后方，其测定架于测定用弯沉仪的支点旁。当汽车开出时，同时测定两台弯沉仪的弯沉读数，如检（试）验用弯沉仪百分表有读数，即应该记录并进行支点变形修正。当在同一结构层上测定时，可在不同位置测定 5 次，求取平均值，以后每次测定时以此作为修正值。支点变形修正的原理如图 6-1 所示。

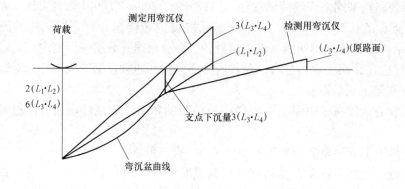

图 6-1　支点变形修正示意图

② 当采用长度为 2.5cm 的弯沉仪测定时，可不进行支点变形修正。

2）自动弯沉仪测定路面弯沉试验方法

① 测试系统在开始测试前需要通电预热，时间不少于设备操作手册要求，并开启工程警灯和导向标等警告标志。

② 在测试路段前 20m 处将测量架放落在路面上，并检查测试机构（图 6-2）的部件情况。

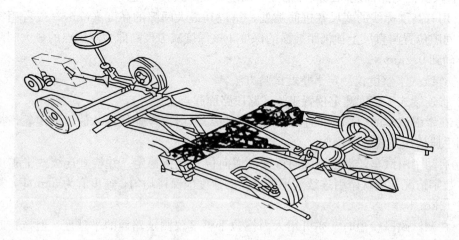

图 6-2　自动弯沉仪的测量机构示意图

③ 操作人员按照设备使用手册的规定和测试路段的现场技术要求设置完毕所需的测试状态。

④ 驾驶员缓慢加速承载车到正常测试速度，沿正常行车轨迹驶入测试路段。

⑤ 操作人员将测试路段起终点、桥涵等特殊位置的桩号输入到记录数据中。

⑥ 当测试车辆驶出测试路段后，操作人员停止数据采集和记录，并恢复仪器各部分至初始状态，驾驶员缓慢停止承载车，提起测量架。

⑦ 操作人员检查数据文件，文件应完整，内容应正常，否则需要重新测试。

⑧ 关闭测试系统电源，结束测试。

（6）抗滑性能

1）手工铺砂测定路面构造深度试验方法

① 用扫帚或毛刷子将测点附近的路面清扫干净，面积不小于 30cm×30cm；

② 用小铲装砂，沿筒壁向圆筒（容积为 25±0.15mL）（图 6-3）中注满砂。手提圆筒上方，在硬质路表面上轻轻地叩打 3 次，使砂密实，补足砂面用钢尺一次刮平。

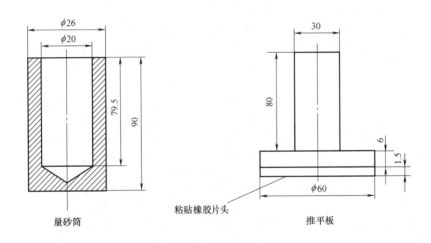

图 6-3　人工测试构造深度圆筒仪器（mm）

③ 将砂倒在路面上，用底面粘有橡胶片的摊平板（图 6-3），由里向外重复作旋转摊铺运动，稍稍用力将砂细心地尽可能地向外摊开，使砂填入凹凸不平的路表面的空隙中，尽可能将砂摊成圆形，并不得在表面上留有浮动余砂。注意，摊铺时不可用力过大或向外摊挤。

④ 用钢板尺测量所构成圆的两个垂直方向的直径，取其平均值，准确至 5mm。

⑤ 按以上方法，同一处平行测定不少于 3 次，3 个测点均位于轮迹带上，测点间距 3～5m。对同一处，应该由同一个试验员进行测定。该处的测定位置以中间测点的位置表示。

2）摆式仪测定路面摩擦系数试验方法

① 检查摆式仪的调零灵敏情况，并定期进行仪器的标定。

② 对测试路段按随机取样方法，决定测点所在横断面位置。测点应选在行车车道的轮迹带上，距路面边缘不应小于 1m，并用粉笔做出标记。测点位置宜紧靠铺砂法测定构造深度的测点位置，并与其一一对应。

③ 将仪器（图 6-4）置于路面测点上，并使摆的摆动方向与行车方向一致。转动底座上的调平螺栓，使水准泡居中。

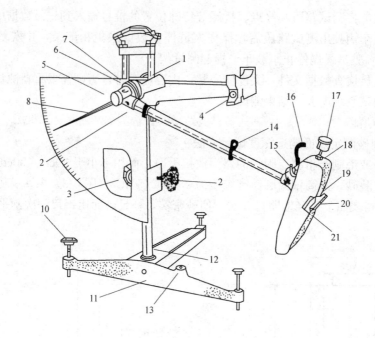

图 6-4 摆式摩擦系数测定仪

1、2—紧固把手；3—升降把手；4—释放开关；5—转向节螺盖；6—调节螺母；
7—针簧片或毡垫；8—指针；9—连接螺母；10—调平螺栓；11—底座；12—铰链；
13—水准泡；14—卡环；15—定位螺栓；16—举升柄；17—平衡锤；
18—并紧螺母；19—滑溜块；20—橡胶片；21—止滑螺栓

④ 放松上、下两个紧固把手，转动升降把手，使摆升高并能自由摆动，然后旋紧紧固把手。将摆固定在右侧悬臂上，使摆处于水平释放位置，并把指针抬至右端与摆杆平行处。按下释放开关，使摆向左带动指针摆动，当摆达到最高位置后下落时，用手将摆杆接住，此时指针应指向零，若不指零时，可稍旋紧或放松摆的调节螺母；重复上述步骤，直至指针指零。指针指零，调零允许误差为±1。

⑤ 让摆处于自由下垂状态，放松紧固把手，转动升降把手、使摆下降。与此同时，提起举升柄使摆向左侧移动，然后放下举升柄使橡胶片下缘轻轻触动，紧靠橡胶片摆放滑动长度量尺，使量尺左端对准橡胶片下缘；再提起举升柄使摆向右侧移动，然后放下举升柄使橡胶片下缘轻轻触动，检查橡胶片下缘应与滑动长度量尺的右端齐平。若齐平，则说明橡胶片两次触地的距离（滑动长度）符合 126mm 的规定。校核滑动长度时，应以橡胶片长度刚刚接触路面为准，不可借摆的力量向前滑动，以免标定的滑动长度与实际不符。若不齐平，升高或降低摆或仪器底座的高度。微调时用旋转仪器底座上的调平螺丝调整仪器底座的高度的方法比较方便，但需注意保持水准泡居中。重复上述动作，直至滑动长度符合 126mm 的规定。

⑥ 将摆固定在右侧悬臂上，使摆处于水平释放位置，并把指针拨至右端与摆杆平行处。

⑦ 用喷水壶浇洒测点，使路面处于湿润状态。

⑧ 按下右侧悬臂上的释放开关，使摆在路面滑过。当摆回落时，用手接住，读数但

不记录。然后使摆杆和指针重新置于水平释放位置。

⑨ 重复⑦和⑧的操作5次，并读记每次测定的摆值，单点测定5个值中最大值与最小值的差值不得大于3。如差数大于3时，应检查产生的原因，并再次重复上述各项操作，至符合规定为止。取5次测定的平均值作为单点的路面抗滑值（即摆值BPNt），取整数。在测点位置上用路表温度计测记潮湿路面的温度，精确至1℃。

⑩ 每个测点由3个单点组成，即需按以上方法在同一测点处平行测定3次，以3次测定结果的平均值作为该测点的代表值（精确至1）。

3个单点均应位于轮迹带上，单点间距3～5m。该测定的位置以中间测点的位置表示。

（7）沥青路面渗水系数

1）在测试路段的行车。车道面上，按随机取样方法选择测试位置，每一个检测路段应测定5个测点，并用粉笔画上测试标记。

2）试验前，首先用扫帚清扫表面，并用刷子将路面的杂物刷去，杂物的存在一方面会影响水的渗入；另一方面也会影响渗水仪和路面或者试件的密封效果。

3）将塑料圈置于试件中央或者路面表面的测点上，用粉笔分别沿塑料圈的内侧和外侧画上圈，在外环和内环之间的部分就是需要用密封材料进行密封的区域。

4）用密封材料对环状密封区域进行密封处理，注意不要使密封材料进入内圈，如果密封材料不小心进入内圈，必须用刮刀将其刮走。然后再将搓成拇指粗细的条状密封材料擦在环状密封区域的中央，并且摆成一圈。

5）将渗水仪放在试件或者路面表面的测点上，注意使渗水仪的中心尽量和圆环中心重合，然后略微使劲将渗水仪压在条状密封材料表面，再将配重加上，以防压力水从底座与路面间流出。

6）将开关关闭，向仪器的上方量筒中注满水，总量为600mL。然后打开开关，使量筒中的水下流排出渗水仪底部内的空气，当量筒中水面下降速度变慢时用双手轻压渗水仪使底部的气泡全部排出。关闭开关，并再次向量筒注满水。

7）将开关打开，待水面下降100mL时，立即开动秒表开始计时，每间隔60s，读记仪器管的刻度一次，至水面下降500mL时为止。测试过程中，如水从底座与密封材料间渗出，说明底座与路面密封不好，应移至附近干燥路面处重新操作。如水面下降速度较慢，则测定3min的渗水量即可停止；如果水面下降速度较快，在不到3min的时间内到达了500mL刻度线，则记录到达了500mL刻度线时的时间；若水面下降至一定程度后基本保持不动，说明路面基本不透水或根本不透水，则在报告中注明。

8）按以上步骤在同1个检测路段选择5个测点测定渗水系数，取其平均值，作为检测结果。

（8）车辙试验

1）车辙测定的基准测量宽度应符合下列规定：

① 对高速公路及一级公路，以发生车辙的一个车道两侧标线宽度中点到中点的距离为基准测量宽度。

② 对二级及二级以下公路，有车道区画线时，以发生车辙的一个车道两侧标线宽度中点到中点的距离为基准测量宽度；无车道区画线时，以形成车辙部位的一个设计车道宽

作为基准测量宽度。

2）以一个评定路段为单位，用激光车辙仪连续监测时，测定断面间隔不大于 10m。用其他方法非连续测定时，在车道上每隔 50m 作为一测定断面，用粉笔画上标记进行测定。

3）采用激光或超声波车辙仪的测试

① 将检测车辆就位于测定区间起点前。

② 启动并设定检测系统参数。

③ 启动车辙和距离测试装置，开动测试车沿车道轮迹位置且平行于车道线平稳行驶，测试系统自动记录出每个横断面和距离数据。

④ 到达测定区间终点后，结束测定。

4）采用路面横断面仪的测试

① 将路面横断面仪就位于测定断面上，方向与道路中心线垂直，两端支脚立于测定车道的两侧边缘，记录断面桩号。

② 调整两端支脚高度，使其等高。

③ 移动横断面仪的测量器，从测定车道的一端移至另一端，记录出断面形状。

5）采用横断面尺测试

① 将横断面尺就位于测定断面上，两端支脚置于测定车道两侧。

② 沿横断面尺每隔 20cm 一点，用量尺垂直立于路面上，用目平视测记横断面尺顶面与路面之间的距离，准确至 1mm。如断面的最高处或最低处明显不在测定点上应加测该点距离。

③ 记录测定读数，绘出断面图，最后连接成圆滑的横断面曲线。

④ 横断面尺也可用线绳代替。

⑤ 当不需要测定横断面，仅需要测定最大车辙时，亦可用不带支脚的横断面尺架在路面上由目测确定最大车辙位置用尺量取。

（9）混凝土路面强度试验

1）混凝土抗压强度试验方法

① 混凝土抗压强度试件以边长为 150mm 的正立方体为标准试件，其骨料最大粒径为 40mm，混凝土强度以该试件标准养护 28d，按规定方法测得的强度为准。当采用非标准试件时（表 6-8），骨料最大粒径应满足以下条件，其抗压强度应乘以相应换算系数。

非标准试件   表 6-8

骨料最大粒径(mm)	30	40	60
试件尺寸(mm)	100×100×100	150×150×150	200×200×200
换算系数 k	0.95	1.00	1.05

② 抗压强度试件应同龄期者为一组，每组为 3 个同条件制作和养护的混凝土试块。

③ 将养护到指定龄期的混凝土试件取出，擦除表面水分。检查测量试件外观尺寸，看是否有几何形状变形。试件如有蜂窝缺陷，可以在试验前 2 天用水泥浆填补修整，但需在报告中加以说明。

④ 以成型时的侧面作为受压面，将混凝土置于压力机中心并使位置对中。施加荷载

140

时，对于强度等级小于 C30 的混凝土，加载速度为 0.3～0.5MPa/s；强度等级大于 C30 时，取 0.5～0.8MPa/s 的加载速度。当试件接近破坏而开始迅速变形时，应停止调整试验机的油门，直到试件破坏，记录破坏时的极限荷载。

⑤ 整理试验数据，提供试验报告。

2）混凝土抗折强度试验方法

① 混凝土抗折强度试件为直角棱柱体小梁，标准试件尺寸为 150mm×150mm×550mm，集料粒径应不大于 40mm。

② 混凝土抗折强度试件应取同龄期者为一组，每组为同条件制作和养护的试件 3 根。

③ 采用 50～300kN 抗折试验机或万能试验机。加载试验装置由双点加载压头和活动支座组成。

④ 试件成型并养护将达到规定龄期的抗折试件取出。擦干表面，检查试件，如发现试件中部 1/3 长度内有蜂窝等缺陷，则该试件废弃。

⑤ 标记试件。从试件一端量起，在距端部的 50mm、200mm、350mm 和 500mm 处划出标记，分别作为支点（50mm 和 500mm 处）和加载点（200mm 和 350mm 处）的具体位置。

⑥ 加载试验。调整万能机上两个可移动支座，使其准确对准试验机下距离压头中心点两侧各 225mm 的位置，随后紧固支座。将抗折试件放在支座上，且侧面朝上，位置对准后，先慢慢施加一个初始荷载，大约 1kN。接着以 0.5～0.7MPa/s 的速度连续加荷，直至试件破坏，记录最大荷载。但当断面出现在加荷点外侧时，则试验结果无效。

⑦ 整理试验数据，提供试验报告。

（10）混凝土路面拌合物稠度试验（坍落度仪试验方法）

1）试验前将坍落筒内外洗净，放在经水润湿过的平板上（平板吸水时应垫以塑料布），踏紧踏脚板。

2）将代表样分三层装入筒内，每层装入高度稍大于筒高的 1/3，用捣棒在每一层的横截面上均匀插捣 25 次，插捣在全部面积上进行，沿螺旋线边缘至中心，插捣底层时插至底部，插捣其他两层时，应插透本层并插入下层约 20～30mm，插捣要垂直压下（边缘部分除外），不得冲击。

3）在插捣顶层时，装入的混凝土应高出坍落筒口，随插捣过程随时添加拌合物，当顶层插捣完毕后，将捣棒用锯和滚的动作，清除掉多余的混凝土，用镘刀抹平筒口，刮净筒底周围的拌合物，而后立即垂直地提起坍落筒，提筒在 5～10s 内完成，并使混凝土不受横向及扭力作用，从开始装筒至提起坍落筒的全过程，不应超过 150s。

4）将坍落筒放在锥体混凝土试样一旁，筒顶平放木尺，用小钢尺量出木尺底面至试样顶面中心的垂直距离，即为该混凝土拌合物的坍落度，并予记录，精确至 1mm。

5）当混凝土的一侧发生崩塌或一边剪切破坏，则应重新取样另测，如果第二次仍发生上述情况，则表示该混凝土和易性不好，应记录。

6）当混凝土拌合物的坍落度大于 220mm 时，用钢尺测量混凝土扩展后最终的最大直径和最小直径，在这两个直径之差小于 50mm 的条件下，用其算术平均值作为坍落扩展度值；否则，此次试验无效。

7）坍落度试验的同时，可用目测方法评定混凝土拌合物的性质。

3. 判断标准

(1) 几何尺寸

1) 按下式计算各个断面的实测宽度 B_{1i} 与设计宽度 B_{0i} 之差。总宽度为路面各部分宽度之和。

$$\Delta B_i = B_{1i} - B_{0i} \tag{6-31}$$

式中：B_{1i}——各断面的实测宽度（m）；

B_{0i}——各断面的设计宽度（m）；

ΔB_i——各断面的实测宽度和设计宽度的差值（m）。

2) 按下式计算各个断面的实测高程 H_{1i} 与设计高程 H_{0i} 之差。

$$\Delta H_i = H_{1i} - H_{0i} \tag{6-32}$$

式中：H_{1i}——各个断面的纵断面实测高程（m）；

H_{0i}——各个断面的纵断面设计高程（m）；

ΔH_i——各个断面的纵断面实测高程和设计高程的差值（m）。

3) 各测定断面的路面横坡按下式计算，准确至一位小数。按下式计算实测横坡 i_{1i} 与设计横坡 i_{0i} 之差。

$$i_{1i} = \frac{d_{1i} - d_{2i}}{B_{1i}} \times 100 \tag{6-33}$$

$$\Delta i_i = i_{1i} - i_{0i} \tag{6-34}$$

式中：i_{1i}——各测定断面的横坡（%）；

d_{1i} 及 d_{2i}——各断面测点 d_1 及 d_2 处的高程读数（m）；

B_{1i}——各断面测点 d_1 与 d_2 之间的水平距离（m）；

i_{0i}——各断面的设计横坡（%）；

Δi_i——各测定断面的横坡和设计横坡的差值（%）。

(2) 厚度

按下式计算路面实测厚度 T_{1i} 与设计厚度 T_{0i} 之差。

$$\Delta T_i = T_{1i} - T_{0i} \tag{6-35}$$

式中：T_{1i}——路面的实测厚度（mm）；

T_{0i}——路面的设计厚度（mm）；

ΔT_i——路面实测厚度与设计厚度的差值（mm）。

(3) 压实度采用《公路工程质量检验评定标准》JTG E80/1—2004 进行判定。

沥青面层：当 $K \geqslant K_0$ 且全部测点大于等于规定值减 1 个百分点时，评定路段的压实度可得规定的满分；当 $K \geqslant K_0$ 时，对于测定值低于规定值减 1 个百分点的测点，按其占总检查点数的百分率计算扣分值。$K < K_0$ 时，评定路段的压实度为不合格，评为零分。

(4) 平整度采用《公路路基路面现场测试规程》JTG E60—2008 判定，以一个检测断面为基数，按规定计算评定路段内测定值的平均值、标准差、变异系数。从而确定测定断面合格或不合格。

(5) 承载能力

弯沉值采用《公路工程质量检验评定标准》JTG E80/1—2004 进行判断。

$$l_r = \bar{l} + Z_a S \tag{6-36}$$

式中：l_r——弯沉代表值（0.01mm）；

$\bar{l}$——实测弯沉的平均值（0.01mm）；

S——标准差；

Z_a——与要求保证率有关的系数（查规范）。

用两台弯沉仪同时进行左右轮弯沉值测定时，应接两个独立测点计，不能采用左右两点的平均值。

弯沉代表值大于设计要求的弯沉值时相应分项工程不合格。

（6）抗滑性能采用《公路路基路面现场测试规程》JTG E60－2008 判定，每一处均取 3 次路面构造深度的测定的平均值作为试验结果。当平均值小于 0.2mm 时，试验结果以小于 0.2mm 表示。

（7）沥青路面渗水采用《公路路基路面现场测试规程》JTG E60－2008 进行判断。

1）计算时以水面从 100mL 下降至 500mL 所需的时间为标准，若渗水时间过长，亦可采用 3min 通过的水量计算：

$$C_w = \frac{V_2 - V_1}{t_2 - t_1} \times 60 \tag{6-37}$$

式中：C_w——路面渗水系数（mL/min）；

V_2——第二次计时时的水量（mL），通常为 500mL；

V_1——第一次计时时的水量（mL），通常为 100mL；

t_2——第二次计时时间（s）；

t_1——第一次计时时间（s）。

2）报告列表逐点报告每个检测路段各个测点的渗水系数，及 5 个测点的平均值、标准差、变异系数。若路面不透水，则在报告中注明为 0。

（8）车辙

根据断面线按下图的方法画出横断面图及顶面基准线。通常为其中之一种形式。

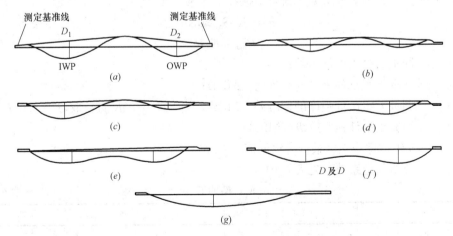

图 6-5　不同形状、不同程度的路面车辙示意图

注：IWP、OWP 表示内侧轮迹带及外侧轮迹带。

在图上确定车辙深度 D1 和 D2，读至 1mm。以其中最大值最为断面的最大车辙深度。求取各测定断面最大车辙深度的平均值作为该评定路段的平均车辙深度。

（9）混凝土路面强度采用《混凝土强度检验评定标准》GB/T 50107—2010 进行判断。

1）弯拉强度。

① 试件组数大于 10 组时，平均弯拉强度合格判断式为：

$$f_{cs} \geqslant f_r + K_\sigma$$

式中：f_{cs}——混凝土合格判定平均弯拉强度（MPa）；

f_r——设计弯拉强度标准值（MPa）；

K——合格判定系数（见表 6-9）；

σ——强度标准差。

合格判定系数 表 6-9

试件组数 n	11～14	15～19	≥20
合格判定系数 K	0.75	0.7	0.65

② 当试件组数为 11～19 组时，允许有一组最小弯拉强度小于 $0.85f_r$，但不得小于 $0.80f_r$。当试件组数大于 20 组时，不得小于 $0.75f_r$；高速公路和一级公路均不得小于 $0.85f_r$。

③ 试件组数等于或少于 10 组时，试件平均强度不得小于 $1.10f_r$，任一组强度均不得小于 $0.85f_r$。

④ 当标准小梁合格判定平均弯拉强度 f_{cs} 和最小弯拉强度 f_{min} 中有一个不符合上述要求时，应在不合格路段每公里每车道钻取 3 个以上 Φ150mm 的芯样，实测劈裂强度，通过各自工程的经验统计公式换算弯拉强度，其合格判定平均弯拉强度 f_{cs} 和最小值 f_{min} 必须合格，否则，应返工重铺。

⑤ 实测项目中，水泥混凝土弯拉强度评为不合格时相应分项工程评为不合格。

2）抗压强度。

① 试件≥10 组时，应以数理统计方法按下述条件评定：

$$R_n - K_1 S_n \geqslant 0.9R \tag{6-38}$$

$$R_{min} \geqslant K_2 R \tag{6-39}$$

式中：n——同批混凝土试件组数；

R_n——同批 n 组试件强度的平均值（MPa）；

S_n——同批 n 组试件强度的标准差（MPa），当 $S_n < 0.06R$ 时，取 $S_n = 0.06R$；

R——混凝土设计强度等级（MPa）；

R_{min}——n 组试件中强度最低一组的值（MPa）；

K_1、K_2——合格判定系数，见表 6-10。

K_1、K_2 的值 表 6-10

n	10～14	15～24	≥25
K_1	1.70	1.65	1.60
K_2	0.9	0.85	

② 试件＜10 组时，可用非统计方法按下述条件进行评定：

$$R_{\mathrm{n}} \geqslant 1.15R \qquad (6\text{-}40)$$

$$R_{\min} \geqslant 0.95R \qquad (6\text{-}41)$$

③ 实测项目中，水泥混凝土抗压强度评为不合格时，相应分项工程为不合格。

（10）混凝土拌合物稠度采用《普通混凝土拌合物性能试验方法标准》GB/T 50080—2002 进行判定。

1）当混凝土的一侧发生崩塌或一边剪切破坏，则应重新取样另测。如果第二次仍发生上述情况，则表示该混凝土和易性不好，应记录。

2）当混凝土拌合物的坍落度大于 220mm 时，用钢尺测量混凝土扩展后最终的最大直径和最小直径，在这两个直径之差小于 50mm 的条件下，用其算术平均值作为坍落扩展度值；否则，此次试验无效。

6.2　城市桥梁工程

6.2.1　地基、桩基等基础工程的试验内容、方法和判断标准

1. 试验内容

（1）单桩竖向抗压静载试验；

（2）复合地基载荷试验；

（3）单桩竖向抗拔静载试验；

（4）单桩水平静载试验；

（5）钻芯法；

（6）低应变法；

（7）高应变法；

（8）声波透射法。

2. 试验方法

（1）钻孔灌注桩、沉管灌注桩、夯扩桩、预制桩、人工挖孔桩的检测应执行以下规定：

1）为设计提供单桩竖向抗压承载力依据时，应采用竖向抗压静载荷试验的方法进行检测并宜加载至破坏。当单桩极限承载力大于 15000kN 时，对端承型桩或嵌岩桩，有条件时可采用深层平板静载荷试验（嵌岩桩可采用岩基静载荷试验）进行检测。

2）工程桩应进行单桩竖向抗压承载力验收检测。检测方法及每单位工程同一条件下的工程桩抽检数量应符合表 6-11 规定。

单桩竖向抗压承载力验收检测方法及数据表　　　　表 6-11

桩基类型	检测方法	抽检数量
甲级设计等级桩基，地质条件复杂、成桩质量可靠性低及采用新工艺新桩型的灌注桩基	应采用单桩竖向抗压静载荷试验方法	不应少于总桩数的 1% 且不应少于 3 根。总桩数少于 50 根时不应少于 2 根

桩基类型	检测方法	抽检数量
大直径人工开挖孔扩底桩及嵌岩桩	应采用单桩竖向抗压静载荷试验	不应少于3根。总桩数少于50根时不应少于2根
其他桩基	宜采用单桩竖向抗压静载荷试验方法	静载荷试验不应少于3根。总桩数少于50根时不应少于2根

3）同一场地多栋建筑物岩土工程情况相同，当桩型、桩径、桩长及施工工艺相同时，可由设计单位决定静载荷试验为设计提供承载力依据和承载力验收检测的数量。但每栋建筑物不应少于1根（高层建筑或检测中离散性较大时，宜适当增加检测数量），且每一施工单位所施工的桩的检测数量不应少于3根。

4）需对单桩竖向抗压承载力进行跟踪施工检测时，宜在取得试桩动载试验的条件下，采用高应变方法进行检测，对打入式预制桩可采用高应变法进行打桩监控。

5）对单桩竖向抗压承载力进行鉴定检测时，应优先采用静载荷试验方法。当桩已隐藏时，根据现场条件及设计要求，采用岩土工程补勘估算、坑探等方法进行综合检测评定。

6）不应采用低应变法检测单桩承载力。

7）工程桩应进行桩身完整性的验收检测。特级设计等级的桩基或地质条件复杂、成桩质量可靠性低的灌注桩，抽检数量不应少于总桩数的30%，且不应少于20根。其他建筑物的桩基，抽检数量不应少于总桩数的20%，且不应少于10根；对压入式预制桩及干成孔作业且终孔后经过核验的灌注桩，检测数量不应少于总桩数的10%，且不应少于10根。

8）采用低应变法进行桩身完整性检测时，每根柱下承台抽检的桩数不应少于1根，且单桩、二桩承台下的桩应全数检测。

9）对于直径大于800mm的特级设计等级的嵌岩桩、单桩极限承载力大于15000kN的桩或桩身强度控制设计的桩，除进行低应变法检测外，尚宜采用钻芯法或声波透射法检测桩身质量并综合判定其完整性。抽检数量不宜少于3根。

10）人工挖孔桩可采用低应变法或高应变法检测桩身完整性。特级设计等级的桩尚宜采用钻芯法或声波透射法进行检测比对，抽检数量不宜少于3根。

11）各种桩基当用高、低应变法检测桩身完整性时，如怀疑多个缺陷或判断有疑问时，宜采用钻芯法或声波透射法进一步验证。

（2）各种复合地基、天然地基、其他人工地基（压实填土地基、预压地基、强夯地基、注浆地基、换填垫层等）竖向抗压承载力及变形模量检测应遵守下列规定：

1）为设计提供天然地基（特级设计等级建筑物）、复合地基、其他人工地基的竖向抗压承载力及变形模量的依据时，应采用静载荷试验方法。每单位工程试验数量不应少于3点。

2）天然地基应进行验槽，必要时应进行验收检测，重要工程或沉降有严格要求的工程，应由设计单位确定持力层承载力及变形模量（或压缩模量）的验收检测方法（宜优先选用静载荷试验方法）。

3）复合地基应进行承载力的验收检测，应采用静载荷试验方法，检测数量每单位工程不应少于总桩数的 0.5%～1% 且不应少于 3 根，有单桩承载力检（试）验要求时，数量为总数的 0.5%～1%，且不应少于 3 根。对地质条件复杂的工程尚宜适当增加检测数量。

4）强夯、换填、预压、注浆及压实填土等人工地基应进行承载力及变形模量的验收检测。应采用静载荷试验方法，检测数量每单位工程不应少于 3 点。同时对处理面积 1000m² 以上工程每 100m² 至少应有 1 点，3000m² 以上工程每 300m² 至少应有一点。每一独立基础下宜有 1 点，基槽每 20 延长米宜有 1 点。当压板影响深度小于处理层深度时，尚应采用钻探取样、触探等原位测试方法进行检测。强夯置换墩承载力除采用单墩静载试验检测外，尚应采用动力触探等有效手段查明置换墩着底情况及承载力与密度随深度的变化，对饱和粉土和砂类土地基允许采用单墩复合地基载荷试验代替单墩载荷试验。

5）复合地基中的混凝土桩（CFG 桩等）、水泥土桩、石灰桩、砂石桩（渣土桩）应进行桩身质量或完整性的验收检测，检测方法及数量应符合表 6-12 规定。

复合地基桩身质量或完整性的验收检测方法及数量 表 6-12

序号	类型	检测方法	检测数量
1	混凝土桩(CPG 桩等)	应采用低应变法	不应少于总桩数的 10%，且不应少于 20 根
2	水泥土桩	宜采用单桩静载荷试验或连续钻芯法、坑探法	不应少于 3 根
3	石灰桩	应采用静力触探法	不应少于 10 根
4	砂石桩(渣土桩)	应采用动力触探法	不应少于 10 根

注：水泥土桩钻芯龄期不宜少于 28d，石灰桩静力触探龄期不宜少于 28d，砂石桩动力触探龄期不宜少于 15d。

6）压实填土地基、换填垫层等人工地基的施工检测宜分层采用核子密度仪法或环刀取样法，在取得相关资料的条件下也可采用轻便触探、静力触探、动力触探等方法对地基密实度进行检测。

7）强夯地基、注浆地基，预压地基的施工检测宜采用钻探取样、标贯，动力及触力触探等方法。

8）各种复合地基及其他人工地基的施工检测及验收检测尚应符合《建筑地基处理技术规范》JGJ 79—2012 及《建筑地基基础工程施工质量验收规范》GB 50202—2002 的有关规定。

9）采用静载荷试验检测复合地基、天然地基、人工地基竖向抗压承载力及变形模量时，应考虑压板宽度及其影响深度与实际地基工作状态的差异，并在检测报告中做出必要的说明。

（3）单桩竖向抗压静载试验

1）试验加载宜采用油压千斤顶。加载反力装置可根据现场条件选择锚桩横梁反力装置、压重平台反力装置、锚桩压重联合反力装置、地锚反力装置。荷载测量可用放置在千斤顶上的荷重传感器直接测定；或采用并联于千斤顶油路的压力表或压力传感器测定油压，根据千斤顶率定曲线换算荷载。

2）试验加卸载方式应符合下列规定：

① 加载应分级进行，采用逐级等量加载；分级荷载宜为最大加载量或预估极限承载力的 1/10，其中第一级可取分级荷载的 2 倍。

② 卸载应分级进行，每级卸载量取加载时分级荷载的 2 倍，逐级等量卸载。

③ 加、卸载时应使荷载传递均匀、连续、无冲击，每级荷载在维持过程中的变化幅度不得超过分级荷载的±10%。为设计提供依据的竖向抗压静载试验应采用慢速维持荷载法。

3）慢速维持荷载法试验步骤应符合下列规定：

① 每级荷载施加后按第 5min、15min、30min、45min、60min 测读桩顶沉降量，以后每隔 30min 测读一次。

② 试桩沉降相对稳定标准：每一小时内的桩顶沉降量不超过 0.1mm，并连续出现两次（从分级荷载施加后第 30min 开始，按 1.5h 连续三次每 30min 的沉降观测值计算）。

③ 当桩顶沉降速率达到相对稳定标准时，再施加下一级荷载。

④ 卸载时，每级荷载维持 1h，按第 15min、30min、60min 测读桩顶沉降量后，即可卸下一级荷载。卸载至零后，应测读桩顶残余沉降量，维持时间为 3h，测读时间为第 15min、第 30min，以后每隔 30min 测读一次。

（4）复合地基载荷试验

复合地基载荷试验要点如下：

1）采用分级对试点进行加载，分 8 级进行加载。

2）复合地基载荷试验用于测定承压板下应力主要影响范围内复合地基的承载力和变形参数。复合地基载荷试验应采用方形（矩形）或圆形的刚性承压板，其压板面积应按实际桩数所承担的处理面积确定，通常取一根桩或多根桩所承担的处理面积。承压板的中心位置应与一根桩或多根桩所承担的处理面积的中心位置（形心）保持一致，并与荷载作用点重合。当同一工程的面积置换率为多种时，对于重要工程，应分别对几种置换率取有代表性的位置进行检测，对于一般工程可选择面积置换率相对较低，作用荷载相对较大的位置进行测试。

3）承压板底面高程应与基础底面设计高程相同。试验标高处的试坑长度和宽度，应不小于载荷板相应尺寸的 3 倍。基准梁支点应设在试坑之外。载荷板底面下宜铺设中、粗砂或砂石，碎石垫层，垫层厚度取 50～150mm，桩身强度高时宜取大值。承压板安装前后都应保持试验土层的原状结构和天然湿度，应防止试验基坑开挖后受雨水浸泡或对压板下试验土层的扰动，必要时压板周围基土覆盖 30cm 的保护土层。

4）在正式加载前，单桩或多桩复合地基应进行预压，预压量不大于上覆土的自重。

加荷等级分 8～12 级，最大加载压力不应小于设计要求压力值的 2 倍。加荷方法应采用慢速维持荷载法，每级压力在其维持过程中应保持数值的稳定。

5）每加一级压力前后，应测读承压板沉降量一次，以后每半小时读记一次，直至本级沉降稳定。

6）稳定标准：当 1h 内的沉降量小于 0.1mm 时即可加下一级荷载。

7）当出现下列现象之一时，试验即可终止：

① 沉降急剧增大土被挤出或承压板周围的土明显地出现隆起；

② 沉降急骤增大，压力～沉降（$p\sim s$）曲线出现陡降段，或压板的累计沉降量已大于其宽度或直径的 6%，或不小于 100mm。

③ 当不出现极限荷载，而最大加载量已达到设计要求的 2 倍。

8）每级卸载量为加载量的两倍等量进行，每卸一级，间隔半小时读记回弹量，待卸完全部荷载后间隔 3h 读记总回弹量。

（5）单桩竖向抗拔静载试验

抗拔桩试验加载装置宜采用油压千斤顶。试验反力装置宜采用反力桩（或工程桩）提供支座反力，也可根据现场情况采用天然地基提供支座反力。单桩竖向抗拔静载试验宜采用慢速维持荷载法。需要时，也可采用多循环加、卸载方法。慢速维持荷载法的加卸载分级、试验方法及稳定标准应按上述单桩竖向抗压静载试验的加卸载方式和慢速维持荷载法执行，并仔细观察桩身混凝土开裂情况。

（6）单桩水平静载试验

1）水平推力加载装置宜采用油压千斤顶，加载能力不得小于最大试验荷载的 1.2 倍。水平推力的反力可由相邻桩提供；当专门设置反力结构时，其承载能力和刚度应大于试验桩的 1.2 倍。加载方法宜根据工程桩实际受力特性选用单向多循环加载法或上述规定的慢速维持荷载法，也可按设计要求采用其他加载方法。需要测量桩身应力或应变的试桩宜采用维持荷载法。

2）试验加卸载方式和水平位移测量应符合下列规定：

① 单向多循环加载法的分级荷载应小于预估水平极限承载力或最大试验荷载的 1/10。每级荷载施加后，恒载 4min 后可测读水平位移，然后卸载至零，停 2min 测读残余水平位移，至此完成一个加卸载循环。如此循环 5 次，完成一级荷载的位移观测。试验不得中间停顿；

② 慢速维持荷载法的加卸载分级、试验方法及稳定标准应按上述慢速维持荷载法规定执行。

（7）钻芯法

1）本方法适用于检测混凝土灌注桩的桩长、桩身混凝土强度、桩底沉渣厚度和桩身完整性，判定或鉴别桩端持力层岩土性状。钻取芯样宜采用液压操纵的钻机。

2）每根受检桩的钻芯孔数和钻孔位置宜符合下列规定：

① 桩径小于 1.2m 的桩钻 1 孔，桩径为 1.2~1.6m 的桩钻 2 孔，桩径大于 1.6m 的桩钻 3 孔；

② 当钻芯孔为一个时，宜在距桩中心 10~15cm 的位置开孔；当钻芯孔为两个或两个以上时，开孔位置宜在距桩中心 0.15~0.25D 内均匀对称布置；

③ 对桩端持力层的钻探，每根受检桩不应少于一孔，且钻探深度应满足设计要求；

④ 钻机设备安装必须周正、稳固、底座水平。钻机立轴中心、天轮中心（天车前沿切点）与孔口中心必须在同一铅垂线上。应确保钻机在钻芯过程中不发生倾斜、移位，钻芯孔垂直度偏差不大于 0.5%；

⑤ 当桩顶面与钻机底座的距离较大时，应安装孔口管，孔口管应垂直且牢固；

⑥ 钻进过程中，钻孔内循环水流不得中断，应根据回水含砂量及颜色调整钻进速度；提钻卸取芯样时，应拧卸钻头和扩孔器，严禁敲打卸芯；

⑦ 每回次进尺宜控制在 1.5m 内；钻至桩底时，宜采取适宜的钻芯方法和工艺钻取沉渣并测定沉渣厚度，并采用适宜的方法对桩端持力层岩土性状进行鉴别；

⑧ 钻取的芯样应由上而下按回次顺序放进芯样箱中，芯样侧面上应清晰标明回次数、块号、本回次总块数，并及时记录钻进情况和钻进异常情况，对芯样质量进行初步描述；

钻芯过程中，应对芯样混凝土，桩底沉渣以及桩端持力层详细编录；

⑨ 钻芯结束后，应对芯样和标有工程名称、桩号、钻芯孔号、芯样试件采取位置、桩长、孔深、检测单位名称的标示牌的全貌进行拍照；

⑩ 当单桩质量评价满足设计要求时，应采用 0.5～1.0MPa 压力，从钻芯孔孔底往上用水泥浆回灌封闭；否则应封存钻芯孔，留待处理。

3) 截取混凝土抗压芯样试件应符合下列规定：

① 当桩长为 10～30m 时，每孔截取 3 组芯样；当桩长小于 10m 时，可取 2 组，当桩长大于 30m 时，不少于 4 组；

② 上部芯样位置距桩顶设计标高不宜大于 1 倍桩径或 1m，下部芯样位置距桩底不宜大于 1 倍桩径或 1m，中间芯样宜等间距截取；

③ 缺陷位置能取样时，应截取一组芯样进行混凝土抗压试验；

④ 当同一基桩的钻芯孔数大于一个，其中一孔在某深度存在缺陷时，应在其他孔的该深度处截取芯样进行混凝土抗压试验；

⑤ 当桩端持力层为中，微风化岩层且岩芯可制作成试件时，应在接近桩底部位截取一组岩石芯样；遇分层岩性时宜在各层取样；

⑥ 每组芯样应制作三个芯样抗压试件。芯样试件应按规范要求进行加工和测量，芯样试件制作完毕可立即进行抗压强度试验。

(8) 低应变法

1) 本方法适用于检测混凝土桩的桩身完整性，判定桩身缺陷的程度及位置。受检桩混凝土强度至少达到设计强度的 70%，且不小于 15MPa；桩头的材质、强度、截面尺寸应与桩身基本等同；桩顶面应平整、密实，并与桩轴线基本垂直。

2) 测试参数设定应符合下列规定：

① 时域信号记录的时间段长度应在 $2L/c$ 时刻后延续不少于 5ms；幅频信号分析的频率范围上限不应小于 2000Hz；

② 设定桩长应为桩顶测点至桩底的施工桩长，设定桩身截面积应为施工截面积；

③ 桩身波速可根据本地区同类型桩的测试值初步设定；

④ 采样时间间隔或采样频率应根据桩长、桩身波速和频域分辨率合理选择；时域信号采样点数不宜少于 1024 点；

⑤ 传感器的设定值应按计量检定结果设定。

3) 测量传感器安装和激振操作应符合下列规定：

① 传感器安装应与桩顶面垂直；用耦合剂粘结时，应具有足够的粘结强度。

② 实心桩的激振点位置应选择在桩中心，测量传感器安装位置宜为距桩中心 2/3 半径处；空心桩的激振点与测量传感器安装位置宜在同一水平面上，且与桩中心连线形成的夹角宜为 90°，激振点和测量传感器安装位置宜为桩壁厚的 1/2 处；

③ 激振点与测量传感器安装位置应避开钢筋笼的主筋影响；

④ 激振方向应沿桩轴线方向；

⑤ 瞬态激振应通过现场敲击试验，选择合适重量的激振力锤和锤垫，宜用宽脉冲获取桩底或桩身下部缺陷反射信号，宜用窄脉冲获取桩身上部缺陷反射信号；

⑥ 稳态激振应在每一个设定频率下获得稳定响应信号，并应根据桩径、桩长及桩周

土约束情况调整激振力大小。

4）信号采集和筛选应符合下列规定：

① 根据桩径大小，桩心对称布置 2～4 个检测点；每个检测点记录的有效信号数不宜少于 3 个；

② 检查判断实测信号是否反映桩身完整性特征；

③ 不同检测点及多次实测时域信号一致性较差，应分析原因，增加检测点数量；

④ 信号不应失真和产生零漂，信号幅值不应超过测量系统的量程。

（9）高应变法

1）本方法适用于检测基桩的竖向抗压承载力和桩身完整性；监测预制桩打入时的桩身应力和锤击能量传递比，为沉桩工艺参数及桩长选择提供依据。

2）检测前的准备工作应符合下列规定：

① 预制桩承载力的时间效应应通过复打确定；

② 桩顶面应平整，桩顶高度应满足锤击装置的要求，桩锤重心应与桩顶对中，锤击装置架立应垂直；

③ 对不能承受锤击的桩头应加固处理；

④ 按规范要求安装传感器；

⑤ 桩头顶部应设置桩垫，桩垫可采用 10～30mm 厚的木板或胶合板等材料。

3）参数设定和计算应符合下列规定：

① 采样时间间隔宜为 50～200μs，信号采样点数不宜少于 1024 点；

② 传感器的设定值应按计量检定结果设定；

③ 自由落锤安装加速度传感器测力时，力的设定值由加速度传感器设定值与重锤质量的乘积确定；

④ 测点处的桩截面尺寸应按实际测量确定，波速、质量密度和弹性模量应按实际情况设定；

⑤ 测点以下桩长和截面积可采用设计文件或施工记录提供的数据作为设定值；

⑥ 桩身材料质量密度应按规范取值；

⑦ 桩身波速可结合当地经验或按同场地同类型已检桩的平均波速初步设定，现场检测完成后，桩身波速可根据下行波波形起升沿的起点到上行波下降沿的起点之间的时差与已知桩长值确定；桩底反射信号不明显时，可根据桩长、混凝土波速的合理取值范围以及邻近桩的桩身波速值综合确定。

4）现场检测应符合下列要求：

① 交流供电的测试系统应良好接地；检测时测试系统应处于正常状态；

② 采用自由落锤为锤击设备时，应重锤低击，最大锤击落距不宜大于 2.5m；

③ 试验目的为确定预制桩打桩过程中的桩身应力、沉桩设备匹配能力和选择桩长时，应按《建筑基桩检测技术规范》JGJ 106—2014 相关要求执行；

④ 检测时应及时检查采集数据的质量；每根受检桩记录的有效锤击信号应根据桩顶最大动位移、贯入度以及桩身最大拉、压应力和缺陷程度及其发展情况综合确定；

⑤ 发现测试波形紊乱，应分析原因；桩身有明显缺陷或缺陷程度加剧，应停止检测；

⑥ 承载力检测时宜实测桩的贯入度，单击贯入度宜在 2～6mm 之间。

（10）声波透射法

1）本方法适用于已预埋声测管的混凝土灌注桩桩身完整性检测，判定桩身缺陷的程度并确定其位置。

2）现场检测前准备工作应符合下列规定：

① 采用标定法确定仪器系统延迟时间；

② 计算声测管及耦合水层声时修正值；

③ 在桩顶测量相应声测管外壁间净距离；

④ 将各声测管内注满清水，检查声测管畅通情况；换能器应能在全程范围内升降顺畅。

3）现场检测步骤应符合下列规定：

① 将发射与接收声波换能器通过深度标志分别置于两根声测管中的测点处；

② 发射与接收声波换能器应以相同标高或保持固定高差同步升降，测点间距不宜大于 250mm；

③ 实时显示和记录接收信号的时程曲线，读取声时、首波峰值和周期值，宜同时显示频谱曲线及主频值；

④ 将多根声测管以两根为一个检测剖面进行全组合，分别对所有检测剖面完成检测；

⑤ 在桩身质量可疑的测点周围，应采用加密测点，或采用斜测、扇形扫测进行复测，进一步确定桩身缺陷的位置和范围；

⑥ 在同一根桩的各检测剖面的检测过程中，声波发射电压和仪器设置参数应保持不变。

3. 判断标准

（1）桩基承载力采用《建筑基桩检测技术规范》JGJ 106—2014 进行判定。

（2）桩基完整性采用《建筑基桩检测技术规范》JGJ 106—2014 进行判定。

6.2.2 桥梁主体结构工程的试验内容、方法与判断标准

1. 现场荷载试验

（1）现场荷载试验的任务是检验结构的静力和动力性能及其工作质量，并给以评价。

（2）荷载试验的类型：

1）按工程检验性质分为

① 验收荷载试验，检验结构承载能力是否符合设计要求，以确定能否交付正常使用。一般为基本荷载试验。

② 鉴定荷载试验，确定结构容许承载能力的界限。

2）按试验荷载的性质分为

① 静力荷载试验，根据工程检验的要求，确定最大试验荷载量。

② 动力荷载试验，测定结构的动力特性。

3）按最大试验荷载量分为

① 基本荷载试验，最大试验荷载为设计标准规定的荷载，包括标准规定的动力系数与荷载增大系数的因素。

② 重荷载试验，最大试验荷载大于基本荷载。

③ 轻荷载试验，最大试验荷载小于基本荷载，但为了充分反映结构的整体工作和减

小量测的误差，要求试验荷载不小于基本荷载的 0.5 倍。

（3）实行荷载试验的对象

1）新建的大跨径混凝土桥梁，一般均须进行验收荷载试验。对于独特设计比如采用新材料、新工艺或新结构的新建桥梁，必须实行验收荷载试验。

2）改建的、加固的或修复的桥梁，为检验工程效果，可根据结构验算荷载和使用要求，实行验收的或鉴定的荷载试验。

3）缺乏设计与施工技术资料的旧桥或难于采用计算方法评定其能否承受预定的增大荷载的旧桥，为判断它们的容许承载能力，实行鉴定荷载试验。

4）对设计或施工质量有疑问的桥梁和遭受某种程度损坏的桥梁，为选定适当的工程措施而实施鉴定荷载试验。试验荷载的数量按降低后的承载能力计算值确定。

5）验证结构设计理论的实验性桥梁，为了测定结构的影响线或影响面、刚度和动力特力特性等，可实行轻荷载试验。

6）对于一般的大跨径混凝土桥梁，采用普通的竖向活荷载进行动力试验，检查其动力特性，作为静力荷载试验的补充。对于设计中动力问题突出的特大跨径桥梁，例如地震区、沿海飓风区、考虑流冰或船舶撞击的桥梁，需要实行专门的动力试验。

（4）试验桥梁的混凝土龄期

要求在结构的主要承重构件的混凝土龄期达到设计强度后进行。

（5）加载试验前的准备工作

1）结构物的详细调查

① 查明结构物的实际技术状况，包括结构的总体尺寸、杆件截面尺寸、各部分的高程、行车道路面的平整度、墩台顶面标高和平面位置、支座位置、材料的实际物理力学性能等。

② 查明上下部结构物的裂缝、缺陷、损坏和钢筋锈蚀状况，并在试验过程中随时注意观察其变化。检查支座有无锈蚀和损害状况。

③ 在加载试验过程中和试验结束后，也要对受加载影响较大的部位进行详细的检查。

2）桥址情况调查，包括桥上和两端线路技术状况、线路容许车速、桥下净空、水深和通航情况、线路交通量、桥址供电情况等，据以选择合适的加载方式、测量手段和安全措施。

3）加载装置的准备，试验荷重的分级称重和加载位置的放样等。

4）测量系统的准备，标定传感器、搭设辅助脚手架、安置仪表和进行测点编号等。

5）现场布置与组织，观测设施、安全措施、电源、封闭交通时间和试验人员的分工等。

6）检查后的计算和分析

如果经检查发现结构的尺寸超过规定的误差或材料质量没有达到设计要求，须按照结构的实际状况重新进行静力或动力分析。计算在试验荷载作用下检测部位的变位和应力或应变数值。

（6）量测要求

在现场荷载试验的短时间里，也必须注意日照和昼夜温度变化对结构物及量测数据的影响。根据不同的量测方法和条件，建议采用以下措施以减小温度的影响。

1）选择昼夜温差小的季节，并安排在阴天或夜间，深夜至黎明前近乎恒温的条件下进行试验。

2）选择气象条件较稳定的日期进行试验。这要求事先从当地气象站取得可靠的天气预报资料，并在加载试验前，即在无荷载作用下至少记录24h的气温变化，并采用与试验程序相同的间隔时间对所有测点进行读数，以此修正加载试验时各测点的量测数据。

3）在试验过程中可采用连续观测读数、分段计算每个荷载阶段读数增量的方法假设加载短时间内结构温度场近乎不变。此法也适用于持续时间较长的施工观测。

4）布置适量的温度测点，如热敏电阻或热电偶等，在每次观测其他测点的同时，量测结构温度场的变化，通过结构温度位移和温度应力场的计算，把量测数据中的温度影响成分分离出来。

5）埋设与测点相同的、以传感器制备的无应力试件。在加载试验中每次观测应力测点的同时。观测无应力计的变化，以此修正其他量测数据。此法只能补偿结构均匀温度变化和均匀收缩的影响。

6）量测仪器的精度，静态测定时应选用不大于预计量测值的5％。动态测定时应选用不大于预计量测最大值的10％。

7）测量的基准点，如仪表架、水准观测站及标尺等，必须牢固可靠连同量测仪器均应予以防护，避免日照、风雨、振动和周围其他干扰。

2. 静力荷载试验

（1）静力试验荷载的效率最大试验荷载量按第2条确定。

静力试验荷载效率表示为：
$$\eta = \frac{S_{\text{stat}}}{S \cdot \delta} \tag{6-42}$$

鉴于活载内力（或变形）在总内力（或变形）中的比值大跨径混凝土桥比中小跨径混凝土桥小，为达到测试精度，其 η 值的下限宜高于中小跨径。

基本荷载试验：$1.0 \geqslant \eta > 0.8$

重荷载试验：$\eta > 1.0$（只在特殊情况下进行重荷载试验，其上限值根据检验要求确定）

轻荷载试验：$0.8 \geqslant \eta > 0.5$

式中：

S_{stat}——试验荷载作用下，检测部位变位或力的计算值；

S——设计标准活荷载作用下，检测部位变位或力的计算值（不计动力系数）；

δ——设计取用的动力系数。

（2）静力荷载试验的加载设备

1）静力试验荷载可由一系列正常行驶的车辆荷载组成。当试验所用的车辆规格不符合设计标准车辆荷载图式时，可根据桥梁设计控制截面的内力影响线换算为等代的试验车辆荷载，包括动力系数和人群荷载的影响。

2）静力试验荷载也可用放置重物、水箱和施工机械等加载装置替代车辆荷载但应严格避免加载系统参与结构作用。

3）测定结构影响线和影响面时，可采用移动方便的轻型集中荷载设备，如果桥下具备设置平衡重或锚杆的条件，可用液压千斤顶加载。

（3）静力试验荷载的布置

按结构计算或检测的控制截面的最不利工作条件布置荷载，使控制截面达到最大试验效率。

（4）静力荷载的分级

为了获得结构试验荷载与变位关系的连续曲线和防止结构意外损坏试验荷载至少分为4级，逐级施加直到最大值。

基本荷载等于或接近设计荷载，一般分为4级。超过基本荷载部分其每级加载量比基本荷载的每级加载量减小一半。

每次卸载量可为加载量的二倍或全部荷载一次卸完。采用车辆荷载试验时，试验荷载可分为空车、计算初裂荷载的0.9倍、设计车辆静载和设计车辆静载乘以动力系数。

（5）静力试验的加载方式

根据加载设备条件，可采用下列两种方式：

1）单次逐级递加到最大荷载，然后逐级递卸到零级荷载。此种方法适合于加载装置不便移动，需要用辅助加载设备在原位加载的场合。当然车辆荷载也可用此法。

2）每次加载后均卸载到零级荷载，且每次加载量逐级增加，直到最大荷载，即为逐级递增的循环加载方法。此法宜用于车辆荷载，但要求每次加载时，荷载必须准确就位，卸载时车辆退出结构试验影响区，车速不大于5km/h。

（6）静力荷载的持续时间

每次加载或卸载的持续时间取决于结构变位达到稳定标准时所需要的时间。要求在前一荷载阶段内结构变位相对稳定后才能进入下一个荷载阶段。

同一级荷载内，结构在最后5min内的变位增量小于前一个5min内变位增量的15%或小于所用量测仪器的最小分辨值，则认为结构变位达到相对稳定。

（7）静力试验的读数

全部测点在加载开始前均进行零级荷载的读数。以后每次加载或卸载后立即读数一次并在结构变位稳定后，进入下一级荷载前再读数一次。只有结构变位最大的测点，需每隔5min读数一次，以观测结构变位是否达到稳定。

（8）静力试验的终止条件

结构控制截面的变位、应力（或应变）和裂缝的扩展，如果在未加到预计的最大试验荷载前提前达到或超过设计标准的容许值，应立即停止继续加载。

（9）静力试验的观测内容

1）结构的最大挠度和扭转变位（包括上、下游两侧挠度差及水平位移）；

2）结构控制截面最大应力（或应变），包括混凝土表面和最外缘主筋的应力；

3）活动支座和结构联结部分的变位；

4）受试验荷载影响的所有支点的沉降、墩台的位移与转角；

5）桁架结构支点附近杆件及其他细长受压杆件的稳定性；

6）裂缝的出现和扩展，包括初始裂缝的出现，裂缝的宽度、长度、间距、位置、方向和性状，以及卸载后的闭合状况。

（10）静力试验的资料整理

1）根据量测数据，计算各测点的弹性变形值（S_e）、残余变形值（S_p）和总的变形值

（S_{tot}）。计算中必须扣除由于墩台支点变位和温度变化引起的数值。

得到
$$S_{tot}=S_e+S_p \tag{6-43}$$

2）各测点的变位（或应变）与荷载的关系曲线。

3）各级荷载下裂缝的扩展与分布图。

4）各荷载阶段弹性变位（或应变）曲线。

5）各荷载阶段构件截面弹性应力（或应变）图。

6）检测截面的变位（或应变）随荷载位置变化的影响线或影响面。

以上1、2、3项资料是评定桥梁结构承载能力的基本资料，其余是验证结构真实工作性能的补充试验资料。

（11）静力试验结果的评定标准

1）评定试验结果所采用的计算理论值，系按试验前查明结构实际尺寸、材料性能和静力条件等计算的理论值。

2）量测结构试验效率最大部位的结果满足余下全部条件，可认为桥梁是满意的。

① 量测的弹性变形或力值（S_e）与试验荷载作用下和理论计算值（S_{stat}）的比值

$$\beta<\frac{S_e}{S_{stat}}\leqslant\alpha \tag{6-44}$$

式中 α、β 值可参考表6-13所列值：

α_1、α、β 值表　　　　　　　　　　　　　表 6-13

称重结构	β	α					α
		$\eta\leqslant1.0$	$\eta=1.1$	$\eta=1.2$	$\eta=1.3$	$\eta\geqslant1.4$	
预应力混凝土与组合结构	0.7	1.05	1.07	1.10	1.12	1.15	0.20
钢筋混凝土与污工结构	0.6	1.10	1.12	1.15	1.17	1.20	0.25

注：表6-13中 η 为中间数值时，α 值可直线内插。

当 $S_e/S_{stat}<\beta$ 时，需要查明结构弹性工作效率偏低的原因，重新检查结构的尺寸、材料性能、静力计算图式、试验荷载效率、荷载称重和量测仪器的正常工作等，排除原因后再试验一次，以保证试验结果的可靠性。

② 量测的残余变形值 S_p 与量测的总变形值（S_{tot}）的比值

第一次试验要求：

$$\frac{S_p'}{S_{tot}'}\leqslant\alpha_1 \tag{6-45}$$

上式及下列各式中的 α_1 值可参考上表所列值。

若试验结果不满足，且为

$$\alpha_1<\frac{S_p'}{S_{tot}'}\leqslant\alpha_1 \tag{6-46}$$

则需要进行第二次重复试验。

第二次试验要求：

$$\frac{S_p''}{S_{tot}''}\leqslant0.5\alpha_1 \tag{6-47}$$

若试验结果仍不满足，即 $\frac{S_p''}{S_{tot}''}>0.5\alpha_1$，则需要进行第三次重复试验。

第三次试验要求：

$$\frac{S_p'''}{S_{tot}'''} \leqslant \alpha_1/6 \tag{6-48}$$

如果第三次试验结果满足上述要求，为了最后确定结构的可靠性，还必须进行动力荷载试验。

如果试验中采用逐级递增的循环加载方式，上表所列 α_1 值应乘以 1.33 倍。

③ 裂缝是评定混凝土结构承载能力及其耐久性的主要标志之一，主要评定受力裂缝的出现和扩展的状态。

试验荷载作用下裂缝宽度不应超过设计标准的许可值，并且卸载后应闭合到小于容许值的 1/3。原有的其他裂缝（施工的、收缩的和温度裂缝），受载后也不应超过标准容许宽度。结构出现第一条裂缝的试验荷载值应大于理论计算初裂荷载的 90%。

④ 量测结构的最大变形或力的总值 S_{tot} 不应超过设计标准的容许值。

⑤ 静力荷载试验结果不满足上述任何一项条件，则认为桥梁结构不符合要求。必须查明原因，并采取适当的措施，如降低通行载重量或进行必要的加固等，必要时规定进行定期检验和长期观测。

3. 动力荷载试验

（1）动力荷载试验的目的

动力荷载试验的目的在于研究公路桥梁结构的动力性能，该性能是判断桥梁营运状况和承载能力的重要指标之一。比如，动力系数是确定车轴荷载对桥梁动力作用的重要技术参数，直接影响到桥梁设计安全与经济性能。桥梁过大的振动或从心理学来说人们很敏感的振动，可引起乘客和行人的不舒适。桥梁自振频率处于某些范围时，可由外荷载（包括行驶车辆、行人、地震、风载、海浪冲击等）引起共振的危险。

（2）动力试验的项目

1）测定桥梁结构在动力荷载作用下的受迫振动特性，如动力系数、频率、振幅、加速度和振型等。

2）测定桥梁结构的自振特性，如结构的自振频率和阻尼特性等。应在结构相互连结的各部位布置测点，例如悬臂梁与挂梁、上部结构与下部结构、行车道梁与塔索等的相互连接处。

3）测定动荷载本身的动力特征，如动力荷载（包括车辆制动力、振动力、起振机出力、释放或撞击力等）的大小、频率及作用规律。动力荷载大小可通过安装在动力荷载设备底架联结部分的荷重传感器直接量测记录，或以测定荷载运行的加速度或减速度与质量的乘积来确定。

4）疲劳性能试验，一般只在实验室对桥梁构件进行疲劳试验。在现场只对准备拆除的桥梁进行疲劳试验，但可对现有桥梁进行营运车辆荷载作用下的疲劳性能进行长期观测。

（3）动力试验荷载的分类

1）检验桥梁受迫振动特性的试验荷载

① 通常采用接近运营条件的汽车，列车或单辆重车以不同车速通过桥梁，要求每次试验时车辆在桥上的行驶速度保持不变，或在桥梁动力效应最大的检测位置进行刹车，或

起动试验；

② 进行特殊科学实验项目的桥梁进行模拟船舶撞击桥墩、汽车撞击防护构造和弹药爆炸等冲击荷载试验；

③ 桥梁在风力、流冰撞击和地震力等动力荷载作用下的动力性能试验，只宜在专门的长期观测中实现。

2）测定桥梁自振特性的激振荷载

① 在预定急振位置，汽车后轮越过一根高5～10cm的有坡面的横木，车轮落下后立即停车；

② 车辆通过桥梁后的余振；

③ 撞击或冲击荷载，如落锤、火箭发射器等；

④ 突然卸载，如释放；

⑤ 运转频率可调节的起振机，可测定不同振型的频率；

⑥ 对于频率低、柔性大的桥梁可用有节奏行进的人群作为荷载。

（4）动力试验荷载的布置

1）检验桥梁动力系数的试验，汽车荷载按结构计算横向最不利条件运行，其他模拟动力荷载按研究课题的要求布置；

2）测定桥梁自振特性的激振荷载，通常布置在结构变位最敏感的部位，即集中荷载作用下结构变位最大的位置。

（5）动力试验记录的资料

1）记录桥梁垂直向、水平和扭转振动位移、应力或应变速度和加速度的时程波形曲线；

2）每次试验记录的波形曲线必须同时记录对应的动力试验荷载参数、重量、速度、加速度或减速度、振动频率等，车辆进桥和出桥的标记，记录仪器的参数，记录带的速度、时标、衰减比例尺、仪器率定系数、零振幅基线等。

（6）动力试验资料的整理

桥梁受迫振动特性的资料，包括

1）动力试验荷载效率

$$\eta_{dyn} = \frac{S_{dyn}}{S}$$ （6-49）

式中：S_{dyn}——动力试验荷载（按静力重量考虑）作用下检测部位的变形或力的计算数值；

S——意义同3.8条。

2）动力系数

$$\delta_{max} = \frac{S_{max}}{S_{mean}}$$ （6-50）

式中：S_{max}——动力荷载引起检测部位的实测最大动力变形或力值（即最大波峰值）；

S_{mean}——静力荷载引起同一检测部位的实测最大静力变形或力值

$$S_{mean} = \frac{1}{2}(S_{max} + S_{min});$$ （6-51）

式中：S_{min}——与S_{max}相应的最小值，即同一周期的波谷值。

3）结构受迫振动频率、振幅与加速度。加速度可用仪器直接测出，也可按下式求得

$$a = 4\pi^2 f^2 A \qquad (6\text{-}52)$$

式中：f——受迫振动频率（次/s）；

    A——振幅（cm）。

4）振型

可将结构分成若干段，在各分界点安防测振仪器，在同一瞬间求出各测点的振幅和相位差，即可绘出振型。

5）动力系数与车速的关系曲线。

6）动力系数与受迫振动频率的关系曲线。

7）车速与受迫振动频率的关系曲线。

8）卸载后（车辆出桥后）的结构自振频率。

（7）动力试验结果的评定与分析

1）车辆荷载作用下测定结构的动力系数应满足下列关系式：

$$(\delta_{max} - 1)\, \eta_{dyn} \leqslant \delta - 1 \qquad (6\text{-}53)$$

式中：δ_{max}——动力系数；

    η_{dyn}——动力试验荷载效率；

    δ——设计取用的动力系数。

根据动力系数与车速的关系曲线，确定动力系数达到最大值的临界车速。

实际测定中，单车试验的动力系数比汽车列车试验的动力系数大，且单车的荷载效率低，因而量测的误差也大。因此应采用与设计荷载相当的试验荷载所引起的动力系数，作为与理论动力系数比较的数据。

2）结构控制截面实测最大动应力和动挠度应小于有关标准的容许值。

3）结构的最低自振频率应大于有关标准的限值。结构的最大振幅应小于有关标准的限值。

4）评定桥梁受迫振动特性还必须掌握试验荷载本身的振动特性和桥面行车条件，伸缩缝和路面局部不平整等的影响。

5）根据结构振动图形，可分析出结构的冲击现象，共振现象和有无缺陷。

6）桥梁本身的动力特性的全面资料可作为评定结构物抗风力和抗地震力性能的计算参数。复杂结构的桥梁动力性能。还需要借助于模型的动力试验或风洞试验进行研究。

7）定期检验的桥梁，通过前后两次动力试验结果的比较，可检查结构工作的缺陷。如果结构的刚度降低，单位荷载的振幅增大及频率显著减小，应查明结构可能产生的损坏。

8）如果结构动力试验结果不满足上述第1项条件，应分析动力系数与车速关系和车速与受迫振动频率的关系，采取适当的措施，如限制车速和改进结构的动力性能等。

4. 同条件试块强度试验

（1）混凝土的取样

1）混凝土的取样，应根据采用的混凝土强度检验评定方法要求，制定取样计划。

2）混凝土强度试样应在混凝土的浇筑地点随机取样；预拌混凝土的出厂检验应在搅拌地点取样，交货检验应在交货地点取样。

3）试件的取样频率和数量应符合下列规定：

① 每100盘，但不超过100m³的同配合比的混凝土，取样次数不应少于一次；

② 每一工作班拌制的同配合比的混凝土不足100盘和100m³的同配合比的混凝土，取

样次数不应少于一次；

③ 当一次连续浇筑超过 1000m³ 时，同一配合比的混凝土每 200m³ 取样不应少于一次；

④ 每一楼层、同一配合比的混凝土，取样不应少于一次；

⑤ 每次取样应至少留置一组标准养护试件。

（2）混凝土试件的制作与养护

1）每组三个试件应由同一盘或同一车的混凝土中取样制作。

2）检验评定混凝土强度用的混凝土试件，其标准成型方法、标准养护条件及强度试验方法均应符合现行国家标准的规定。

3）采用蒸汽养护的构件，其试件应先随构件同条件养护，然后应置入标养室继续养护，两段养护时间的总和等于设计规定龄期。

（3）混凝土试件的试验

1）混凝土试件的立方体抗压强度试验应根据现行国家标准《普通混凝土力学性能试验方法标准》GB/T 50081 执行。其强度代表值的确定，应符合下列规定：

① 取三个试件强度的算术平均值作为每组试件的强度代表值；

② 当一组试件中强度的最大值或最小值与中间值之差超过中间值的 15％时，取中间值作为该组试件的强度代表值；

③ 当一组试件中强度的最大值和最小值与中间值之差均超过中间值的 15％时，该组试件的强度不应作为评定的依据。

2）当采用非标准尺寸试件时，应将其抗压强度折算为标准尺寸试件抗压强度。折算系数按下列规定采用：

① 当混凝土强度等级＜C60 时

对边长为 100mm 的立方体试件取 0.95，对边长为 200mm 的立方体试件取 1.05。

② 当混凝土强度等级≥C60 时

宜采用标准尺寸试件；使用非标准尺寸试件时，尺寸换算系数应由试验确定，其试件数量不应少于 30 个对组。

3）每批混凝土试样应制作的试件总组数，除规定的混凝土强度评定所必需的组数外，还应为检验结构或构件施工阶段混凝土强度留置必需的试件。

4）混凝土强度按统计方法和非统计方法进行检验评定。

5. 混凝土强度回弹法

（1）检测技术

1）一般规定

结构或构件混凝土强度检测宜具有下列资料：

① 工程名称及设计、施工、监理（或监督）和建设单位名称；

② 结构或构件名称、外形尺寸、数量及混凝土强度等级；

③ 水泥品种、强度等级、安定性、厂名、砂、石种类、粒径、外加剂或掺合料、品种、掺量、混凝土配合比等；

④ 施工时材料计量情况，模板、浇筑、养护情况及成型日期等；

⑤ 必要的设计图纸和施工记录；

⑥ 检测原因。

2）结构或构件混凝土强度检测可采用下列两种方式其适用范围及结构或构件、数量应符合下列规定：

① 单个检测：适用于单个结构或构件的检测；

② 批量检测：适用于在相同的生产工艺条件下，混凝土强度等级相同，原材料配合比成型工艺，养护条件基本一致且龄期相近的同类结构或构件，按批进行检测的构件抽检数量不得少于同批构件总数的 30％且构件数量不得少于 10 件抽检构件时，应随机抽取并使所选构件具有代表性。

3）每一结构或构件的测区应符合下列规定：

① 每一结构或构件测区数不应少于 10 个，对某一方向尺寸小于 4.5m 且另一方向尺寸小于 0.3m 的构件，其测区数量可适当减少但不应少于 5 个；

② 相邻两测区的间距应控制在 2m 以内测区离构件端部或施工缝边缘的距离，不宜大于 0.5m 且不宜小于 0.2m；

③ 测区应选在使回弹仪处于水平方向，检测混凝土浇筑侧面当不能满足这一要求时，可使回弹仪处于非水平方向检测混凝土浇筑侧面、面或底面；

④ 测区宜选在构件的两个对称可测面上，也可选在一个可测面上且应均匀分布在构件的重要部位及薄弱部位必须布置测区，并应避开预埋件；

⑤ 测区的面积不宜大于 $0.04m^2$；

⑥ 检测面应为混凝土表面，应清洁、平整，不应有疏松层、浮浆、油垢涂层以及蜂窝、麻面，必要时可用砂轮清除疏松层和杂物，且不应有残留的粉末或碎屑；

⑦ 对弹击时产生颤动的薄壁小型构件应进行固定；

4）构件的测区应标有清晰的编号必要时应在记录纸上描述测区布置示意图和外观质量情况；

5）条件与测强曲线的适用条件有较大差异时可采用同条件试件或钻取混凝土芯样进行修正试件或钻取芯样数量不应少于 6 个，取芯样时每个部位应钻取一个芯样，计算时，混凝土强度换算值应乘以修正系数。

修正系数应按下列公式计算：

$$\eta = \frac{1}{n} \sum_{i=1}^{n} f_{cu,i} / f_{cu,i}^c \ \text{或} \ \eta = \frac{1}{n} \sum_{i=1}^{n} f_{cor,i} / f_{cu,i}^c \tag{6-54}$$

式中：η——修正系数，精确到 0.01；

$f_{cu,i}$——第 i 个混凝土立方体试件（边长为 150mm）的抗压强度值，精确到 0.1MPa；

$f_{cor,i}$——第 i 个混凝土芯样试件的抗压强度值，精确到 0.1MPa；

$f_{cu,i}^c$——对应于第 i 个试件或芯样部位回弹值和碳化深度值的混凝土强度换算值；

n——试件数。

6）送混凝土制作的结构或构件的混凝土强度的检测应符合下列规定：

当碳化深度值不大于 2.0mm 和大于 2.0mm 时，每一测区混凝土强度换算值不一致，应按规定进行检测。

（2）回弹值测量

1）检测时，回弹仪的轴线应始终垂直于结构或构件的混凝土检测面，缓慢施压，准确读数，快速复位；

2）测点宜在测区范围内均匀分布，相邻两测点的净距不宜小于 20mm 测点距，外露钢筋预埋件的距离不宜小于 30mm，测点不应在气孔或外露石子上，同一测点只应弹击一次，每一测区应记取 16 个回弹值，每一测点的回弹值读数估读至 1。

（3）碳化深度值测量

1）回弹值测量完毕后，应在有代表性的位置上测量碳化深度值测点表不应少于构件测区数的 30%，取其平均值为该构件每测区的碳化深度值，当碳化深度值极差大于 2.0mm 时，应在每一测区测量碳化深度值；

2）碳化深度值测量可采用适当的工具在测区表面形成直径约 15mm 的孔洞，其深度应大于混凝土的碳化深度，孔洞中的粉末和碎屑应除净，并不得用水擦洗，同时应采用浓度为 1% 的酚酞酒精溶液滴在孔洞内壁的边缘处，当已碳化与未碳化界线清楚时再用深度测量工具测量已碳化与未碳化混凝土交界面到混凝土表面的垂直距离，测量不应少于 3 次，取其平均值，每次读数精确至 0.5mm。

（4）回弹值计算

1）计算测区平均回弹值，应从该测区的 16 个回弹值中剔除 3 个最大值和 3 个最小值，余下的 10 个回弹值应按下式计算：

$$R_m = \frac{\sum\limits_{i=1}^{10} R_i}{10} \tag{6-55}$$

式中：R_m——测区平均回弹值，精确值 0.1；

R_i——第 i 个测点的回弹值。

2）非水平方向检测混凝土浇筑侧面时，应按下式修正：

$$R_m = R_{ma} + R_{aa} \tag{6-56}$$

式中：R_{ma}——非水平状态检测时测区的平均回弹值，精确至 0.1；

R_{aa}——非水平状态检测时回弹值修正值。

3）水平方向检测混凝土浇筑顶面或底面时，应按下式修正

$$R_m = R_m^t + R_a^t \tag{6-57}$$

$$R_m = R_m^b + R_a^b \tag{6-58}$$

式中：R_m^t、R_m^b——水平方向检测混凝土浇筑表面、底面时，测区的平均回弹值，精确至 0.1；

R_a^b、R_a^t——混凝土浇筑表面、底面回弹值的修正值。

4）当检测回弹仪为非水平方向且测试面为非混凝土的浇筑侧面时，应按相关要求对回弹值进行角度修正，再按规范要求对修正后的值进行浇筑面修正。

6.3　城市管道工程的试验内容、方法和判断标准

6.3.1　试验内容

1. 管道原材料检（试）验；

2. 水压试验、严密性试验

3. 管道 CCTV 内窥检测

4. 供热管网试验

5. 燃气管道试验

6. 回填压实度试验

6.3.2　试验方法

1. 热塑性塑料管材拉伸性能试验

（1）试验原理

沿热塑性塑料管材的纵向裁切或机械加工制取规定形状和尺寸的试样。通过拉力试验机在规定的条件下测得管材的拉伸性能。

（2）试样的制备

从管材上取样条时不应加热或压平，样条的纵向平行于管材的轴线，取长度约150mm 的管段。以一条任意直线为参考线，沿圆周方向取样。除特殊情况外，每个样品应取三个样条，以便获得三个试样（见表 6-14）。

表 6-14

取样数量

公称外径 d_n(mm)	$15 \leqslant d_n < 75$	$75 \leqslant d_n < 280$	$280 \leqslant d_n < 450$	$d_n \geqslant 450$
样条数	3	5	5	8

（3）试样经机械加工后按照下列步骤进行试验：

1）试验应在温度 23℃±2℃ 环境下按下列步骤进行；

2）测量试样标距间中部的宽度和最小厚度，精确到 0.01mm，计算最小截面积；

3）将试样安装在拉力试验机上，并使其轴线与拉伸应力的方向一致，使夹具松紧适宜以防止试样滑脱；

4）使用引伸计，将其放置或调整在试样的标线上；

5）选定试验速度进行试验；

6）记录试样的应力应变曲线直至试样断裂，并在此曲线上标出试样达到屈服点时的应力和断裂时标距间的长度；或直接记录屈服点处的应力值及断裂时标线间的长度。

如试样从夹具处滑脱或在平行部位之外渐宽处发生拉伸变形并断裂，应重新取相同数量的试样进行试验。

（4）试验结果

1）拉伸屈服应力

对于每个试样，拉伸屈服应力以试样的初始截面积为基础，按下式计算。

$$\sigma = \frac{F}{A} \tag{6-59}$$

式中：σ——拉伸屈服应力，单位为兆帕（MPa）；

F——屈服点的拉力，单位为牛顿（N）；

A——试样的原始截面积，单位为平方毫米（mm²）；

所得结果保留三位有效数字。

注：屈服应力实际上应按屈服时的截面积计算，但为了方便，通常取试样的原始截面积计算。

2）断裂伸长率

对于每个试样，断裂伸长率按下式计算。

$$\varepsilon=\frac{L-L_0}{L_0}\times100 \qquad (6\text{-}60)$$

式中：ε——断裂伸长率，单位为%；

    L——断裂时标线间的长度，单位为毫米（mm）；

    L_0——标线间的原始长度，单位为毫米（mm）。

如果所测的一个或多个试样的试验结果异常应取双倍试样重做试验，例如五个试样中的两个试样结果异常，则应再取四个试样补做试验。

2. 热塑性塑料管材环刚度的测定

（1）取样

1）切取足够长的管材，在管材的外表面，以任一点为基准，每隔1200mm沿管材长度方向划线并分别做好标记。将管材按规定长度切割为 a、b、c 三个试样，试样截面垂直于管材的轴线。如果管材存在最小壁厚线，则以此为基准线；

2）公称直径小于或等于1500mm的管材，每个试样的平均长度应在300mm±10mm；

3）公称直径大于1500mm的管材，每个试样的平均长度不小于0.2DN（单位为mm）；

4）有垂直肋、波纹或其他规则结构的结构壁管，切割试样时，在满足 a、b 或 c 的长度要求的同时，应使其所含的肋、波纹或其他结构最少；

5）对于螺旋管材切割试样，应在满足 a、b 或 c 的长度要求的同时，使其所含螺旋数最少。带有加强肋的螺旋管和波纹管，每个试样的长度，在满足 a、b 或 c 的要求下，应包含所有数量的加强肋，肋数不少于3个；

6）分别测量 a、b、c 三个试样的内径。d_{ia}、d_{ib}、d_{ic}。应通过横断面中点处，每隔45°依次测量4处，取算术平均值，每次的测量应精确到内径的0.5%。分别记录 a、b、c 每个试样的平均内径 d_{ia}、d_{ib}、d_{ic}。计算三个值的平均值：$d_i=(d_{ia}+d_{ib}+d_{ic})/3$；

7）取样试验应在产品生产至少24h后才可以进行取样。对于型式检验或在有争议的情况下，试验应在生产出 21±2 天进行。

（2）试验步骤

1）除非其他标准中有特殊规定，测试应在23℃±2℃条件下进行；

2）如果能确定试样在某位置的环刚度最小，把试样 a 的该位置和压力机上板相接触，或把第一个试样放置时，把另两个试样 b、c 的放置位置依次相对于第一个试样转120°和240°放置。

3）对于每一个试样，放置好变形测量仪并检查试样的角度位置。放置试样时，使其长轴平行于压板，然后放置于试验机的中央位置。使上压板和试样恰好接触且能夹持住试样，以恒定的速度压缩试样直到至少达到 $0.03d_i$ 的变形，正确记录力值和变形量。

4）通常变形量是通过测量一个压板的位置得到，但如果在试验的过程中，管壁厚度 e_c 的变化超过10%，则应通过直接测量试样内径的变化来得到，如图6-6所示。

典型的力/变形曲线图是一条光滑的曲线，否则意味着零点可能不正确，如下图6-7所示，用曲线开始的直线部分倒推到和水平轴相交于（0，0）点（原点）并得到 $0.03d_i$ 变形的力值。

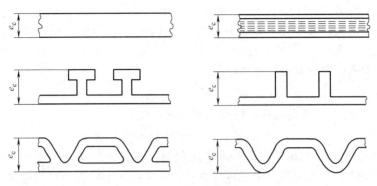

图 6-6　管壁厚度 e_c 示例

（3）计算环刚度

用下面的公式计算 a、b、c 每个试样的环刚度：

$$S_i=(0.0186+0.025Y_i/d_i)F_i/L_iY_i \qquad (6-61)$$

式中：F_i——相对于管材 3.0% 变形时的力值，单位为千牛（kN）；

L_i——试样长度，单位为米（m）；

Y_i——变形量，单位为米（m），相对应于 3.0% 变形时的变形量，如：$Y/d_i=0.03$。

计算管材的环刚度，单位为千牛每平方米（kN/m²），在求三个值的平均值时，用以下公式：

$$S=(S_a+S_b+S_c)/3 \qquad (6-62)$$

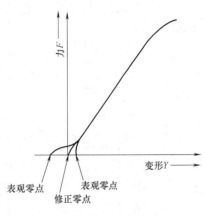

图 6-7　校正原点方法

3. 环柔性试验

（1）环柔性检测的试样按照环刚度的试验要求制备。按 ISO 13968：2008 规定进行试验。

（2）试验力应连续增加，当试样在垂直方向外径 d_e 变形量为原外径的 30% 时立即卸载。试验时管材壁的任何部分无开裂，试样沿肋切割处开始的撕裂允许小于 $0.075d_{em}$ 或 75mm。

4. 热塑性塑料管材耐外冲击性能试验

（1）取样

1）试样应从一批或连续生产的管材中随机抽取切割而成，其切割端面应与管材的轴线垂直，切割端应清洁、无损伤；

2）试样长度为（200±10）mm；

3）外径大于 40mm 的试样应沿其长度方向画出等距离标线，并顺序编号。对于外径小于或等于 40mm 的管材，每个试样只进行一次冲击。

（2）状态调节

1）试样应在（0±1）℃或（20±2）℃的水浴或空气浴中进行状态调节。

2）状态调节后，壁厚小于或等于 8.6mm 的试样，应从空气浴中取出 10s 内或从水浴中取出 20s 内完成试验。壁厚大于 8.6mm 的试样，应从空气浴中取出 20s 内或从水浴中取出 30s 内完成试验。如果超过此时间间隔，应将试样立即放回预处理装置，最少进行 5min 的再处理若试样状态调节温度为（20±2）℃，试验环境温度为（20±5）℃，则试样从取出至试验完毕的时间可放宽至 60s。

（3）试验步骤

1）按照产品标准的规定确定落锤质量和冲击高度；

2）外径小于或等于 40mm 的试样，每个试样只承受一次冲击；

3）外径大于 40mm 的试样在进行冲击试验时，首先使落锤冲击在 1 号标线上，若试样未破坏，则按状态调节后的规定，再对 2 号标线进行冲击，直至试样破坏或全部标线都冲击一次；

4）逐个对试样进行冲击，直至取得判定结果，真实冲击率 TIR 最大允许值为 10%。具体如图 6-8 所示。

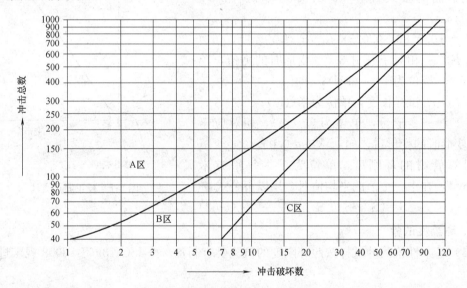

图 6-8 TIR 值为 10% 时判定图

（4）结果判定

1）监督检验与出厂检验的判定：

若试样冲击破坏数在上图 A 区，则判定该批的 TIR 值小于或等于 10%；

若试样冲击破坏数在上图 C 区，则判定该批的 TIR 值大于 10%；

若试样冲击破坏数在上图 B 区，则应进一步取样试验，直至根据全部冲击试样的累计结果能够做出判定。

2）验收检验的判定：

① 若试样冲击破坏数在上图的 A 区，则判定该批的 TIR 值小于或等于 10%；

② 若试样冲击破坏数在上图的 C 区，则判定该批的 TIR 值大于 10%，而不予接受；

③ 若试样冲击破坏数在上图的 B 区，而生产方在出厂检验时已判定其 TIR 值小于或等于 10%，则可认为该批的 TIR 值不大于规定值。若验收方对批量的 TIR 值是否满足要求持怀疑时，则仍按监督检验与出厂检验的判定所述继续进行冲击试验。

④ 结果判定也可按照判定表的规定进行结果判断。

5. 烘箱试验

（1）试样

从一根管材上不同部位切取三段试样，试样长度为 300mm±20mm。管材 DN/ID＜400mm 时，可沿轴向切成两块大小相同的试块；管材 DN/ID≥400mm 时，可沿轴向切成四块（或多块）大小相同的试块。

（2）试验步骤

将烘箱温度升到 110℃时放入试样，试样放置时不得相互接触且不与烘箱壁接触。待烘箱温度回升到 110℃时开始计时，维持烘箱温度 110℃±2℃，试样在烘箱内加热时间按《热塑性塑料管材纵向回缩率的测定》GB/T 6671—2001 规定方法 B 进行试验，加热到规定时间后，从烘箱内将试样取出，冷却至室温，检查试样有无开裂和分层及其他缺陷。

6. 钢筋混凝土管道内水压试验

（1）蒸汽养护的管子龄期不宜少于 14d，自然养护的管子龄期不宜少于 28d，允许试验前将管子浸润 24h。

（2）试验步骤

1）检查水压试验机两端的堵头是否平行，其中心线是否重合；

2）水压试验机宜选用直径不少于 100mm，分度值不大于 0.005MPa，精度不低于 1.5 级的压力表，量程应满足管子检验压力的要求，加压泵能满足水压试验时的升压要求；

3）对于柔性接口钢筋混凝土排水管，橡胶密封圈应符合有关标准的规定；

4）擦掉管子表面的附着水，清理管子两端，使管子轴线与堵头中心对正，将堵头锁紧；

5）管内充水直到排尽管内的空气，关闭排气阀。开始用加压泵加压，宜在 1min 内均匀升至规定检验压力值保持 10min；

6）在升压过程中及规定的内水压力下，检查管子表面有无潮片及水珠流淌，检查管子接头是否滴水并做记录，若接头滴水则允许重装；

7）允许采用专用装置检查管体的内水压力和接头密封性。

7. 外压荷载和破坏荷载

（1）蒸汽养护的管子，龄期不宜少于 14d，自然养护的管子龄期不宜少于 28d。采用三点试验法，通过机械压力的传递，试验管子的裂缝荷载和破坏荷载。

（2）试验步骤

1）将试件放在外压试验装置的两个平行的下支承梁上，然后将上支承梁放在试件上，使试件与上、下支承梁的轴线相互平行，并确保上支承梁能在通过上、下支承梁中心线的垂直平面内自由移动。上、下支承梁应覆盖试件的有效长度，加荷点在管子全长的中点；

2）对承插口管整根管子进行外压试验时，上、下梁应覆盖其平直段全长 L_p，加荷点在平直段中点；

3）通过上支承梁加载，可以在上支承梁上集中一点加荷；

4）开动油泵，使加压板与上支承梁接触，施加荷载于上支承梁。对钢筋混凝土排水管加荷速度约为每分钟 30kN/m；

5）连续匀速加荷至标准规定的裂缝荷载的 80%，保持 1min，观察有无裂缝，用读数显微镜测量其宽度，若没有裂缝或裂缝较小，继续按裂缝荷载的 10％加荷，保持 1min；加荷至裂缝荷载，保持 3min。若裂缝宽度仍小于 0.20mm，需测定裂缝荷载时，继续按裂缝荷载的 5％分级加荷，每级保持 3min 直到裂缝宽度达到或超过 0.20mm；

6）当裂缝宽度达到 0.20mm 时的荷载为管子的裂缝荷载。加压结束时裂缝宽度达到 0.20mm，裂缝荷载为该级荷载值，加压结束时裂缝宽度超过 0.20mm，裂缝荷载为前一级的荷载值；

7）按上述第 4 条规定的加荷速度继续加荷至破坏荷载的 80％，保持 1min，观察有无破坏，若未破坏，按破坏荷载的 10％继续分级加荷，保持 1min，加荷至破坏荷载时，保持 3min，检查破坏情况，如未破坏，继续按破坏荷载的 5％分级加荷，每级保持 3min 直到破坏；

8）管子失去承载能力时的荷载为破坏荷载，在加荷过程中管子出现破坏状态时，破坏荷载为前一级荷载，在规定的荷载持续时间内出现破坏状态时，破坏荷载为该级荷载与前一级荷载的平均值，当在规定的荷载持续时间结束后出现破坏状态时，破坏荷载为该级荷载值。

（3）结果计算：

外压荷载值按下式计算：

$$P=\frac{F}{L} \tag{6-63}$$

式中：P——外压荷载值，单位为千牛每米（kN/m）；

F——总荷载值，单位为千牛（kN）；

L——管子有效长度（承插式管为平直段全长 L_p 或圆柱体单元的长度），单位为米（m）。

8. 压力管道水压试验

水压试验前应先向管道系统充水，使系统浸泡，浸泡时间不应少于 12h。管道充水完毕后应对未回填的管道连接点（包括管子与管道附件的连接部位）进行检查，如发现泄漏，应泄压进行修复。对要试压的管段进行划分，管道水压试验的长度不宜大于 1000m。对中间设有附件的管段，分段长度不宜大于 500m，系统中管段的材质不同时，应分别进行试验。

水压试验压力应为工作压力的 1.5 倍，且不小于 0.80MPa。不得用气压试验代替水压试验。管道水压试验分为预试验阶段与主试验阶段。

1）预试验

预试验阶段的水压试验按以下步骤进行：

① 降压

将试压管道内的水压降至大气压力，保持 60min，且要确保空气不进入管道；

② 升压

缓缓升高试验压力，待压力升至试验压力的 1/2 时，对试压管段进行检查，检查各类接口、各类连接点有无明显的渗水、漏水现象，若有，则泄压修复，若无，则继续升压试验。修复渗漏管道，严禁带压作业；

③ 稳压检查

待压力升至试验压力时，稳压 30min，期间如有压力下降，可注水补压，但不得高于试验压力。检查管道接口、各类连接点有无渗漏，检查裸露的管子、管件、配件有无变形、破裂等现象。若试压管段有异常，应迅速查明原因，泄压后，进行修复，重新组织试验。

④ 持压

停止注水补压后，持压，持压时间为 60min，在 60min 的时间内压力降不超过试验压力的 70%，则预试验合格，预试验阶段的工作结束。在 60min 时间内压力降超过 70%，应停止试压，查明原因，采取相应措施后重新进行预试验。

2）主试验

主试验阶段的试压按如下步骤进行：

停止注水补压，稳定 15min；当 15min 后压力下降不超过 0.02MPa（允许压力降数值），将试验压力降至工作压力并恒压 30min，进行外观检查若无漏水现象，则水压试验合格。期间采用水表准确计量出所泄出的水量 q，按下式 6-64 计算允许泄出的最大水量 q（L/min·km）

$$q=3 \cdot \frac{D_i}{25} \cdot \frac{P}{0.3\alpha} \cdot \frac{1}{1440} \tag{6-64}$$

式中：q——允许渗水量（L/min·km）；

D_i——管道内径（mm）；

P——压力管道的工作压力（MPa）；

α——温度-压力折减系数，当试验水温 0℃～25℃时，α 取 1。

主试验阶段还应符合下列规定：

① 预试验阶段结束后，应将试验管段泄水降压，压力降为试验压力的 10%～15%，期间应准确计量降压所泄出的水量 ΔV，允许泄出的最大水量 ΔV_{max} 按下式计算：

$$V_{max}=1.2VP\left(\frac{1}{E_w}+\frac{D_i}{e_n E_p}\right) \tag{6-65}$$

式中：V_{max}——试压管段计算允许泄出的最大水量（L）；

V——试压管段总容积（L）；

P——压力降（MPa）；

E_w——水的体积模量，水温 25℃时为 2210；

D_i——管材内径（m）；

e_n——管材公称壁厚（m）；

E_p——管材弹性模量（MPa），与水温及试压时间有关。

② 当计量的 ΔV 大于允许泄出的最大水量 ΔV_{max}，应停止试压。泄压后应排除管内过量空气，重新进行试验；

③ 每隔 3min 记录一次管道剩余压力，记录时间为 30min。在 30min 的时间内管道剩余的压力有上升趋势时，则水压试验结果为合格；

④ 30min 内管道剩余压力无上升趋势时，则应再继续观察 60min。在 90min 内压力降不超过 0.02MPa，则水压试验合格；

⑤ 当主试验阶段上述两条均不能满足时，则水压试验结果不合格。应查明原因并采取相应措施后再组织试压。

9. 无压管道闭水试验

（1）试验管段灌满水后浸泡时间不少于 24h；

（2）试验水头应按上述要求确定；

（3）试验水头达规定水头时开始计时，观测管道的渗水量，直至观测结束时，应不断地向试验管段内补水，保证试验水头恒定，渗水量的观测时间不得小于 30min。

（4）判断标准

按《给水排水管道工程施工及验收规范》GB 50268—2008 有关要求对排水管道有关检测进行判定。

无压管道允许渗水量计算：

$$q=1.25\sqrt{D_i} \tag{6-66}$$

异形截面管道的允许渗水量可按周长折算为圆形管道计；

化学建材管道的实测渗水量应小于或等于按下式计算的允许渗水量。

$$q=0.0046D_i \tag{6-67}$$

式中：q——允许渗水量 $[m^3/(24h \cdot km)]$；

D_i——管道内径（mm）。

回填压实度按《给水排水管道工程施工及验收规范》GB 50268—2008 有关规定抽取压实度，其方法与路基方法相同。

10. 管道 CCTV 内窥检测

管道检测分为结构状况检测和功能性状况检测两大类。结构性状况指管道本身的状况，例如管道接头、管壁、管基础状况等，该项指标与管道的结构强度和使用寿命密切相关；功能性状况指管道运行中出现的状况，例如管道上集结油脂、管内泥沙沉积等，它与管道的通水能力相关，通常可以通过管道养护疏通而得到改善。

一般进行 CCTV 检测前需进行管道清洗工作，去除管内脏物，保证拍摄到效果良好的视频录像。CCTV 检测作业时，通常是从上游检查井向下游检查井方向进行。当管内污水超过管径的 20% 时，通常需要对管道进行封堵、抽水。

CCTV 检测仪装备有摄像头、爬行器及灯光系统，完全由带遥控操纵杆的监视器控制，可以进行影像处理、记录摄像头的旋转和定位。具有高质量的图像记录和文字编辑功能。

其主要工作部分为一部四轮驱动的摄像小车和一台计算机。根据不同管径，可以选用不同型号的 CCTV。能够拍摄记录管道内的真实状况。在检查前首先要通过高压冲洗车对所需检测的管段进行冲洗，确保 CCTV 车能顺利通过，待被观察管道中水深不至于淹没 CCTV 摄像头时即可投入工作。

相关的技术人员根据检测录像，可以进行管道内部状况的判读与分析。

11. 供热管网试验

（1）强度试验

管线施工完成后，经检查除现场组装的连接部位（如：焊接连接、法兰连接等）外，其余均符合设计文件和相关标准的规定后，方可以进行强度试验。

强度试验应在试验段内的管道接口防腐、保温施工及设备安装前进行，试验介质为洁净水，环境温度在5℃以上，试验压力为设计压力的1.5倍，充水时应排净系统内的气体，在试验压力下稳压10min，检查无渗漏、无压力降后降至设计压力，在设计压力下稳压30min，检查无异常声响、无压力降为合格。

当管道系统存在较大高差时，试验压力以最高点压力为准，同时最低点的压力不得超过管道及设备的承受压力。

当试验过程中发现渗漏时，严禁带压处理。消除缺陷后，应重新进行试验。

试验结束后，应及时拆除试验用临时加固装置，排净管内积水。排水时应防止形成负压，严禁随地排放。

（2）严密性试验

严密性试验应在试验范围内的管道、支架全部安装完毕后进行，固定支架的混凝土已达到设计强度，回填土及填充物已满足设计要求，管道自由端的临时加固装置已安装完成，并安全可靠。严密性试验压力为设计压力的1.25倍，且不小于0.6MPa。一级管网稳压1h内压力降不大于0.05MPa；二级管网稳压30min内压力降不大于0.05MPa，且管道、焊缝、管路附件及设备无渗漏，固定支架无明显变形的为合格。

钢外护管焊缝的严密性试验应在工作管压力试验合格后进行。试验介质为空气，试验压力为0.2MPa。试验时，压力应逐级缓慢上升，至试验压力后，稳压10min，然后在焊缝上涂刷中性发泡剂并巡回检查所有焊缝，无渗漏为合格。

（3）试运行

工程已经过有关各方预验收合格且热源已具备供热条件后，对供热系统应按建设单位、设计单位认可的参数进行试运行，试运行的时间应为连续运行72h。

试运行过程中应缓慢提高工作介质的升温速度，应控制在不大于10℃/h。在试运行过程中对紧固件的热拧紧，应在0.3MPa压力以下进行。

试运行中应对管道及设备进行全面检查，特别要重点检查支架的工作状况。

对于已停运两年或两年以上的直埋蒸汽管道，运行前应按新建管道要求进行吹洗和严密性试验。新建或停运时间超过半年的直埋蒸汽管道，冷态启动时必须进行暖管。

供热站内所有系统应进行严密性试验。试验前，管道各种支吊架已安装调整完毕，安全阀、爆破片及仪表组件等已拆除或加盲板隔离，加盲板处有明显的标记并做记录，安全阀全开，填料密实，试验管道与无关系统应采用盲板或采取其他措施隔开，不得影响其他系统的安全。试验压力为1.25倍设计压力，且不得低于0.6MPa，稳压在1h内，详细检查管道、焊缝、管路附件及设备等无渗漏，压力降不大于0.05MPa为合格；开式设备只做满水试验，以无渗漏为合格。

供热站在试运行前，站内所有系统和设备须经有关各方预验收合格，供热管网与热用户系统已具备试运行条件。试运行应在建设单位、设计单位认可的参数下进行，试运行的时间应为连续运行72h。

12. 燃气管道试验

（1）强度试验准备

试验前应具备下列条件：

1）试验用的压力计及温度记录仪应在校验有效期内。

2）编制的试验方案已获批准，有可靠的通信系统和安全保障措施，已进行了技术交底。

3）管道焊接检（试）验、清扫合格。

4）埋地管道回填土宜回填至管上方 0.5m 以上，并留出焊接口。

5）管道试验用仪表安装完毕，且符合设计要求或下列规定：

① 试验用压力计的量程应为试验压力的 1.5～2 倍，其精度不得低于 1.5 级。

② 压力计及温度记录仪表均不应少于两块，并应分别安装在试验在试验管道的两端。

③ 试验参数与合格判定：

A. 强度试验压力和介质应符合表 6-15 的规定。

强度试验压力和介质表

表 6-15

管道类型	设计压力 P_N(MPa)	试验介质	试验压力(MPa)
钢管	$P_N > 0.8$	清洁水	$1.5 P_N$
	$P_N \leqslant 0.8$		$1.5 P_N$ 且 $\geqslant 0.4$
球墨铸铁管	P_N	压缩空气	$1.5 P_N$ 且 $\geqslant 0.4$
	P_N		$1.5 P_N$ 且 $\geqslant 0.4$
钢骨架聚乙烯复合管	P_N(SDR11)		$1.5 P_N$ 且 $\geqslant 0.4$
聚乙烯管	P_N(SDR17.6)		$1.5 P_N$ 且 $\geqslant 0.2$

B. 管道应分段进行压力试验，试验管道分段最大长度应按表 6-16 的规定。

管道试压分段最大长度表

表 6-16

设计压力 P_N(MPa)	试验管道最大长度(m)	设计压力 P_N(MPa)	试验管道最大长度(m)
$P_N \leqslant 0.4$	1000	$1.6 < P_N \leqslant 4.0$	10000
$0.4 < P_N \leqslant 1.6$	5000		

强度试验分为水压试验和气压试验。

（2）气压试验

1）当管道设计压力小于或等于 0.8MPa 时，试验介质应为空气，利用空气压缩机向燃气管道内充入压缩空气，借助空气压力来检（试）验管道接口和材质的致密性的试验。

2）除聚乙烯（SDR17.6）管外，试验压力为设计输气压力的 1.5 倍，但不得低于 0.4MPa，1.5 倍设计压力。当压力达到规定值后，应稳压 1h，然后用肥皂水对管道接口进行检查，全部接口均无漏气现象认为合格。若有漏气处，可放气后进行修理，修理后再次试验，直至合格。

（3）水压试验

1）当管道设计压力大于 0.8MPa 时，试验介质应为清洁水，试验压力不得低于 1.5 倍设计压力。水压试验时，试验管段任何位置的管道环向应力不得大于管材标准屈服强度的 90%。架空管道采用水压试验前，应核算管道及其支撑结构的强度，必要时应临时加固。试压宜在环境温度 5℃ 以上进行，否则应采取防冻措施。

2）水压试验应符合现行国家标准《液体石油管道压力试验》GB/T 16805—2009 的有关规定。

3）试验压力应逐步缓升，首先升至试验压力的 50%，应进行初检，如无泄漏、异常，继续升压至试验压力，然后宜稳压 1h 后，观察压力计不应少于 30min，无压力降为合格。

4）水压试验合格后，应及时将管道中的水放（抽）净，并按《城镇燃气输配工程施工及验收规范》CJJ 33—2005 有关规定进行吹扫。

5）经分段试压合格的管段相互连接的焊缝，经射线照相检（试）验合格后，可不再进行强度试验。

（4）严密性试验

试验前应具备下列条件：

1）试验用的压力计及温度记录仪应在校验有效期内；

2）严密性试验应在强度试验合格且燃气管道全部安装完成后进行。若是埋地敷设，必须回填土至管顶 0.5m 以上后才可进行；

3）编制的试验方案已获批准，有可靠的通信系统和安全保障措施，已进行了技术交底；

① 压力和介质应符合《城镇燃气输配工程施工及验收规范》CJJ 33—2005 有关规定，宜采用严密性试验；

② 严密性试验是用空气（试验介质）压力来检（试）验在近似于输气条件下燃气管道的管材和接口的致密性；

4）试验压力应满足下列要求：

① 设计压力小于 5kPa 时，试验压力应为 20kPa；

② 设计压力大于或等于 5kPa 时，试验压力应为设计压力的 1.15 倍，且不得小于 0.1MPa；

5）试验用的压力计量程应为试验压力的 1.5～2 倍，其精度等级、最小分格值及表盘直径应满足《城镇燃气输配工程施工及验收规范》CJJ 33—2005 的要求；

① 试验设备向所试验管道充气逐渐达到试验压力，升压速度不宜过快；

② 设计压力大于 0.8MPa 的管道试压，压力缓慢上升至 30% 和 60% 试验压力时，应分别停止升压，稳压 30min，并检查系统有无异常情况，如无异常情况继续升压。管内压力升至严密性试验压力后，待温度、压力稳定后开始记录；

③ 稳压的持续时间应为 24h，每小时记录不应少于 1 次，修正压力降不超过 133Pa 为合格。修正压力降应按下式确定：

$$\Delta P' = (H_1 + B_1) - (H_2 + B_2)\frac{273 + t_1}{273 + t_2} \qquad (6\text{-}68)$$

式中：$\Delta P'$——修正压力降（Pa）；

H_1、H_2——试验开始和结束时的压力计读数（Pa）；

B_1、B_2——试验开始和结束时的气压计读数（Pa）；

t_1、t_2——试验开始和结束时的管内介质温度（℃）。

④ 所有未参加严密性试验的设备、仪表、管件，应在严密性试验合格后进行复位，

173

然后按设计压力对系统升压，应采用发泡剂检查设备、仪表、管件及其与管道的连接处，不漏为合格。

13. 回填压实度试验

回填压实度按《给水排水管道工程施工及验收规范》GB 50268—2008 有关规定抽取压实度，其方法与路基工程方法相同。

6.4 市政工程施工试验结果判断

6.4.1 桩基工程的试验结果判断

（1）桩基工程的砂、石子、水泥、钢材等原材料的质量、检验项目、批量和检验方法，应符合国家现行标准的规定。桩身混凝土强度应符合验收规范要求；

（2）桩身完整性检测结果评价，应给出每根受检桩的桩身完整性类别。其等级可按四类划分：

Ⅰ类：桩身结构完整。

Ⅱ类：桩身结构基本完整，存在轻微缺陷，对桩身结构完整性有一定影响，不影响桩身结构承载力的正常发挥。

Ⅲ类：桩身结构存在明显缺陷，完整性介于Ⅱ类和Ⅳ类之间，对桩身结构承载力有一定的影响。宜采用钻芯法或声波透射法等其他方法进一步判断或直接进行处理。

Ⅳ类：桩身结构存在严重缺陷，不宜考虑其承载作用。Ⅳ类桩应进行工程处理。

工程桩承载力检测结果的评价，应给出每根受检桩的承载力检测值，并据此给出单位工程同一条件下的单桩承载力特征值是否满足设计要求的结论。

（3）当出现下列情况时，应进行验证检测：

1）对于嵌岩桩，桩底时域反射信号为单一反射波且与锤击脉冲信号同向时，应采取其他方法核验桩端嵌岩情况。

2）出现下列情况之一，桩身完整性判定宜结合其他检测方法进行：

① 实测信号复杂，无规律，无法对其进行准确评价；

② 桩身截面渐变或多变，且变化幅度较大的混凝土灌注桩。

3）以下四种情况应采用静载法进一步验证：

① 桩身存在缺陷，无法判定桩的竖向承载力；

② 桩身缺陷对水平承载力有影响；

③ 单击贯入度大，桩底同向反射强烈且反射峰较宽，侧阻力波、端阻力波反射弱，即波形表现出竖向承载性状明显与勘察报告中的地质条件不符合；

④ 嵌岩桩桩底同向反射强烈，且在时间 $2L/c$ 后无明显端阻力反射。

4）桩身浅部缺陷可采用开挖验证；

5）桩身或接头存在裂隙的预制桩可采用高应变法验证；

6）单孔钻芯检测发现桩身混凝土质量问题时，宜在同一基桩增加钻孔验证；

7）对低应变法检测中不能明确完整性类别的桩或Ⅲ类桩，可根据实际情况采用静载法、钻芯法、高应变法、开挖等适宜的方法验证检测；

8）当单桩承载力或钻芯法抽检结果不满足设计要求时，应分析原因，并经确认后扩大抽检；

9）当采用低应变法、高应变法和声波透射法抽检桩身完整性所发现的Ⅲ、Ⅳ类桩之和大于抽检桩数的 20％时，宜采用原检测方法（声波透射法可改用钻芯法），在未检桩中继续扩大抽检。

6.4.2 地基与基础的试验结果判断

1. 地基与基础的砂、石子、水泥、钢材、石灰、粉煤灰等原材料的质量、检验项目、批量和检验方法，应符合国家现行标准的规定。砂浆强度、混凝土强度、钢筋接头土工击实等检测结果应符合国家现行标准的规定。

2. 对灰土地基、砂和砂石地基、土工合成材料地基、粉煤灰地基、强夯地基、注浆地基、预压地基，其竣工后的地基强度或承载力必须达到设计要求的标准。频率应满足每单位工程不应少于 3 点，1000m² 以上工程，每 100m² 至少应有 1 点，3000m² 以上工程，每 300m² 至少应有 1 点。每一独立基础下至少应有 1 点，基槽每 20 延米应有 1 点。

3. 对水泥土搅拌桩复合地基、高压喷射注浆桩复合地基、砂桩地基、振冲桩复合地基、土和灰土挤密桩复合地基、水泥粉煤灰碎石桩复合地基及夯实水泥土桩复合地基，其承载力检验结果应符合设计要求，数量为总数的 0.5％～1％，但不应小于 3 处。有单桩强度检验要求时，数量为总数的 0.5％～1％，但不应少于 3 根。

4. 地基与基础工程验收批中主控项目必须符合验收标准规定，发现问题应立即处理直至符合要求，一般项目应有 80％合格。混凝土试件强度评定不合格或对试件的代表性有怀疑时，应采用钻芯取样，检测结果符合设计要求可按合格验收。

6.4.3 混凝土验收批质量判断

混凝土验收批质量除外观质量、水泥、试料、配合比等合格外，混凝土强度评定结果也应合格，砼强度验收划批 4 条件：

（1）同强度等级；

（2）同试验龄期；

（3）工艺基本相同；

（4）配合比基本相同（没有工程量、构件种类、部位限制）。

1. 统计方法

当混凝土的生产条件在较长时间内能保持一致，且同一品种、同一强度等级混凝土的强度变异性能保持稳定时，应按下列方法评定。

由连续三组试件组成一个验收批，其强度同时满足下列要求时为合格，否则为不合格；

$$m_{f_{cu}} \geq f_{cu,k} + 0.7\sigma_0 \tag{6-69}$$

$$f_{cu,min} \geq f_{cu,k} - 0.7\sigma_0 \tag{6-70}$$

检验批混凝土立方体抗压强度的标准差按下式计算：

$$\sigma_0 = \sqrt{\frac{\sum_{i=1}^{n} f_{cu,i}^2 - nm^2 f_{cu}}{n-1}} \tag{6-71}$$

当混凝土强度等级不高于 C20 时，其强度的最小值尚应满足 $f_{cu,min} \geqslant 0.85 f_{cu,k}$

当混凝土强度等级高于 C20 时，其强度的最小值尚应满足 $f_{cu,min} \geqslant 0.90 f_{cu,k}$

式中：$m_{f_{cu}}$——同一验收批混凝土立方体试块强度的平均值（N/mm²）精确到 0.1（N/mm²）；

$f_{cu,k}$——混凝土立方体抗压强度标准值（N/mm²）精确到 0.1（N/mm²）；

σ_0——检验批混凝土立方体抗压强度标准之差（N/mm²），精确到 0.1（N/mm²），当检验批混凝土强度标准差 σ_0 计算值小于 2.5N/mm² 时，应取 2.5N/mm²；

$f_{cu,i}$——前一个检验期内同一品种、同一强度等级的第 i 组混凝土试件的立方体抗压强度代表值（N/mm²），精确到 0.1（N/mm²）；该检验期不应少于 60d，也不得大于 90d；

n——前一检验期内的样本容量，在该期间内样本容量不应少于 45；

$f_{cu,min}$——同一验收批混凝土抗压强度最小值（N/mm²），精确到 0.1（N/mm²）；

2. 统计方法

当一个验收批试块组数 $n \geqslant 10$ 时，按下列方法评定，其强度同时满足下列要求时为合格，否则为不合格；

$$m_{f_{cu}} \geqslant f_{cu,k} + \lambda_1 \cdot S_{f_{cu}} \tag{6-72}$$

$$f_{cu,min} \geqslant \lambda_2 \cdot f_{cu,k} \tag{6-73}$$

同一检验批混凝土立方体抗压强度的标准差应按下式计算：

$$S_{f_{cu}} = \sqrt{\frac{\sum_{i=1}^{n} f_{cu,i}^2 - n m_{f_{cu}}^2}{n-1}} \tag{6-74}$$

式中：$S_{f_{cu}}$——同一检验批混凝土立方体抗压强度的标准差（N/mm²），精确到 0.1（N/mm²），当检验批混凝土强度标准差 $S_{f_{cu}}$ 计算值小于 2.5N/mm² 时，应取 2.5N/mm²；

n——本检验期内的样本容量；

λ_1、λ_2——合格评定系数。

3. 非统计方法

当用于评定的样本容量小于 10 组时。按下列方法评定，其强度同时满足下列要求时为合格，否则为不合格；

$$m_{f_{cu}} \geqslant \lambda_3 \cdot f_{cu,k} \tag{6-75}$$

$$f_{cu,min} \geqslant \lambda_4 \cdot f_{cu,k} \tag{6-76}$$

式中：λ_3、λ_4——合格评定系数。

对评定为不合格批的混凝土，应按国家现行有关标准进行处理。

6.4.4 砂浆质量判断

（1）砂浆质量除了水泥、砂料、配比符合要求外，砂浆试块强度也必须要合格。评定水泥砂浆的强度，应以标准养生 28d 的试件为准。试件为边长 70.7mm 的立方体。试件 6 件为 1 组，制取组数应符合下列规定：

1）不同强度等级及不同配合比的水泥砂浆应分别制取试件，试件应随机制取，不得挑选。

2）重要及主体砌筑物每工作班制取 2 组。

3）一般及次要砌筑物，每工作班可制取 1 组。

4）拱圈砂浆应同时制取与砌体同条件养生试件，以检查各施工阶段强度。

（2）水泥砂浆强度的合格标准

1）同强度等级试件的平均强度不低于设计强度等级。

2）任意一组试件的强度等级最低值不低于设计强度等级的 75%。

3）在一组抗压的 3 个试块中，强度最大值与强度最小值，与中间值之差，均超过中间值的 15%，则该组试件无效。

4）当砂浆强度评定结果无效或不合格，应按照现行规范进行处理。

注：砌筑砂浆的验收批，同一类型、强度等级的砂浆试块应不少于 3 组。当同一验收批只有一组试块时，该组试块抗压强度的平均值必须大于或等于设计强度等级所对应的立方体抗压强度。

6.4.5 钢材及其连接质量判断

1. 钢材技术指标

（1）建筑钢材的力学性能检验，一般要做力学性能、工艺性能和重量偏差三个项目。

（2）具体钢材质量评价见第五章第 3 节的相关规定。

（3）钢筋焊接接头或焊接制品应按检验批进行质量检验与验收，并划分为主控项目和一般项目两类。质量检验时，应包括外观检查和力学性能检验。

2. 钢材接头外观质量

（1）钢筋接头形式

纵向受力钢筋焊接接头包括闪光对焊接头、电弧焊接头、电渣压力焊接头、气压焊接头等，非纵向受力钢筋焊接接头包括交叉钢筋电阻点焊焊点、封闭环式箍筋闪光对焊接头、钢筋与钢板电弧搭接焊接头、预埋件钢筋电弧焊接头。

（2）闪光对焊接头外观质量

1）接头处不得有横向裂纹。

2）与电极接触处的钢筋表面不得有明显烧伤。

3）接头处的弯折角不得大于 3°。

4）接头处的轴线偏移不得大于钢筋直径的 0.1 倍，且不得大于 2mm。

（3）电弧焊接头外观质量

1）焊缝表面应平整，不得有凹陷或焊瘤。

2）焊接接头区域不得有肉眼可见的裂纹。

3）咬边深度、气孔、夹渣等缺陷允许值及接头尺寸的允许偏差应符合规定要求。

4）坡口焊、熔槽帮条焊和窄间隙焊接头的焊缝余高不得大于 3mm。

（4）电渣压力焊接头外观质量

1）四周焊包凸出钢筋表面的高度不得小于 4mm。

2）钢筋与电极接触处，应无烧伤缺陷。

3）接头处的弯折角不得大于 3°。

4）接头处的轴线偏移不得大于钢筋直径的 0.1 倍，且不得大于 2mm。

（5）气压焊接头外观质量

1）接头处的轴线偏移不得大于钢筋直径的 0.15 倍，且不得大于 4mm；当不同直径钢筋焊接时，应按较小钢筋直径计算；当大于上述规定值，但在钢筋直径的 0.30 倍以下时，可加热矫正；当大于 0.30 倍时，应切除重焊。

2）接头处的弯折角不得大于 3°；当大于规定值时，应重新加热矫正。

3）镦粗直径 d_c 不得小于钢筋直径的 1.4 倍；当小于上述规定值时，应重新加热镦粗。

4）镦粗长度 l_c 不得小于钢筋直径的 1.0 倍，且凸起部分平缓圆滑，当小于上述规定值时，应重新加热镦长。

（6）预埋件钢筋 T 形接头外观质量

1）角焊缝焊脚应符合规范规定。

2）焊缝表面不得有肉眼可见裂纹。

3）钢筋咬边深度不得超过 0.5mm。

4）钢筋相对钢板的直角偏差不得大于 3°。

（7）预埋件钢筋埋弧压力焊接头外观质量

1）四周焊包凸出钢筋表面的高度不得小于 4mm。

2）钢筋咬边深度不得超过 0.5mm。

3）钢板应无焊穿，根部应无凹陷现象。

4）钢筋相对钢板的直角偏差不得大于 3°。

（8）焊接骨架外观质量

1）每件制品的焊点脱落。漏焊数量不得超过焊点总数的 4%，且相邻两焊点不得有漏焊及脱落。

2）应量测焊接骨架的长度和宽度，并应抽查纵、横方向 3～5 个网格的尺寸。

3）当外观检查结果不符合上述要求时，应逐件检查，并剔出不合格品。对不合格品经整修后，可提交二次验收。

（9）焊接网外形尺寸和外观质量

1）焊接网的长度。宽度及网格尺寸的允许偏差均为±10mm；网片两对角线之差不得大于 10mm；网格数量应符合设计规定。

2）焊接网交叉点开焊数量不得大于整个网片交叉点总数的 1%，并且任一根横筋上开焊点数不得大于该根横筋交叉点总数的 1/2；焊接网最外边钢筋上的交叉点不得开焊。

3）焊接网组成的钢筋表面不得有裂纹、折叠、结疤、凹坑、油污及其他影响使用的缺陷；但焊点处可有不大的毛刺和表面浮锈。

（10）纵向受力钢筋焊接接头外观检查时，每一检验批中应随机抽取 10% 的焊接接头。检查结果，当外观质量各小项不合格数均小于或等于抽检数的 10%，则该批焊接接头外观质量评为合格。

（11）当某一小项不合格数超过抽检数的 10% 时，应对该批焊接接头该小项逐个进行复检，并剔出不合格接头；对外观检查不合格接头采取修整或焊补措施后，可提交二次验收。力学性能检验时，应在接头外观检查合格后随机抽取试件进行试验。

3. 接头力学性能检验

(1) 接头试件进行力学性能检验时，其质量和检查数量应符合有关规定；检验方法包括：检查钢筋出厂质量证明书、钢筋进场复验报告、各项焊接材料产品合格证、接头试件力学性能试验报告等。

(2) 钢筋闪光对焊接头、电弧焊接头、电渣压力焊接头、气压焊接头拉伸试验结果均应符合下列要求：

1) 3 个热轧钢筋接头试件的抗拉强度均不得小于该牌号钢筋规定的抗拉强度；RRB400 钢筋接头试件的抗拉强度均不得小于 $570N/mm^2$。

2) 至少应有 2 个试件断于焊缝之外，并应呈延性断裂。

3) 当达到上述 2 项要求时，应评定该批接头为抗拉强度合格。当试验结果有 2 个试件抗拉强度小于钢筋规定的抗拉强度；或 3 个试件均在焊缝或热影响区发生脆性断裂时，则一次判定该批接头为不合格品。当试验结果有 1 个试件的抗拉强度小于规定值，或 2 个试件在焊缝或热影响区发生脆性断裂，其抗拉强度均小于钢筋规定抗拉强度的 1.10 倍时，应进行复验。复验时，应再切取 6 个试作。复验结果，当仍有 1 个试件的抗拉强度小于规定值，或有 3 个试件断于焊缝或热影响区呈脆性断裂，其抗拉强度小于钢筋规定抗拉强度的 1.10 倍时，应判定该批接头为不合格品。

注：当接头试件虽断于焊缝或热影响区，呈脆性断裂，但其抗拉强度大于或等于钢筋规定抗拉强度的 1.10 倍时，可按断于焊缝或热影响区之外，称延性断裂。

(3) 闪光对焊接头、气压焊接头进行弯曲试验时，应将受压面的全面毛刺和镦粗敦凸起部分消除，且应与钢筋的外表齐平。当试验结果，弯至 90°，有 2 个或 3 个试件外侧（含焊缝和热影响区）未发生破裂，应评定该批接头弯曲试验合格。

(4) 当 3 个试件均发生破裂，则一次判定该批接头为不合格品。当有 2 个试件试样发生破裂，应进行复验。复验时，应再切取 6 个试伴。复验结果，当有 3 个试件发生破裂财，应判定该接头为不合格品。

(5) 钢筋焊接骨架、焊接网焊点剪切试验结果。3 个试件抗剪力平均值应符合要求。冷轧带肋钢筋试件拉伸试验结果，其抗拉强度不得小于 $550N/mm^2$。当拉伸试验结果不合格时，应再切取双倍数量试件进行复检；复验结果均合格时，应评定该批焊接制品焊点拉伸试验合格。当剪切试验结果不合格时，应从该批制品中再切取 6 个试件进行复验；当全部试件平均值达到要求时，应评定该批焊接制品焊点剪切试验合格。

6.4.6 防水工程质量判断

1. 防水质量基本要求

(1) 材料的外观、品种、规格、包装、尺寸和数量等经检查验收符合要求。

(2) 材料进场后应按规定抽样检验，材料的物理性能检验项目全部指标达到标准规定时，即为合格；若有一项指标不符合标准规定，应在受检产品中重新取样进行该项指标复验，复验结果符合标准规定，则判定该批材料为合格。

(3) 当检验批施工质量不符合要求时，经返工重做的检验批，应重新进行验收。

(4) 当检验批的试块、试件强度不能满足要求时，经有资质的法定检测单位检测鉴定，能够达到设计要求的检验批，视为质量合格，可予以验收。

（5）通过返修或返工仍不能满足防水要求的分项工程、分部工程，视为质量不合格。严禁验收。

2. 防水质量具体规定

（1）混凝土防水工程质量合格标准

1）防水混凝土抗渗性能采用标准条件下养护混凝土抗渗试件的试验结果评定，试件在混凝土浇筑地点随机取样后制作，连续浇筑混凝土每 500m³ 留置一组 6 个抗渗试件，且每项工程不得少于两组；采用预拌混凝土的抗渗试件，留置组数视结构的规模和要求而定。

2）抗渗性能试验符合现行国家标准《普通混凝土长期性能和耐久性能试验方法》GB/T 50082 的有关规定。

3）防水混凝土的原材料、配合比及坍落度符合设计要求。

4）防水混凝土的抗压强度和抗渗性能符合设计要求。

5）防水混凝土结构的变形缝、施工缝、后浇带、穿墙管、埋设件等设置和构造符合设计要求。

6）防水混凝土结构表面坚实、平整，无露筋、蜂窝等缺陷；埋设件位置准确。

7）防水混凝土结构表面的裂缝宽度不大于 0.2mm，且不贯通。

8）防水混凝土结构厚度不小于 250mm，允许偏差在 −5～+8mm 间；主体结构迎水面钢筋保护层厚度不小于 50mm，允许偏差在 ±5mm 以内。

（2）卷材防水工程质量合格标准

1）卷材防水层所用卷材及其配套材料符合设计要求。

2）卷材防水层在转角处、变形缝、施工缝、穿墙管等部位做法符合设计要求。

3）卷材防水层的搭接缝采用粘贴或焊接牢固，密封严密，无扭曲、皱折、翘边和起泡等缺陷。

4）采用外防外贴法铺贴卷材防水层时，立面卷材接槎的搭接宽度，高聚物改性沥青类卷材为 150mm，合成高分子类卷材为 100mm，且上层卷材应盖过下层卷材。

5）侧墙卷材防水层的保护层与防水层结合紧密、保护层厚度符合设计要求。

6）卷材搭接宽度的允许偏差在 −10mm 以内。

（3）涂料防水工程质量合格标准

1）涂料防水层所用的材料及配合比符合设计要求。

2）涂料防水层的平均厚度符合设计要求，最小厚度用针测法检查不低于设计厚度的 90%。

3）涂料防水层在转角处、变形缝、施工缝、穿墙管等部位做法符合设计要求。

4）涂料防水层与基层粘结牢固、涂刷均匀，无流淌、鼓泡、露槎。

5）涂层间夹铺胎体增强材料时，防水涂料浸透胎体覆盖完全，无胎体外露现象。

6）侧墙涂料防水层的保护层与防水层结合紧密、保护层厚度符合设计要求。

（4）施工缝防水质量合格标准

1）施工缝用止水带、遇水膨胀止水条或止水胶、水泥基渗透结晶型防水涂料和预埋注浆管符合设计要求。

2）施工缝防水构造符合设计要求。

3）墙体水平施工缝留设在高出底板表面不小于300mm的墙体上。拱、板与墙结合的水平施工缝，留在拱、板和墙交接处以下150～300mm处；垂直施工缝避开地下水和裂隙水较多的地段，并与变形缝相结合。

4）在施工缝处继续浇筑混凝土时，已浇筑的混凝土抗压强度不小于1.2MPa。

5）水平施工缝浇筑混凝土前，其表面浮浆和杂物已清除，铺设净浆、涂刷混凝土界面处理剂或水泥基渗透结晶型防水涂料，再铺30～50mm厚的1∶1水泥砂浆，并及时浇筑混凝土。

6）垂直施工缝浇筑混凝土前，其表面清理干净，涂刷混凝土界面处理剂或水泥基渗透结晶型防水涂料，并及时浇筑混凝土。

7）中埋式止水带及外贴式止水带埋设位置准确，固定牢靠。

8）遇水膨胀止水带具有缓膨胀性能；止水条与施工缝基面密贴，中间无空鼓、脱离等现象；止水条牢固地安装在缝表面或预埋凹槽内；止水条采用搭接连接的，搭接宽度不小于30mm。

9）遇水膨胀止水胶采用专用注胶器挤出粘结在施工缝表面，并做到连续、均匀、饱满、无气泡和孔洞，挤出宽度及厚度符合设计要求；止水胶挤出成型后，固化期内采取临时保护措施；止水胶固化前不浇筑混凝土。

10）预埋式注浆管设置在施工缝断面中部，注浆管与施工缝基面密贴并固定牢靠，固定间距为200～300mm；注浆导管与注浆管的连接牢固、严密，导管埋入混凝土内的部分与结构钢筋绑扎牢固，导管的末端临时封堵严密。

（5）变形缝防水质量合格标准

1）变形缝用止水带、填缝材料和密封材料符合设计要求。

2）变形缝防水构造符合设计要求。

3）中埋式止水带埋设位置准确，其中间空心圆环与变形缝的中心线重合。

4）中埋式止水带的接缝设在边墙较高位置上；接头采用热压焊接，接缝应平整、牢固，无裂口和脱胶现象。

5）中埋式止水带在转角处做成圆弧形；顶板、底板内止水带安装成盆状，并采用专用钢筋套或扁钢固定。

6）外贴式止水带在变形缝与施工缝相交部采用十字配件；外贴式止水带在变形缝转角部位宜采用直角配件。止水带埋设位置准确、固定牢靠，并与固定止水带的基层密贴，无空鼓、翘边等现象。

7）安设于结构内侧的可卸式止水带所需配件一次配齐，转角处做成45°坡角，并增加紧固件的数量。

8）嵌填密封材料的缝内两侧基面平整、洁净、干燥，并涂刷基层处理剂；嵌缝底部设置背衬材料；密封材料嵌填严密、连续、饱满，粘结牢固。

9）变形缝处表面粘贴卷材涂刷涂料前，在缝上设置隔离层和加强层。

（6）后浇带防水质量合格标准

1）后浇带用遇水膨胀止水条或止水胶、预埋注浆管、外贴式止水带符合设计要求。

2）补偿收缩混凝土的原材料及配合比符合设计要求。

3）后浇带防水构造符合设计要求。

4）采用掺膨胀剂的补偿收缩混凝土，其抗压强度、抗渗性能和限制膨胀率符合设计要求。

5）补偿收缩混凝土浇筑前，后浇带部位和外贴式止水带应采取保护措施。

6）后浇带两侧的接缝表面先清理干净，再涂刷混凝土界面处理剂或水泥基渗透结晶型防水涂料；后浇混凝土的浇筑时间符合设计要求。

7）后浇带用遇水膨胀止水条或止水胶、预埋注浆管、外贴式止水带施工与施工缝和变形缝施工方法一致。

8）后浇带混凝土采用一次浇筑成型，不得留施工缝；混凝土浇筑后及时养护，养护时间不少于28d。

第7章　市政工程质量检查、验收、评定

建筑工程的质量验收按照"验评分离、强化验收、完善手段、过程控制"的指导原则。

7.1　工程质量验收的划分

建筑工程质量验收应划分为单位（子单位）工程、分部（子分部）工程、分项工程和检验批。

7.1.1　单位工程划分的确定原则

（1）具备独立施工条件并能形成独立使用功能的建筑物及构筑物为一个单位工程。

（2）建筑规模较大的单位工程，可将其能形成独立使用功能的部分为一个子单位工程。

由于建筑规模较大的单体工程和具有综合使用功能的综合性建筑物日益增多，其中具备使用功能的某一部分有可能需要提前投入使用，以发挥投资效益。或某些规模特别大的工程，采用一次性验收整体交付使用可能会带来不便，因此，可将此类工程划分为若干个具备独立使用功能的子单位工程进行验收。

具有独立施工条件和能形成独立使用功能是单位（子单位）工程划分的两个基本要求。单位（子单位）工程划分通常应在施工前确定，并应由建设、监理、施工单位共同协商确定。这样不仅利于操作，而且可以方便施工中据此收集整理施工技术资料和进行验收。

7.1.2　分部工程划分的确定原则

（1）分部工程的划分应按专业性质、建筑部位确定。

（2）当分部工程较大或较复杂时，可按材料种类、施工特点、施工程序、专业系统及类别等划分为若干子分部工程。

7.1.3　分项工程的划分

分项工程应按主要工种、材料、施工工艺、设备类别等进行划分。

分项工程可由一个或若干检验批组成，检验批可根据施工及质量控制和专业验收需要进行划分。

检验批可以看作是工程质量正常验收过程中的最基本单元。分项工程划分成检验批进行验收，既有助于及时纠正施工中出现的质量问题，确保工程质量，也符合施工中的实际需要，便于具体操作。

7.2 隐蔽工程检查验收

7.2.1 隐蔽工程的定义

隐蔽工程是指那些在施工过程中上一道工序的工作结束，被下一道工序所掩盖，而无法进行复查的部位。例如地下管线的铺设、道路基层、结构钢筋混凝土工程的钢筋（埋件）等。隐蔽工程验收通常是结合质量控制中技术复核、质量检查工作来进行，重要部位改变时可摄影以备查考。

7.2.2 隐蔽工程的验收程序

隐蔽工程质量验收合格应符合下列规定：

（1）该工序工程涉及的所有质量检查项目，经抽样检（试）验全部合格。

（2）具有完整的施工操作依据，工程施工符合施工方案要求。

隐蔽工程的验收应由施工单位准备好自检记录，在隐蔽验收日提前 48h 通知相关单位验收；未经隐蔽工程验收合格，不得进行下道工序的施工。但如果建设方或监理工程师在施工单位通知检（试）验后 12h 内未能进行检（试）验，则视为建设方和监理检（试）验合格，施工方有权覆盖并进行下一道工序。

隐蔽工程质量验收，由专业监理工程师组织，参加验收的人员，一般情况下应是施工项目技术负责人、质量检查员等。对于没有实施监理的工程，应由建设项目技术负责人组织。对于地基加固处理以后的施工质量进行检查验收，还需要邀请设计单位、勘察单位在现场进行检查验收。

实际上，市政工程中的大多数分项工程都属于隐蔽工程；采用分项工程验收的，除有特殊要求外就无须在隐蔽前再进行一次隐蔽工程验收。

一个分项工程（或检验（收）批），可能经过若干个工序才能完成；当某个工序即将隐蔽时，才进行验收；也就是说，不属于分项工程（或检验（收）批）且需要在隐蔽前进行检查验收的工程，才进行隐蔽工程验收。如给水支管的沟槽开挖、支管安装等，一般应视为工序工程，应在隐蔽前填写隐蔽工程验收记录。

隐蔽工程完工后，应及时进行隐蔽工程验收，作为分项工程验收的依据。其他工序工程完工后，虽然不单独进行验收，但应及时将与质量相关的情况记入施工记录中，作为分项工程（或检验（收）批）质量验收的依据。

7.3 检验批的质量检查与验收

7.3.1 检验批的定义

检验批又称验收批，前者指施工单位自检，后者指监理人员主持的验收是施工质量控制和专业验收基础项目，通常需要按工程量、施工段、变形缝等进行划分。市政工程检验（收）批应参照相关专业工程验收规范，在工程施工前由施工单位会同有关方面共同确定。

7.3.2 检验批的质量检查与评定

对于检验批的质量评定，由于涉及分项工程、分部工程、单位工程的质量评定及工程项目能否验收，所以应仔细检查与评定，以确定能否验收。

验收批的设定应符合《给水排水管道工程施工及验收规范》GB 50268—2008、《给水排水构筑物工程施工及验收规范》GB 50141—2008、《城镇道路工程施工与质量验收规定》CJJ 1—2008、《城市桥梁工程施工与质量验收规范》CJJ 2—2008、《城镇燃气输配管道工程施工及验收规范》CJJ33—2005、《城镇供热管网工程施工及验收规范》CJJ 28—2004、《园林绿化工程施工及验收规范》CJJ 82—2012 等规范的规定。检验（收）批的质量评定主要有以下内容：

1. 主控项目

主控项目是涉及结构安全、节能、环境保护和主要使用功能起决定作用的检验项目。它们应全部满足标准规定的要求，质量经抽样检（试）验全部合格。主控项目中包括的主要内容是以下三方面：

1）重要材料、成品、半成品及附件的材质，检查出厂证明及试验数据。

2）结构的强度、刚度和稳定性等数据，检查试验报告。

3）工程进行中和完毕后必须进行检测，现场抽查或检查试测记录。

2. 一般项目

一般项目是除主控项目以外的检验项目。

（1）外观质量

外观质量对结构的使用要求、使用功能、美观等都有较大影响，必须通过抽样检查来确定能否合格，是否达到合格的工程内容。

外观质量的主要内容是：

1）允许有一定的偏差，但又不宜纳入允许偏差项目内，用数据规定"合格"和"不合格"。

2）对不能确定数值而又允许出现一定缺陷的项目，则以缺陷的数量来区分"合格"和"不合格"。

3）采用不同影响部位区别对待的方法来划定"合格"和"不合格"。如预制混凝土砌筑面层，大面积表面平整、稳固、无翘动、缝线直顺、灌缝饱满，无反坡积水，小面积有轻微缺陷为合格；如大面积平整度不佳、不稳固、有翘动等现象，就为不合格。

4）用程度来区分项目的"合格"和"不合格"。当无法定量时，就用不同程度的用词来区分合格与不合格。

（2）允许偏差项目

是结合对结构性能或使用功能、观感等的影响程度，根据一般操作水平允许有一定偏差，但偏差值在规定范围内的工程内容。

允许偏差值的数据有以下几种情况：

1）"正"、"负"要求的数值。

2）偏差值无"正"、"负"概念的数值，直接注明数字，不标符号。

3）要求大于或小于某一数值。

4）求在一定的范围内的数值。

5）用相对比例值确定偏差值。

市政工程现行验收规范的主控项目和一般项目中的实测项目应采取随机抽样检查，抽样取点应反映工程的实际情况。检查范围为长度者，应按规定的间距抽样，选取较大偏差点；其他应在规定的范围内选取最大偏差点。允许有偏差项目抽样检查超差点的最大偏差值；其他应在规定的范围内先取最大偏差点。允许有偏差项目抽样检查超差点的最大偏差值应在允许偏差值的 1.5 倍范围内。

实测项目合格率的公式为：

合格率＝［同一实测项目中的合格点(组)数/同一实测项目的应检点(组)数］×100％

7.3.3 检验批质量验收合格标准

检验批合格质量应符合下列规定：主控项目和一般项目的质量经抽样检验合格；具有完整的施工操作依据、质量检查记录。

检验批是工程验收的最小单位，是分项工程乃至整个建筑工程质量验收的基础。检验批是施工过程中条件相同并有一定数量的材料、构配件或安装项目，由于其质量基本均匀一致，因此可以作为检验的基础单位，并按批验收。

1. 主控项目和一般项目的质量经抽样检查合格

（1）主控项目

1）主控项目验收内容

① 建筑材料、构配件及建筑设备的技术性能与进场复验要求。如水泥、钢材的质量等。

② 涉及结构安全、使用功能的检测项目。如混凝土、砂浆的强度，钢结构的焊缝强度，管道的压力试验，电气的绝缘、接地测试等。

③ 一些重要的允许偏差项目，必须控制在允许偏差限值之内。

2）主控项目验收要求

主控项目的条文是必须达到的要求，是保证工程安全和使用功能的重要检验项目，是对安全、卫生、环境保护和公众利益起决定性作用的检验项目，是确定该检验批主要性能的。主控项目中所有子项必须全部符合各专业验收规范规定的质量指标，方能判定该主控项目质量合格。反之，只要其中某一子项甚至某一抽查样本检验后达不到要求，即可判定该检验批质量为不合格，则该检验批拒收。换言之，主控项目中某一子项甚至某一抽查样本的检查结果若为不合格时，即行使对检查批质量的否决权。

（2）一般项目

1）一般项目验收内容

一般项目是指除主控项目以外，对检验批质量有影响的检验项目，当其中缺陷（指超过规定质量指标的缺陷）的数量超过规定的比例，或样本的缺陷程度超过规定的限度后，对检验批质量会产生影响；包括的主要内容有：

① 允许有一定偏差的项目，而放在一般项目中，用数据规定的标准，可以有允许偏差范围，并有不到 20％ 的检查点可以超过允许偏差值，但也不能超过允许值的 150％。

② 对不能确定偏差值而又允许出现一定缺陷的项目，则以缺陷的数量来区分。

③ 其他一些无法定量的而采用定性的项目。

2）一般项目验收要求

一般项目也是应该达到检验要求的项目，只不过对少数条文也不影响工程安全和使用功能可以适当放宽一些，有些条文虽不像主控项目那样重要，但对工程安全、使用功能、重点的美观都有较大影响。一般项目的合格判定条件：抽查样本的 80％ 及以上（个别项目为 90％ 以上，如混凝土规范中梁、板构件上部纵向受力钢筋保护层厚度等）符合各专业验收规范规定的质量指标，其余样本的缺陷通常不超过规定允许偏差值的 1.5 倍（个别规范规定为 1.2 倍，如钢结构验收规范等）。具体应根据各专业验收规范的规定执行。

检验批的合格质量主要取决于对主控项目和一般项目的检验结果。主控项目是对检验批的基本质量起决定性影响的检验项目，因此必须全部符合有关专业工程验收规范的规定。这意味着主控项目不允许有不符合要求的检验结果，即这种项目的检查具有否决权。鉴于主控项目对基本质量的决定性影响，从严要求是必需的。

2. 具有完整的施工操作依据和质量检查记录

检验批合格质量的要求，除主控项目和一般项目的质量经抽样检验符合要求外，其施工操作依据的技术标准尚应符合设计、验收规范的要求。采用企业标准的不能低于国家、行业标准。质量控制资料反映了检验批从原材料到最终验收的各施工工序的操作依据，检查情况以及保证质量所必需的管理制度等。对其完整性的检查，实际是对过程控制的确认，这是检验批合格的前提。

只有上述两项均符合要求，该检验批质量方能判定合格。若其中一项不符合要求，该检验批质量则不得判定为合格。

有关质量检查的内容、数据、评定，由施工单位项目专业质量检查员填写，检验批验收记录及结论由监理单位监理工程师填写完整。

根据《建筑工程施工质量验收统一标准》GB 50300—2013 的规定，检验批质量验收记录应按表 7-1 的格式填写。

检验批质量验收记录　　　　　　　　　　　　　　　　表 7-1

工程名称		分项工程名称		验收部位	
施工单位		专业工长		项目经理	
施工执行标准名称及编号					
	质量验收规范的规定		施工单位检查评定记录	监理（建设）单位验收记录	
主控项目	1				
	2				
	3				
	4				
	5				
	6				
	7				
	8				
	9				
一般项目	1				
	2				
	3				
	4				
施工单位检查结果评定		项目专业质量检查员：　　　　　　　年　　月　　日			
监理（建设）单位验收结论		监理工程师（建设单位项目专业技术负责人）　　　　年　　月　　日			

7.4 分项工程、分部工程、单位工程的质量检查与验收

7.4.1 市政工程分项工程、分部工程、单位工程的划分

分项工程和分部工程是组成单位工程的基本单元，单位工程能否验收取决于分项工程和分部工程能否验收。因此，可以说单位工程的质量评定与验收是寓于分项工程和分部工程的质量评定与验收之中。为此，质量员必须掌握分项工程质量的评定内容，把好每一关，才能与监理人员一道为单位工程顺利验收创造良好的条件。

市政工程质量验收涉及工程施工过程验收和竣工验收，是工程施工质量控制的重要环节，合理划分市政工程施工质量验收层次是非常必要的。特别是不同专业工程的验收批确定，将直接影响到单位工程质量验收工作的科学性、实用性及可操作性。因此有必要在工程施工前，各方共同确定。

7.4.2 分项工程、分部工程、单位工程的质量验收

1. 分项工程的质量验收

（1）分项工程验收由专业监理工程师组织施工项目专业技术负责人等进行。分项工程验收是在检验批验收合格的基础上进行，由施工项目专业技术负责人填写，记录表见表7-2，通常起一个归纳整理的作用，是一个统计表，没有实质性验收内容。主要注意：一是检查检验批是否将整个工程覆盖了，有没有漏掉的部分；二是检查有混凝土、砂浆试块要求的检验批，到龄期后能否达到规范规定；三是将检验批的资料统一，依次进行登记整理，方便管理。

（2）判定分项工程质量验收合格应符合下列规定：

1）分项工程所含检验批均应验收合格。

2）分项工程所含检验批的质量验收记录应完整，如表7-2所示。

2. 分部工程的质量验收

分部（子分部）工程的验收，由于单位工程体量的增大，复杂程度的增加，专业施工单位的增多，为了分清责任、及时整修等，分部（子分部）工程的验收就显得较为重要，以往一些到单位工程阶段进行验收的内容，现在被移到分部（子分部）工程来了，除了分项工程的核查外，还有质量控制资料核查；安全、功能项目的检测；观感质量的验收等。

分部（子分部）工程应由施工单位将自行检查评定合格的表格填好后，由项目负责人交监理单位或建设单位验收。由总监理工程师组织施工项目负责人和项目技术负责人进行。有关勘察（地基与基础分部）、设计项目负责人和施工单位技术、质量部门负责人应参加地基与基础及主体结构、节能分部等工程的验收，并按表的要求进行记录，见表7-3。

（1）分部工程的验收内容

1）分项工程

按分项工程第一个检验（收）批施工先后的顺序，将分项工程名称填写上，在第二格内分别填写各分项工程实际的检验（收）批数量，即分项工程验收表上检验（收）批数量，并将各分项工程评定表按顺序附在表后。

____分项工程质量验收记录

表 7-2

工程名称		结构类型		检验批数	
施工单位		项目经理		项目技术负责人	
分包单位		分包单位负责人		分包项目经理	

序号	检验批部位、区段	施工单位检查评定结果	监理(建设)单位验收结论
1			
2			
3			
4			
5			
6			
7			
8			
9			
10			
11			
12			
13			
14			
15			
16			
17			

检查结论	项目专业 技术负责人: 年　月　日	验收结论	监理工程师 (建设单位项目专业技术负责人) 年　月　日

____分部(子分部)工程质量验收记录

表 7-3

工程名称		结构类型			
施工单位		技术部门负责人		质量部门负责人	
分包单位		分包单位负责人		分包技术负责人	

序号	分项工程名称	检验批数	施工单位检查评定	验收意见
1				
2				
3				
4				
5				
6				

质量控制资料	
安全和功能检验(检测)报告	
观感质量验收	

验收单位	分包单位	项目经理　　年　月　日
	施工单位	项目经理　　年　月　日
	勘察单位	项目负责人　　年　月　日
	设计单位	项目负责人　　年　月　日
	监理(建设)单位	总监理工程师 (建设单位项目专业负责人)　　年　月　日

施工单位检查评定栏，填写施工单位自行检查评定的结果。核查一下分项工程是否都通过验收，有关有龄期试验的合格评定是否达到要求。自检符合要求的，可打"√"标注，否则打"✗"标注。有"✗"的项目不能交给监理单位或建设单位验收，应进行返修，达到合格后再提交验收。监理单位或建设单位由总监理工程师或建设单位项目专业工程技术负责人组织审查，在符合要求后，在验收意见栏内签注"同意验收"意见。

2）质量控制资料

能基本反映工程质量情况，达到保证结构安全和使用功能的要求，即可通过验收。全部项目都通过，即可在施工单位检查评定栏内标注"齐全、合格"，并送监理单位或建设单位验收，由监理单位总监理工程师组织审核，在符合要求后，在验收意见栏内签注"同意验收"意见。

有些工程可按子分部工程进行资料验收，有些工程可按分部工程进行资料验收，由于工程不同，灵活掌握。

3）安全和功能检（试）验（检测）报告

这个项目是指竣工抽样检测的项目，能在分部（子分部）工程中检测的，尽量放在分部（子分部）工程中检测。在核查时要注意，在开工之前确定的项目是否都进行了检测。逐一检查每个检测报告时，核查每个检测项目的检查方法、程序是否符合有关标准规定；检测结果是否达到规范的要求；检测报告的审批程序签字是否完整；并在每个报告上标注审查同意。每个检测项目都通过审查，即可在施工单位检查评定栏内标注"符合要求、合格"。由项目负责人送监理单位或建设单位验收，监理单位总监理工程师或建设单位项目专业负责人组织审查，在符合要求后，在验收意见栏内签注"同意验收"意见。

4）观感质量验收

在观感质量验收时，实际不单单是外观质量，还有能启动或运转的要启动或试运转，能打开看的打开看，有代表性的部位都应走到，并由施工项目负责人组织进行现场检查，经检查合格后，将施工单位填写的内容填写好后，由项目负责人签字后交监理单位或建设单位验收。监理单位由总监理工程师或与建设单位项目专业负责人为主导共同确定质量评价——好、一般、差，由施工单位的项目负责人和总监理工程师或建设单位项目专业负责人共同确认。如评价观感质量差的项目，能修理的尽量修理，如果确难修理时，只要不影响结构和使用功能的，可采用协商解决的方法进行验收，并在验收表上注明，然后将验收评价结论填写在分部（子分部）工程观感质量验收意见栏内。

（2）判定分部工程质量验收合格应符合下列规定：

① 分部工程所含分项工程的质量均应验收合格。

② 质量控制资料应完整。

③ 地基与基础、主体结构和设备安装等分部工程有关安全及功能的检验和抽样检测结果应符合有关规定。

④ 外观质量验收应符合要求。

3. 单位工程的质量验收

单位（子单位）工程质量验收由五部分内容组成，每一项内容都有各自的专门验收记录表，而单位（子单位）工程质量竣工验收记录表是一个综合性的表，是各项目验收合格后填写的。单位（子单位）工程由建设单位（项目）负责人组织施工单位（含分包单位）、设计单位、监理等单位（项目）负责人进行验收。单位（子单位）工程验收表由参加验收单位盖公章，并由负责人签字。单位（子单位）工程质量控制资料核查表、单位（子单位）工程观感质量核查表、单位（子单位）工程结构安全和使用功能性检测记录表则由施工单位项目负责人和总监理工程师（或建设项目负责人）签字。

（1）单位工程的验收内容

1）分部工程，对所含分部工程逐项检查

首先由施工单位的项目负责人组织有关人员对分部（子分部）逐个进行检查评定。所含分部（子分部）工程检查合格后，由项目负责人提交验收。经验收组成员验收后，由施工单位填写单位（子单位）工程质量竣工验收记录表"验收记录"栏，注明共验收几个分部，经验收符合标准及设计要求的几个分部。审查验收的分部工程全部符合要求，有监理单位在表"验收结论"栏内，写上"同意验收"的结论。

2）质量控制资料核查

这项内容有专门的验收表格，也是先由施工单位检查合格，再提交监理单位验收。其全部内容在分部（子分部）工程中已经审查。通常单位（子单位）工程质量控制资料核查，也是按分部（子分部）工程逐项检查和审查。一个分部工程只有一个子分部工程时，子分部工程就是分部工程；多个子分部工程时，可一个一个地检查和审查，也可按分部工程检查和审查。每个子分部、分部工程检查审查后，也不必再整理分部工程的质量控制资料，只将其依次装订起来，封面写上分部工程的名称，并将所含子分部工程的名称依次填写在下边就行了。然后将各个子分部工程审查的资料逐项进行统计，填入验收记录栏内。通常共有多少项资料，经审查也都应符合要求，如果出现有核定的项目时，应查明情况，只有是协商验收的内容，填在验收结论栏内，通常严禁验收的事件，不会留在单位工程来处理，这项也是先施工单位自行检查评定合格后，提交验收，由总监理工程师或建设单位项目负责人组织审查符合要求，在验收结论栏内，写上"工程质量控制资料齐全，同意验收"的意见。

3）安全和使用功能核查及抽查结果

这项内容有专门的验收表格，这个项目包含两个方面的内容：一是在分部（子分部）进行了安全和功能检测的项目，要核查其检测报告结论是否符合设计要求；二是在单位工程进行的安全和功能抽测项目，要核查其项目是否与设计内容一致，抽测的程序、方法是否符合有关规定，抽测报告的结论是否达到设计要求及规范规定。这个项目也是由施工单位检查评定合格，再提交验收，由总监理工程师或建设单位项目负责人组织审查，程序内容基本是一致的，按项目逐个进行核查验收，然后统计核查的项数和抽查的项数，填入验收记录栏，并分别统计符合要求的项数，填入验收记录栏相应的空档内。通常两个项数是一致的，如果个别项目的抽测结果达不到设计要求，则可以进行返工处理，直至达到符合要求，由总监理工程师或建设单位项目负责人在表中的验收结论栏内填写"该单位（子单位）工程安全和功能检（试）验资料核查及主要功能抽查符合设计要求"，在单位（子单位）工程质量竣工验收记录表中验收结论栏内填写"同意验收"的结论。

如果返工处理后仍达不到设计要求，就要按不合格处理程序进行处理。

4）观感质量验收

观感质量检查的方法同分部（子分部）工程，单位工程观感质量检查验收不同的是项目比较多，是一个综合性验收。实际是复查一下各分部（子分部）工程验收后，到单位工程竣工的质量变化，成品保护以及分部（子分部）工程验收时，还没有形成部分的观感质量等。这个项目也是先由施工单位检查评定合格，提交验收。由总监理工程师或建设单位项目负责人在表的验收结论栏目内填写"好"、"一般"、"差"（"差"的项目应进行返修后重新验收）。

质量评定根据抽查质量状况，有80％及以上打"√"的，且其他点均基本满足规范规定，满足安全和使用功能，质量评价为"好"；达不到80％，且无"✖"的应为"一般"；有一处（点）不满足规范规定，影响安全和使用功能的应为"差"。

观感质量综合评价：所检项目有50％及以上达到好的，应评价为好，达不到50％应为一般。

在单位（子单位）工程质量竣工验收记录表中验收结论栏内填写"观感质量综合评价"的结论——"好"或"一般"，如果有不符合要求的项目，就要按不合格处理程序进行处理。

5）验收结论

施工单位应在工程完工后，由项目负责人组织有关人员，对验收内容逐项进行查对，并将表格中应填写的内容进行填写，自检评定符合要求后，在验收记录栏内填写各有关项数，交建设单位组织验收。综合验收是指在前五项内容均验收符合要求后进行的验收，即按单位（子单位）工程质量竣工验收记录表进行验收。验收时在建设单位组织下，由建设单位相关专业人员及监理单位专业监理工程师和设计单位、施工单位相关人员分别核查验收有关项目，并由总监理工程师组织进行现场观感质量检查。经各项目审查符合要求时，由建设单位在验收结论栏内填写"同意验收"意见。各栏均同意验收且经各参加检（试）验方共同同意商定后，由建设单位填写"综合验收结论"，可填写为"通过验收"。

（2）单位工程质量验收

判定单位工程质量验收合格应符合下列规定：

1）单位工程所含分部工程的质量均应验收合格。

2）质量控制资料应完整。

3）单位工程所含分部工程中有关安全、节能、环境保护和主要使用功能的检验资料应完整。

4）主要使用功能的抽查结果应符合相关专业质量验收规范的规定。

5）外观质量应符合要求。

（3）工程竣工验收报告

7.4.3　工程质量验收不符合要求时的处理

一般情况下，不合格现象在检验批的验收时就应发现并及时处理，所有质量隐患必须尽快消灭在萌芽状态，否则将影响后续检验批和相关的分项工程、分部工程的验收。但非正常情况可按下述规定进行处理：

（1）经返工重做或更换器具、设备的检验批，应重新进行验收。这种情况是指主控项目不能满足验收规范规定或一般项目超过偏差限制的子项不符合检验规定的要求时，应及时进行处理的检验批。其中，严重的缺陷应推倒重来；一般的缺陷通过返修或更换器具、设备予以解决，应允许施工单位在采取相应的措施后重新验收。如能够符合相应的专业工程质量验收规范，则应认为该检验批合格。

（2）经有资质的检测单位鉴定达到设计要求的检验批，应予以验收。这种情况是指个别检验批发现试块强度等不满足要求等问题，难以确定是否验收时，应请具有资质的法定检测单位检测，当鉴定结果能够达到设计要求时，该检验批应允许通过验收。

（3）经有资质的检测单位鉴定达不到设计要求但经原设计单位核算认可能满足结构安全和使用功能的检验批，可予以验收。

这种情况是指，一般情况下，规范标准给出了满足安全和功能的最低限度要求，而设计往往在此基础上留有一些余量。不满足设计要求和符合相应规范标准的要求，两者并不矛盾。

（4）经返修或加固的分项、分部工程，虽然改变外形尺寸但仍能满足安全使用要求，可按技术处理方案和协商文件进行验收。

这种情况是指更为严重缺陷或范围超过检验批的更大范围内的缺陷可能影响结构的安全性和使用功能。如经法定检测单位检测鉴定以后认为达不到规范标准的相应要求，即不能满足最低限度的安全储备和使用功能，则必须按一定的技术方案进行加固处理，使之能保证其满足安全使用的基本要求。这样会造成一些永久性的缺陷，如改变结构的外形尺寸，影响一些次要的使用功能等。为了避免社会财富更大的损失，在不影响安全和主要使用功能条件下可按处理技术方案和协商文件进行验收，但不能作为轻视质量而回避责任的一种出路，这是应该特别注意的。

（5）通过返修或加固仍不能满足安全使用要求的分部工程、单位（子单位）工程，严禁验收。

第8章　工程质量问题的分析、预防与处理方法

8.1　施工质量问题的分类与识别

8.1.1　工程施工质量问题的分类

工程质量问题一般分为工程质量缺陷、工程质量通病、工程质量事故。

1. 工程质量缺陷

工程施工中不符合规定要求的检（试）验项或检（试）验点，按其程度可分为严重缺陷和一般缺陷。

一般缺陷：对结构构件的受力性能或安装使用性能无决定性影响的缺陷。

严重缺陷：对结构构件的受力性能或安装使用性能有决定性影响的缺陷。

2. 工程质量通病

工程质量通病是指各类影响工程结构、使用功能和外形观感的常见性质量损伤，主要是由于施工操作不当、管理不严而引起质量问题。

（1）现浇钢筋混凝土工程出现蜂窝、麻面、露筋。

（2）砂浆、混凝土配合比控制不严、试块强度不合格。

（3）路基压实度达不到标准规定值。

（4）钢筋安装箍筋间距不一致。

（5）桥面伸缩装置安置不平整。

（6）金属栏杆、管道、配件锈蚀。

（7）钢结构面锈蚀，涂料粉化、剥落等。

3. 工程质量事故

依据住房和城乡建设部发布《关于做好房屋建筑和市政基础设施工程质量事故报告调查处理工作的通知》（建质〔2010〕111号）。根据工程质量事故造成的人员伤亡或者直接经济损失，工程质量事故分为4个等级。

（1）特别重大事故，是指造成30人以上死亡，或者100人以上重伤，或者1亿元以上直接经济损失的事故。

（2）重大事故，是指造成10人以上30人以下死亡，或者50人以上100人以下重伤，或者5000万元以上1亿元以下直接经济损失的事故。

（3）较大事故，是指造成3人以上10人以下死亡，或者10人以上50人以下重伤，或者1000万元以上5000万元以下直接经济损失的事故。

（4）一般事故，是指造成3人以下死亡，或者10人以下重伤，或者100万元以上1000万元以下直接经济损失的事故。

本等级划分所称的"以上"包括本数，所称的"以下"不包括本数。

国家明确工程质量事故是指由于建设、勘察、设计、施工、监理等单位违反工程质量有关法律法规和工程建设标准，使工程产生结构安全、重要使用功能等方面的质量缺陷，造成人身伤亡或者重大经济损失的事故。

8.1.2　工程质量事故常见的成因

（1）违背建设程序。

（2）违反法规行为。

（3）地质勘察失误。

（4）设计差错。

（5）施工与管理不到位。

（6）使用不合格的原材料、制品及设备。

（7）自然环境因素。

（8）使用不当。

8.1.3　质量问题的识别

（1）按标准或规范的要求对原材料、半成品进行抽样、检（试）验，发现未达到要求的。

（2）依据验评规范对施工工序、分项、分部及单位工程进行抽样检查/验收，出现不符合要求的。

（3）采购产品（含顾客提供的产品）的技术指标达不到设计的要求和标准的。

通过识别后，对质量问题分类进行分析和处理。

8.1.4　不合格品的判断依据

（1）设计施工图中各项技术要求和指标。

（2）国家有关的施工技术规范、质量验收标准。

（3）在施工过程中建设方、监理单位、上级部门等下发的整改通知书等。

8.1.5　质量问题与事故的处理方法

1. 工程质量问题、事故发生的原因

由于市政工程工期较长，所用材料品种复杂，在施工过程中，受社会环境和自然条件方面异常因素的影响，致使工程质量问题表现各异，引起工程质量问题的成因也错综复杂。通过对大量质量问题调查与分析，确定发生的原因主要有：人员、材料、方法、机械（含设备）以及环境等方面。前面已有叙述，在此不再赘述。

2. 工程质量问题、事故处理的程序

（1）处理的程序

1）工程质量事故发生后，事故发生单位根据事故的等级在规定时限内及时向有关部门报告。

2）质量监理方发出通知，责令整改；根据质量事故的严重程度，必要时由质量监督机构责令暂停下道工序施工，或由建设行政主管部门发出停工通知。

3）根据事故等级，按照分级管理的原则，成立事故调查组。

4）事故调查组现场勘察、取证。

5）补充调查，必要时委托有相应资质单位进行第三方检测鉴定。

6）分析事故原因。

（2）处理方法

1）修补处理

当工程的某些部分的质量虽未达到规范、标准规定或设计要求，存在一定的缺陷，但经过修补后还可以达到标准要求，又不影响使用功能或外观要求的，可以做出进行修补处理的决定。例如：某些混凝土结构表面出现蜂窝麻面，经调查分析，该部位经修补处理后，不影响其使用及外观要求。

2）返工处理

当工程质量未达到规定的标准或要求，有明显的严重质量问题，对结构的使用和安全有重大影响，修补的办法不能给予纠正时，应做出返工处理的决定。例如：某结构预应力按规范规定张拉力安全系数为 1.3，但实际仅为 0.9，属于严重的质量缺陷，也无法修补，只能做出返工的决定。

3）限制使用

当不合格品按修补方式处理后仍无法保证达到设计的使用要求和安全，而又无法返工处理的情况下，不得已时可以做出结构卸荷、减荷以及限制使用的决定。

4）不做处理

某些工程质量缺陷虽然不符合设计的要求，但对工程使用或结构的安全影响不大，经过分析、论证后，也可做不做专门处理的决定，不做处理的情况一般有以下几种：

① 不影响结构安全和使用功能的。如有的建筑物出现放线定位偏差，若要纠正则会造成重大经济损失，若其偏差不大，不影响使用要求，在外观上也无明显影响，经分析论证后可不做处理。又如某些隐蔽部位的混凝土表面裂缝，经检查分析属于表面养护不够的干缩裂缝，不影响使用及外观，也可不做处理。

② 不严重的质量缺陷，经后续工序可以弥补的，如混凝土的轻微蜂窝麻面或墙面，可以通过后续的抹灰、喷漆或装饰等工序弥补，可以不专门进行处理。

③ 出现的质量缺陷，经复核验算，仍然满足设计要求的。如某楼板厚度偏小，但经复核后仍能满足设计的承载能力，可考虑不再处理，这种做法实际上在利用设计参数的安全余量，因此需要慎重处理。

8.2 城镇道路工程常见质量问题、原因分析及预防处理

8.2.1 路基工程常见质量问题、原因分析及预防处理方法

1. 挟带有机物或过湿土的回填

（1）质量问题及现象

在填土中含有树根、木块、杂草或有机垃圾等杂物或过湿土，有机物的腐烂，会形成土体内的空洞。超过压实最佳含水量的过湿土，达不到要求的密实度，都会造成路基不均

匀沉陷，使路面结构变形。

（2）原因分析

1）路基填土中不能含有机物质，本是最基本常识，主要是施工操作者技术素质过低，管理者控制不严。

2）取土土源含水量过大或备土遇雨，造成土的过湿，又不加处理直接使用。

（3）预防处理方法

1）属于填土路基，在填筑前要清除地面杂草、淤泥等，过湿土及含有有机质的土一律不得使用。属于沟槽回填，应将槽底木料、草帘等杂物清除干净。

2）过湿土，要经过晾晒或掺加干石灰粉，降低至接近最佳含水量时再进行摊铺压实。

2. 带水回填

（1）质量问题及现象

多发生在沟槽回填土中，积水不排除，带泥水回填土。带泥水回填的土层，其含水量是处于饱和状态的，不可能夯实。当地下水位下降，饱和水下渗后，将造成填土下陷，危及路基的安全。

（2）原因分析

由于地下水位高于槽底，又无降水措施，或降水措施不利，或在填土前停止降水，地下水积于槽内。或因浅滞水流入槽内，雨水或其他水流入槽内，不经排净即行回填。

（3）预防处理方法

1）排除积水，清除淤泥疏干槽底，再进行分层回填夯实。

2）如有降水措施的沟槽，应在回填夯实完毕，再停止降水。

3）如排除积水有困难，也要将淤泥清除干净，再分层回填砂或砂砾，在最佳含水量下进行夯实。

3. 回填冻块土和在冻槽上回填

（1）质量问题及现象

冬期施工回填土时回填冻土块或在已冻结的底层上回填。因膨胀的冻块融解，在填土层中形成许多空隙，不能达到填土层均匀密实，如回填大冻块其周围受冻块支垫也不能夯实。土体一经结冻，体积膨胀，化冻后会造成回填下沉。

（2）原因分析

1）技术交底不清，质量管理不严。冬施措施未加规定。

2）槽底或已经夯实的下层，未连续回填又不覆盖或覆盖不利，造成受冻。

（3）预防处理方法

1）施工管理人员应向操作工人做好技术交底；同时要严格管理，不得违章操作。

2）要掏挖堆存土下层不冻土回填，如堆存土全部冻结或过湿，应换土回填。

3）回填的沟槽如受冻，应清除冻层后回填。在暂时停顿或隔夜继续回填的底层上要覆盖保温。

4. 不按土路床工序作业

（1）质量问题及现象

1）把路面结构直接铺筑在未经压实的土路床上。

2）虽经压实，但不控制或不认真控制其压实度、纵、横断高程、平整度和碾压宽度。

3）不经压实的土路床，等于路面结构铺筑在软地基上，其软基有较大的空隙，经过雨季雨水的渗透以及冬春的水分积聚，软土基中会充入大量水分，使土基稳定性降低，支承不住路面结构，路面将出现早期变形破坏。

4）不作土路床工序，便不能及时发现土质不良的软弱土基或含水量过大的土层，当作上面结构层时，"弹簧"现象反射上来，会造成结构层大面积返工。

5）不控制土路床的纵、横断面高程，光控制其上结构层的高程，将不能保证结构层的设计厚度，会出现薄厚不均，不能满足设计要求的薄弱部分，会出现过早破坏。

6）不控制土路床的平整度，虽经碾压，但凹凸部分的峰、谷长度小于碾轮接触面，即属于疙瘩坑表面，密实度会不均匀。突起部分密实度高，低洼部分密实度差，这种状况会反射到路面结构层上来，造成路面结构层的密实度和强度也不均匀。

（2）原因分析

1）施工单位技术素质低，不了解不做土路床的危害。

2）施工单位有意偷工减序，只图省工、省时、省机械。

3）只顾工程进度，不顾工程质量。

（3）预防处理方法

1）对技术素质偏低的施工单位或人员应进行培训，施工时作好工序技术交底。

2）要按照路床工序的要求，在控制中线高程、横断高程、平整度的基础上，填方路段路床向下 0～80cm 范围内，挖方路段路床向下 0～30cm 范围内要达到重型击实标准95％压实度。

3）路床工序中的密实度项目和路面各结构层一样是主控项目，必须加强土路床工序的质量控制。

5. 土路床的压实宽度不到位

（1）质量问题及现象

路床的碾压宽度普遍或局部小于路面结构宽度。土路床的碾压宽度窄于路面结构宽度，路面结构的边缘坐落在软基上。当软基较干燥时有一定的支承力，结构层能成活，当软基受雨水浸透或冬春水分集聚，土基失去稳定性时，路边将下沉造成掰边。

（2）原因分析

边线控制不准，或边线桩丢失、移位、修整和碾压失去依据。

（3）预防处理方法

1）是填土路段填筑路基时，还是挖方路段，开挖路槽时，测量人员应将边线桩测设准确，随时检查桩位是否有变动，如有遗失或移位，应及时补桩或纠正桩位。

2）碾压边线应超出路面结构宽度（包括道牙基础宽度）每侧不得小于10cm。

6. 路床的干碾压

（1）质量问题及现象

在干燥季节，施作土路床工序过程中，水分蒸发较快，在路床压实深度内的土层干燥，不洒水或只表面洒水，路床压实层达不到最佳密实度。达不到要求的密实度，经受不住车辆荷载的考验，缩短路面结构的寿命，出现早期龟裂损坏。

（2）原因分析

1）忽视土路床密实度的重要性或强调水源困难或强调洒水设备不足。

2）有意（明知）或无意（不理解）违章操作。

（3）预防处理方法

1）教育施工人员理解路床土层密实度对结构层稳定性的重要性。

2）如果路床土层干燥，应实行洒水翻拌的方法，直至路床土层（0～30cm）全部达到最佳含水量时再行碾压。

7. 路基"弹簧"

（1）质量问题及现象。路基土压实时受压处下陷，四周弹起，呈软塑状态，体积得不到压缩，不能密实成型。

（2）原因分析

1）填土为黏性土时的含水量超过最佳含水量较多。

2）碾压层下有软弱层，且含水量过大，在上层碾压过程中，下层弹簧反射至上层。

3）翻晒、拌合不均匀。

4）局部填土混入冻土或过湿的淤泥、沼泽土、有机土、腐殖土以及含有草皮、树根和生活垃圾的不良填料。

5）透水性好与透水性差的土壤混填，且透水性差的土壤包裹了透水性好的土壤，形成了"水壤"。

（3）预防和处理方法

1）避免用天然稠度小于1.1、液限大于40、塑性指数大于18、含水量大于最佳含水量两个百分点的土作为路基填料。

2）清除碾压层下软弱层，换填良性土壤后重新碾压。

3）对产生"弹簧"的部位，可将其过湿土翻晒、拌合均匀后重新碾压；或挖除换填含水量适宜的良性土壤后重新碾压。

4）对产生"弹簧"且急于赶工的路段，可掺生石灰粉翻拌，待其含水量适宜后重新碾压。

5）严禁异类土壤混填，尤其是不能用透水性差的，包裹透水性好的土壤，形成"水囊"。

6）填筑上层时应开好排水沟，或采取其他措施降低地下水位到路基50cm以下。

7）填筑上层时，应对下层填土的压实度和含水量进行检查，待检查合格后方能填筑上层。

8. 路基填筑过程中翻浆

（1）质量问题及现象

路基填筑过程中发生翻浆现象是屡见不鲜的。所谓翻浆就是填筑过程中紧前层或当前层填料含水量偏大，碾压时出现严重"弹簧"、鼓包、车辙、挤出泥浆，这种现象就叫作翻浆。有的是局部一块，有的是一个段落，此刻填筑层无法碾压密实。

（2）原因分析

路基填筑时，以下场合易出现翻浆：

1）地下水位较高的洼地。

2）近地表下1～3m处有淤泥层。

3）坑塘、水池排水后的淤泥含水量大，填土无法排淤。

4）低位段土后横向阻水，填筑层遭水浸后再填筑，下层易产生翻浆。

5）所填土中黏性土和非黏性土混填，黏性土含水量大，碾压中黏性土呈泥饼状，形成局部翻浆。

6）透水性差的土壤包裹透水性好的土壤，且透水性好的土壤含水量大，形成"水囊"。

（3）预防和处理方法

1）对于施工中发生的路基翻浆区别情况分别对待，小面积挖开晾晒后重压。

2）深度大于60cm的翻浆可掺加生石灰粉处理。

3）翻浆面积不太大而严重段，可抛石处理。

4）对于属于天然地基问题产生的翻浆，可布设土工格设反滤设置导滤沟，然后填干土碾压施工。

5）对于地表下4～6m存在淤泥层导致的翻浆，可采用压力注浆办法处理。

6）注意不同性质的土应分别填筑，不得混填。

9. 路基表面松散、起皮

（1）质量问题及现象

路基填筑层压实作业接近设计压实度时，表面起皮、松散、成型困难。

（2）原因分析

1）路基填筑起皮的原因一般为：填筑层土的含水量不均匀且表面失水过多；为调高程而贴补薄层；碾压机具不足，碾压不及时，未配置胶轮压路机；含砂低液限粉土、低液限粉土自身粘结力差，不易于碾压成型。

2）路基填筑层松散的原因一般为：施工路段偏长，拌合、粉碎、压实机具不足；未及时碾压，表层失水过多；填料含水量低于最佳含水量过多；碾压完护，表面遭受冰冻。

（3）预防处理方法

1）防治路基填筑层起皮的措施是：确保填筑层的含水量均匀且与最佳含水量差值在规定范围内；合理组织施工，配备足够合适的机具，保证翻晒均匀、碾压及时；严禁薄层贴补，局部低洼之处，应留待修筑上层结构时解决；路基秋冬或冬春交接之际施工，填筑层碾压完毕，应及时封土保温，以免冻害；昼夜平均气温连续10d以上在−3℃以下时，路基施工应按规范"冬期施工"要求执行；当利用粘结力差的含水量较小的砂砾低液限粉土、低液限粉土填筑路基时，碾压过程中应适量洒水，补充填筑层表面含水量，可防止"起皮"现象的出现。

2）防治路基填筑层松散的措施是：合理确定施工段长度，合理匹配压实机具，保证碾压及时；适当洒水后重新碾压；确保填料含水量与最佳含水量差值在规定范围内。

10. 路基出现纵向开裂

（1）质量问题及现象。路基交工后出现纵向裂缝，甚至形成错台。

（2）原因分析

1）清表不彻底，路基基底存在软弱层或坐落于古河道处。

2）沟、塘清淤不彻底、回填不均匀或压实度不足。

3）路基压实不均。

4）旧路利用路段，新旧路基结合部未挖台阶或台阶宽度不足。

5）半填半挖路段未按规范要求设置台阶并压实。

6）使用渗水性、水稳性差异较大的土石混合料时，错误地采用了纵向分幅填筑。

7）因边坡过陡、行车渠化、交通频繁振动而产生滑坡，最终导致纵向开裂。

（3）预防处理方法

1）应认真调查现场并彻底清表，及时发现路基底暗沟、暗塘、消除软弱层。

2）彻底清除沟、塘淤泥，并选用水稳性好的材料严格分层回填，严格控制压实度满足设计要求。

3）提高填筑层压实均匀度。

4）半填半挖路段，地面横坡大于1∶5及旧路利用路段，应严格按规范要求将原地面挖成不小于1m的台阶并压实，或设置土工格栅相互搭接。

5）渗水性、水稳性差异较大的土石混合料应分层或分段填筑，不宜纵向分幅填筑。

6）若遇有软弱层或古河道，填土路基完工后应进行超载预压，预防不均匀沉降。

7）严格控制路基边坡坡度符合设计要求，杜绝亏坡现象。

（4）处理措施

路面结构层出现纵向裂缝，可采用聚合物、高强水泥胶液压力灌缝；沥青路面出现纵向裂缝，可采用开槽灌沥青胶防水处理；路基出现纵向裂缝，可采取边坡加设护坡道的措施。

11. 路基横向裂缝

（1）质量问题及现象。路基出现横向裂缝，将会反射至路面基层、面层，如不能有效预防，将会加重地表水对路基结构的整体性和耐久性的影响。

（2）原因分析

1）路基填料直接使用了液限大于50、塑性指数大于26的土。

2）同一填筑层路基填料混杂，塑性指数相差悬殊。

3）路基顶填筑层作业段衔接施工工艺不符合规范要求。

4）路基顶下层平整度填筑厚度相差悬殊，且最小压实厚度小于8cm。

（3）预防处理方法

1）路基填料禁止直接使用液限大于50、塑性指数大于26的土；当选材困难时，必须直接使用时，应采取相应的技术措施。

2）不同种类的土应分层填筑，同一填筑层不得混用。

3）路基顶填筑层分段作业施工，两段交接处，应按规定处理。

4）严格控制路基每一填筑层的标高、平整度，确保路基顶填筑层压实厚度不小于8cm。

12. 路基交工后超限沉降

（1）质量问题及现象

路基交工后整体下沉与桥梁或其他构筑物的差异沉降使衔接处形成错台。

（2）原因分析

1）粉喷桩、挤密碎石桩、塑料排水板打入深度、间距达不到设计要求。

2）粉喷桩复搅深度或粉喷量未达到设计要求。

3）挤密碎石桩未进行反插。

4）高填方段预压或超载预压沉降尚未稳定，就提前卸载。

5）软基处理质量未达到设计要求，结构物的桩未打穿软弱层。

6）遇有淤泥、软泥时清除不到位，路基与地基原状土间没有充分压实。

7）台背换填质量、施工过程控制不符合规范要求，填筑层没有充分压实。

8）构筑物与路基结合部填土，特别是开挖后的回填土，施工时分层填筑不严格，碾压效果差，压实度降低。

（3）预防处理方法

1）粉喷桩、挤密碎石桩、塑料排水板打入深度、间距应达到设计要求。

2）粉喷桩应整桩复搅，粉喷量应达到设计要求。

3）挤密碎石桩应进行反插。

4）预压或超载压的同时应进行连续的沉降观测，待沉降稳定后方可卸载。

5）现场试桩，并调整设计桩长。

6）路基填筑时彻底清除淤泥、软泥。

7）路基填料宜选用级配较好的粗粒土，用不同填料填筑时应分层填筑，在同一水平层均应采用同类填料。

8）用不同填料填筑时应分层填筑，每一水平层均应采用同类填料，最大干密度试验土样应与填筑土质相符。

9）构筑物与路基结合部填土，应分层填筑，严格控制层厚，合理配置压实设备，保证填筑层质量。

10）台背回填土中分层设置土工格栅，并将格栅锚固在台背上，对防止回填土与构筑物衔接处出现错台有一定效果。

13. 高填方路堤超限沉降

（1）质量问题及现象

高填方路堤施工后沉降超限是较常见的病害之一，如不很好的防治，将会影响道路的正常营运和使用寿命。

（2）原因分析

1）按一般路堤设计，没有验算路堤稳定性、地基承载力和沉降量。

2）路基两侧超宽填筑不够，随意增大路堤填筑层厚度，压实工艺不符合规范规定，压实度不均匀，且达不到规定要求。

3）工程地质不良，选用填料不当，且未做地基土空隙水压观测。

4）填料土质差，路堤受水浸部分边坡陡，施工过程中排水不利，土基含水量过大。

5）路堤填筑使用超粒径填料。

（3）预防处理方法

1）高填方路堤应按规范规定进行特殊设计。

2）高填方路堤无论填筑在何种地基上，如设计没有验算其稳定性、地基承载力或沉降量等项目时，宜向有关部门提出补做，以利保证工程质量。

3）填前清表时应注意观察，若发现地基强度不符合设计要求时，必须进行加固处理。

4）高填方路堤应严格按设计边坡度填筑，不得贴补帮宽，路堤两侧超填宽度一般控制在 30～50cm，逐层填压密实，然后削坡。

5）高填方路堤受水浸淹部分应采用水稳性及渗水性好的填料，其边坡如设计无特殊要求时，不宜小于 1：2。

6）在软弱土基上进行高填方路堤施工时，应对软基进行必要的处理。

7）高填方路堤填筑过程，注意防止局部积水；在半填半挖的路段，除应挖成阶梯与填方衔接分层填压外，要挖好截水沟。

8）对软弱土基的高填方路堤，应注意观测地基土空隙水压力的情况，当空隙水压力增大，导致稳定系数降低时，应放慢施工速度或暂停填筑，待空隙水压力降低到能保证路堤稳定时，再行施工。

9）高填方路堤考虑到沉降因素超填时，应符合设计要求。

14. 高填方路堤边坡失稳

（1）质量问题及现象

高填方路堤出现裂缝、局部下沉或滑坡等现象。

（2）原因分析

1）路基填土高度较大时，未进行抗滑裂稳定验算，也没有护坡道。

2）不同土质混填，纵向分幅填筑，路基边坡没有达到设计要求。

3）路基边坡坡度过陡，浸水边坡小于1:2，且无防护措施。

4）基底处于斜坡地带，未按规范要求设置横向台阶。

5）填筑速度快，坡脚底和坡脚排水不及时，路基顶面排水不畅，高填方匝道范围内积水。

（3）预防处理方法

1）高填方路堤，应严格按设计边坡填筑，不得缺筑。如因现场条件所限达不到规定的坡度要求时，应进行设计验算，制定处理方案，如采取反压护道、砌筑矮墙、用土工合成材料包裹等。

2）高填方路堤，每层填筑厚度根据采用的填料，按规范要求执行，如果填料来源不同，其性质相差较大时，应分层填筑，不应分段或纵向分幅填筑。

3）路基边坡应同路基一起全断面分层填筑压实，填筑宽度应比设计宽度大出50cm，然后削坡成型。

4）高填方路堤受水浸淹部分，应采用水稳性高、渗水性好的填料，其边坡比不宜小于1:2，必要时可设边坡防护，如抛石防护、石笼防护、浆砌或干砌筑石护坡。

5）半填半挖的一侧高填方基底为斜坡时，应按规定挖成水平横向台阶，并应在填方路堤完成后，对设计边坡的松散弃土进行清理。

6）工期安排上应分期填筑，每期留有足够的固结完成时间，工序衔接上应紧凑，路基工程完成后防护工程如急流槽等应及时修筑，工程管理上做好防排水工作。

8.2.2 基层工程常见质量问题、原因分析及预防处理方法

1. 碎石材质不合格

（1）质量问题及现象

1）材质软，强度低。

2）粒径偏小，块体无棱角。

3）扁平细长颗粒多。

4）材料不洁净，有风化颗粒，含土和其他杂质。

材质软，易轧碎，材质规格不合格或含有杂物，形不成嵌挤密实的基层。碾压面层时，易搓动、裂纹、达不到要求的密实度。

（2）原因分析

1）料源选择不当，材料未经强度试验和外观检验，即进场使用。

2）材料倒运次数过多或存放时被车辆走轧，棱角被碰撞掉。

3）材料存放污染，又不过筛。

（3）预防处理方法

注意把住进料质量关，材料选择质地坚韧、耐磨的轧碎花岗石或石灰石。材料要有合格证明或经试验合格后方能使用。碎石形状是多棱角块体，清洁无土，不含石粉及风化杂质，并符合下列要求：抗压强度大于80MPa。软弱颗粒含量小于5%；含泥量小于2%；扁平细长（1∶2）颗粒含量小于20%。

2. 粗细料分离

（1）质量问题及现象

摊铺时粗细料离析，出现梅花（粗料集中）、砂窝（细料集中）现象。石灰、粉煤灰和砂粒集中的部分，粗骨料少，强度低；粗骨料集中部分，石灰和粉煤灰结合料少，呈松散状态，形不成整体强度。这样的基层是强度不均匀的基层，易从薄弱环节过早破坏。

（2）原因分析

在装卸运输过程中造成离析，或用机械摊铺时使粗细料集中，未施行重新搅拌措施。

（3）预防处理方法

1）在装卸运输过程中出现离析现象，应在摊铺前进行重新搅拌，使粗细料混合均匀后摊铺。

2）在碾压过程中看出有粗细料集中现象，应将其挖出分别掺入粗、细料搅拌均匀，再摊铺完成。

3. 搅拌不均匀

（1）质量问题及现象

石灰和土掺合后搅拌遍数不够，色泽呈花白现象。有的局部无灰，有的局部石灰成团。更有甚者，不加搅拌，一层灰一层土，成夹馅"蒸饼"。石灰土的结硬原理，是通过石灰的活性（石灰中含有的CaO和MgO）与土料中的离子进行交换，改变了土的性质（分散性、湿坍性、粘附性、膨胀性），使土的结合水膜减薄，提高了土的水稳定性。石灰（$Ca(OH)_2$）吸收空气中的碳酸气，形成碳酸钙，石灰中的胶体逐渐结晶，石灰与土中活性的氧化硅（SiO_2）和氧化铝（Al_2O_3）的化学反应，生成硅酸钙和铝酸钙，使石灰和土的混合体逐渐结硬等物理化学作用，均需要石灰颗粒与土颗粒均匀掺合在一起才能完成。如果掺合不均，灰是灰，土是土，土与灰之间的相互作用将不完全，石灰土的强度将达不到设计强度。

（2）原因分析

1）拌合遍数不够。

2）无强制搅拌设备，靠人工则费时费力，加上管理不严，便不顾质量，粗制滥造，搅拌费力，不愿多拌。

（3）预防处理方法

1）将备好的土与石灰按计算好的比例分层交叠堆在拌合场地上。

2）对锹翻拌三遍，要求拌合均匀，色泽一致，无花白现象。土干时随拌随打水花。加水多少，以最佳含水量控制。

3）机械搅拌时应严格按规程操作，保证均匀度、结构厚度、最佳含水量。最好的办法是实行工厂化强制搅拌。

4. 消解石灰不过筛

（1）质量问题及现象

将含有尚未消解彻底的石灰块和慢化石灰块直接掺入土料，不过筛。不过筛的消解石灰掺入土中压实后，其中存在的未消解生灰块和慢化石灰块，遇水分后经一定时间便消解，体积膨胀，将路面拱起，使结构遭到破坏。

（2）原因分析

图省工，违反操作规程。

（3）预防处理方法

1）生石灰块应在用灰前：至少 2~3d 进行粉灰，以使灰充分消解。

2）消解的方法要按规程规定的，在有自来水或压力水头的地方尽量采用射水花管，使水均匀喷入灰堆内部，每处约停放 2~3min，再换位置插入，直至插遍整个灰堆，要使用足够的水量使灰充分消解。

3）对少量未消解部分和慢化生石灰块，要过 1cm 筛孔的筛子。

5. 土料不过筛

（1）质量问题及现象

土料内含有大土块、大砖块、大石块或其他杂物。素土类的强度和水稳定性大大低于石灰土，如果灰土中含有大土块，就等于在坚固的板体内含有软弱部分；灰土内的大砖块、大石块等不能跟石灰土凝结成整体，就好比木板上的"痔子"，有损板体的整体性，都是造成板体损坏的薄弱环节。

（2）原因分析

1）土料黏性较大，结团，未打碎。

2）对土料内含有的建筑渣土，未过筛。

（3）预防处理方法

所有的土均应事先将土块打碎，人工拌合时，须要通过 2cm 筛孔的筛子；机械拌合时可不过筛，但必须将大砖块、大石块等清除，2cm 以上土块含量不得大于 3%。

6. 含灰量少或石灰活性氧化物含量不达标

（1）质量问题及现象

主要表现在混合料不固结，无侧限抗压强度不达标。石灰粉煤灰砂砾料主要是通过石灰中的活性氧化物（CaO 和 MgO）激发粉煤灰的活性，与石灰起化学反应，使掺入砂砾中的石灰粉煤灰逐渐凝固，将砂砾固结成整体材料，如无石灰或石灰含量低或石灰中活性氧化物含量低，将不能或不完全起化学反应，均达不到将砂砾固结成整体的作用，永远呈松散或半松散状态，混合料将结不成坚固的板体。

（2）原因分析

1）生产厂家追求利润，不顾质量，使用Ⅲ级以下劣质石灰，或有意少加灰，使混合料中活性氧化物含量极低。

2）生产工艺粗放，人工加灰量不均匀，甚至少加灰。

3）混合料在生产厂存放时间过长或到工地堆放时间超过限期，活性氧化物失效。

（3）预防处理方法

1）要加强对生产厂拌合质量的管理。

2）要设法自建混合料拌合，以保证质量。

3）混合料在拌合厂的堆放时间不应超过4d。运至工地的堆放时间最多不超过3d，最好是随拌合随运往工地随摊铺碾压。

4）要求工地加做含灰量和活性氧化物含量的跟踪试验，如发现含灰量不够或活性氧化物含量不达标，要另加石灰掺拌，至达标为止。

7. 石灰土厚度不够

（1）质量问题及现象

石灰土达不到设计厚度，特别是人行道石灰土基层表现尤为突出，造成小方砖步道下沉变形。石灰土基层的厚度不均匀，承载能力大小不同，薄弱部位极易损坏。

（2）原因分析

1）省略了路床工序，对土路床的密实度、纵横断高程、平整度、宽度指标未予控制。

2）不做土路床，就地翻拌。遇土软时，翻拌深度就深，灰土层厚；遇土硬时，翻拌深度就浅，灰土层就薄。

（3）预防处理方法

要按规范标准所规定的土路床工序，控制土路床的纵横断高程、平整度、宽度、密实度。在这个基础上再按"搅拌不均匀"通病的治理方法，搅拌、摊铺石灰土，灰土层厚就能保证均匀。

8. 过于碾压或过湿碾压

（1）质量问题及现象

混合料失水过多已经干燥，不经补水即行碾压；或洒水过多，碾压时出现"弹软"现象。含水量对混合料压实后的强度影响较大。试验证明：当含水量处于最佳含水量＋1.5％和－1％时，强度下降15％，处于－1.5％时，强度下降30％。

（2）原因分析

1）混合料在装卸、运输、摊铺过程中，水分蒸发，碾压时未洒水或洒水不足，或洒水过量。

2）在搅拌场拌合时加水过少或过多。

（3）预防处理方法

1）混合料出场时的含水量应控制在最佳含水量的－1％～＋1.5％之间。

2）碾压前需检（试）验混合料的含水量，在整个压实期间，含水量必须保持在最佳状态，即在－1％～＋1.5％之间。如果含水量低需要补洒水，含水量过高需在路槽内晾晒，待接近最佳含水量状态时再行碾压。

9. 碾压成型后不养护

（1）质量问题及现象

混合料压实成型后，任其在阳光下暴晒和风干，不保持在潮湿状态下养护。混合料强度的增长是在适当水分、适当温度下随时间增长而增长，都是因为粉煤灰中的主要成分二氧化硅（SiO_2）和三氧化二铝（Al_2O_3）必须在适当水分下受石灰中活性氧化物的膨发，才能发生"火山灰作用"生成含水硅酸钙和含水铝酸钙，具有一定水硬性的化合物，如果混合料压实后的初期处于干燥状态，在石灰活性有效期内未能硬化，混合料将不能达到预期的板体强度。

（2）原因分析

1）施工人员不了解粉煤灰在加入石灰后必须要在适当水分下才能激发其活性，生成具有一定水硬性化合物，将砂砾料固结成板体。

2）水源较困难，未采取积极措施，予以保证。

3）忽视工程质量，图省工省事，违反技术规程。

（3）预防处理方法

1）加强技术质量教育，提高管理人员和操作人员对混合料养护重要性的认识。

2）严格质量管理，必须执行混合料压实成型后在潮湿状态下养护的规定。

3）养护时间应不小于 7d，直至铺筑上层面层时为止，有条件的也可洒布沥青乳液覆盖养护。

10. 超厚回填碾压

（1）质量问题及现象

不按要求的压实厚度碾压，相关规范规定：每层最大压实厚度为 20cm，而有的压实厚度 25～35cm 也一次摊铺碾压。

（2）原因分析

1）施工技术人员和操作工人对上述危害不了解或认识不足。

2）技术交底不清或质量控制措施不力。

3）施工者有意偷工不顾后果。

（3）预防处理方法

1）加强技术培训，使施工技术人员和操作人员了解分层压实的必要性。

2）要向操作者作好技术交底，使路基填方及沟槽回填土的虚铺厚度不超过有关规定。

3）严格操作要求，严格质量管理；惩戒有意偷工者。

11. 强度偏差

（1）质量问题及现象

试验室经现场钻孔取样测试，强度不足。

（2）原因分析

水泥稳定集料级配不好；水泥的矿物成分和分散度对其稳定效果的影响；含水量不合适，水泥不能在混合料中完全水化和水解，发挥不了水泥对基层的稳定作用，影响强度；水泥、石料和水拌合的不均匀，且未在最佳含水量下充分压实，施工碾压延迟时间拖得过长，破坏了已结硬水泥的胶凝作用，使水泥稳定碎石强度下降，碾压完成后没能及时地保湿养护。

（3）预防处理方法

用水泥稳定配良好的碎石和砂砾；水泥的矿物成分和分散度对其稳定效果有明显影响，优先选用硅酸盐水泥。试验室进行水泥分级优化试验，在良好的材料级配下，选用最佳的水泥含量；试验室配合比设计不但要找到最佳含水量，同时也要满足水泥完全水化和水解作用的需要；水泥、集料和水拌合的均匀，且在最佳含水量下充分压实，使之干密度最大，强度和稳定性增高。水泥稳定碎石从开始加水拌合到完成压实的延迟时间控制在初凝时间内，达不到上述条件时，可在混合料掺适量的缓凝剂，加强水泥稳定基层保湿养护，满足水泥水化形成的强度的需要。

12. 水稳基层表面松散起皮

（1）质量问题及现象

水稳基层表面松散起皮，局部离析现象严重，大粒径骨料集中，形成集料"窝"，碾压度不达标。

（2）原因分析

集料拌合不均匀，堆放时间长；卸料时自然滑落，细颗料中间多，两侧粗粒多；刮风下雨造成表层细颗粒减少；铺筑时，因粗颗粒集中造成填筑层松散，压不实；运输过程中，急转弯、急刹车，熟料卸车不及时产生局部大碎石集中。

（3）预防处理方法

水泥稳定混合料随拌随用，避免熟料过久堆放；运输时避免在已铺的基层上急转弯，急刹车；加强拌合站的材料控制。一是控制原材料，对不合格的原材料重新过筛；二是严格控制成品料，如发现有粗细离析、花白料等现象时，应重新拌合直到达到标准后使用；采用大车运输并使用篷布覆盖，确保混合料始终处于最佳含水量状态。施工时设专人处理局部离析及混合料粘附压路机轮胎的现象，对摊铺后出现的局部离析现象及时进行处理，与其他混合料同时碾压，确保整体施工质量。

13. 碾压成型后压实面不稳定

（1）质量问题及现象混合料表面松软、浆液多，碾压成型后的压实面不稳定，仍有明显的车辙轮迹。

（2）原因分析

石料场分筛后的粒料规格不标准，料场不同规格的粒料堆放混乱，没有隔墙，造成种集料的型号不规格；料场四周排水设施不健全，下雨使骨料含水量增大，细集料被水解带走；加水设备异常，造成混合料忽稀忽稠现象，混合料未达到最佳含水量，碾压设备组合不当，造成碾压不密实。

（3）预防处理方法

分筛后各种规格的骨料分仓堆放，料场做好排水设施，细集料采用篷布覆盖，以防细料流失；严格控制混合料的含水量，现场安排试验人员随时对原材料的含水量进行测试，以便随时调整加水量；采用重型压路机进行碾压，复压时一般采用18t振动压路机，碾压可得到满意的效果；混合料两侧支撑采用方木，每根方木至少固定三个点，而且两边的方木不能过早的拆除；试验室专人在现场对压实度跟踪检测，确保压实度，达到规定标准值。

14. 平整度差

（1）质量问题及现象

平整度的好坏直接影响到行车的舒适度，基层的不平整会引起混凝土面层厚薄不匀，并导致混凝土面层产生一些薄弱面，它也会成为路面使用期间产生温度收缩裂缝的起因，因此基层的平整度对混凝土面层的使用性能有十分重要的影响。其表现为压实表面有起伏的小波浪、表面粗糙、平整度差。

（2）原因分析

水泥稳定碎石摊铺采用人工进行，管理人员未跟踪检查平整度情况，测量人员未及时跟踪测量碾压成型后的高程及横坡情况，操作人员进行摊铺时未挂线进行检整，造成摊铺后平整度差。

（3）预防处理方法

1）水泥稳定碎石这道关键工序施工前，组织项目部人员、作业班组人员进行技术交底及关键工序的质量监控计划交底。

2）摊铺面层水泥稳定碎石时，测量人员及时跟踪检查高程及横坡的情况，以便及时进行调整，使摊铺后的高程及横坡符合规范规定，也确保压实度符合规范规定。

3）测量控制桩一般设置于基层外 0.5m 左右，避免压路机碾压时将其破坏。摊铺时，初压后操作人员及时挂线调平检整，从而提高水泥稳定碎石摊铺后的平整度，同时也减少了表面的粗细离析现象。

15. 干（温）缩裂缝

（1）质量问题及现象

水泥稳定基层表面产生的细微开裂现象，裂缝的产生在一定程度上破坏了基层的板块整体受力状态，而且裂缝的进一步发展会产生反射裂缝，使路面面层也相应产生裂缝或断板。

（2）原因分析

1）混合料含水量过高。水泥稳定基层干缩应变随混合料的含水量增加而增大，施工碾压时含水量愈大，结构层愈容易产生干缩裂缝。

2）不同品种的水泥干缩性有所不同。选用合适的水泥在一定程度上能减少干缩裂缝。

3）与各种粒料的含土量有关。当黏土量增加，混合料的温缩系数随温度降低的变化幅度越来越大。温度愈低，黏土量对温缩系数影响愈大。

4）与细集料的含量有密切关系。细集料含量的多少对水泥稳定土的质量影响非常大，减少细集料的含量可降低水泥稳定粒料的收缩性和提高其抗冲刷性。

5）水稳基层碾压密实度有关系。水泥稳定基层碾压密实度的好坏不但影响水泥稳定土的干缩性，而且还影响水泥稳定碎石的耐冻性。水泥稳定基层的养护，干燥收缩的破坏发生在早期，及时地采用土工布、麻袋布或薄膜覆盖进行良好的养护；不但可以迅速地提高基层的强度，而且可以防止基层因混合料内部发生水化作用和水分的过分蒸发引起表面的干缩裂缝现象。

（3）预防处理方法

1）充分重视原材料的选用及配合比设计中水泥剂量对于收缩应变的影响。水泥用量超过一定比例，容易产生严重的干缩裂缝。当水泥剂量不变时，改善集料的级配可以显著提高基层的强度，反之对不同的材料，水泥的用量有所不同，级配较好的材料，水泥剂量可减少到最低，否则水泥用量则会最大。

2）选择合适的水泥品种。不同品种的水泥干缩性有所不同，因此，选用合适的水泥在一定程度上能减少干缩裂缝。

3）选择合适的水泥剂量与级配。设计配合比时，通过水泥剂量分级和调整集料的级配，来保证基层的设计强度，降低水泥剂量。

4）限制收缩。限制收缩最重要的措施是除去集料中的黏土含量，达到规范的范围，而且愈小愈好。

5）细集料不能太多。细集料<0.075mm 颗粒的含量≤5%～7%，细土的塑性指数应尽可能小（≤4），如果粒料中 0.075mm 以下细粒的收缩性特别明显，则应该控制此粒料中的细料含量在 2%～5%，并在水泥稳定粒料中掺加部分粉煤灰。如果某种粒料中，粉料含量过多或塑性指数过大，要筛除塑性细土，用部分粉煤灰来代替。

6）有条件时可掺加粉煤灰。水泥的水化和结硬作用进行的比较快，容易产生收缩裂缝。有条件时可在水泥混合料中掺入粉煤灰（占集料重量的 10%～20%），改善集料的级配以减少水泥用量，延缓混合料凝结，增加混合料的抗冻能力和改善混合料的形变能力，减少水泥稳定基层的温缩。

7）根据材料情况确定相应的配合比。通过试验室进行配合比设计，保证实际使用的材料符合规定的技术要求，选择合适的原材料，确定结合料的种类和数量及混合料的最佳含水量，材料的级配要满足规范规定的水泥稳定土的集料级配范围，使完成的路面在技术上是可靠的，经济上也是合理的。

8）选择合适的施工时间。选择合适的时间摊铺，根据气候条件合理安排基层、底基层的施工时间，若在夏季高温季节施工时，最好选在上午或夜间施工，加强覆盖养护。

9）控制含水量。施工时严格按照施工配合比控制含水量（水泥稳定碎石混合料碾压时混合料的含水量宜较最佳含水量大 0.5%～1.0%），避免因施工用水量控制不当而人为造成的干缩裂缝，从而提高工程质量。

10）增加水稳碾压密实度。水泥稳定基层碾压密实度的好坏不但影响水泥稳定土的干缩性，而且还影响水泥稳定土的耐冻性。压实较密的基层不易产生干缩，因此在施工中选用振动压路机进行重型碾压。

11）保证水泥稳定基层的施工质量。加强拌合摊铺质量，减少材料离析现象；按试验路段确定的适合的延迟时间严格施工，尽可能地缩短基层集料从加水拌合到碾压终了的延迟时间，确保在水泥初凝时间内完成碾压；保证基层的保湿养护期和养护温度。

12）减少干燥收缩的破坏。干燥收缩的破坏发生在早期，及时的采用土工布、麻袋布或薄膜覆盖进行良好的养护不但可以迅速提高基层的强度，而且可以防止基层因混合料发生水化作用和水分的过分蒸发引起表面的干缩裂缝现象。

8.2.3 路面工程常见质量问题、原因分析及预防处理方法

1. 路面平整度差

（1）质量问题及现象

沥青混合料人工摊铺、搂平、碾压后表面尚较平整，当开放交通后路面出现波浪或出现"碟子"坑、"疙瘩"坑。路面平整度是道路工程的主要使用功能。如果道路不平坦，会降低行车速度，增加行车颠簸，加大冲击力，损坏车辆机件，降低舒适性，减少安全性，降低经济效益和社会效益。路面愈不平坦，车辆冲击力愈大，对道路的损毁愈严重，会大大降低道路工程建设的投资效益。

（2）原因分析

1）底层平整度差，因为各类沥青混合料都有它一定的压实系数，摊铺后，表面平整了，由于底层高低不平，而厚度有薄有厚。碾压后，薄处沉降少，则较高；厚处沉降多则较低，表面平整度则差。

2）摊铺方法不当，在等厚的虚铺层中，由于摊铺时用铁锹高抛，或运输卸料时的冲击力将沥青混合料砸实，或人、车在虚铺混合料上乱踩乱轧，而后又搂平，致使虚实不一致，虚处则较低，实处则较高，平整度差。

3）料底清除不净，沥青混合料直接倾卸在底层上，粘结在底层上的料底清除不净；或把当天的剩料胡乱摊在底层上，充当一部分摊铺料，但它已经压实、冷凝、大大缩小了压实系数，当新料补充搂平压实后，形成局部高突、疙疙瘩瘩，不平整。

（3）预防处理方法

1）首先要解决底层平整度问题，按照规范标准中对路面各层要求严格控制，认真检验。特别是在保证各层密实度和纵横断高程的基础上，把平整度提高标准进行控制，最后才能保证表面层平整度的高质量。

2）面层的摊铺应使用摊铺机，并放准每幅两侧高程基准线，操作手控制好熨平板的预留高的稳定性；小面积或无条件使用摊铺机时，要严格按照操作规程规定的方法摊铺，即采用扣锹法，不准扬锹，要锹锹重叠，扣锹时要求用锹头略向后刮一下，以使厚度均匀一致。使用手推车和装载机运料时，应用热锹将料底砸实部分翻松后摊平，以求各处虚实一致。搂平工序，不能踩踏未经压实的虚铺层，要倒退搂平一次成活，如再发现有不平处，可备专用长把刮板找补搂平。

3）沥青混合料应卸在铁板上，不能直接倾卸在铺筑底层上。如果要卸在底层上，则必须设法清除干净。剩余冷料不能直接铺筑在底层上充当一部分层厚，应加热另作他用。

2. 沥青路面非沉陷型早期裂缝

（1）质量问题及现象

1）路面碾压过程中出现的横裂纹，往往是某区域的多道平行微裂纹，裂纹长度较短。

2）采用半刚性基层材料做基层的沥青路面，通车后半年以上时间出现的近似等间距的横向反射裂缝。

（2）原因分析

1）施工缝未处理好，接缝不紧密，结合不良。

2）沥青未达到适合于本地区气候条件和使用要求的质量标准，致使沥青面层温度收缩或温度疲劳应力（应变）大于沥青混合料的抗拉强度（应变）。

3）半刚性基层收缩裂缝的反射缝。

4）桥梁、涵洞或通道两侧的填土产生固结或地基沉降。

（3）预防处理方法

1）在沥青混合料摊铺碾压中做好以下工作，防止产生横向裂纹。

① 严把沥青混合料进场摊铺的质量关，凡发现沥青混合料不佳，集料过细，油石比过低，炒制过火，油大时，必须退货并通知生产厂家，严重时可向监理或监督报告。

② 严格控制摊铺和上碾、终碾的沥青混合料温度，施工组织必须紧密，大风和降雨时停止摊铺和碾压。

③ 严格按碾压操作规程作业。平地碾压时，要使压路机驱动轮接近摊铺机；上坡碾压，压路机驱动轮在后面，使前轮对沥青混合料预压；下坡碾压时，驱动轮应在后面，用来抵消压路机自重产生的向下冲力。碾压前，应用轻碾预压。压路机启动、换向都要平稳。停驶、转移、换向时，关闭振动。压路机停车、转向尽量在压好的、平缓的路段上，宜采用双钢轮振动压路机进行施工。

④ 双层式沥青混合料面层的上下两层铺筑，宜在当天内完成。如间隔时间较长，下层受到污染，铺筑上层前应对下层进行清扫，并应浇洒适量粘层沥青。

⑤ 沥青混合料的松铺系数宜通过试铺碾压确定。应掌握好沥青混合料摊铺厚度，使其等于沥青混合料层设计厚度乘以松铺系数。

⑥ 宜采用全路宽多机全幅摊铺，以减少纵向分幅接槎。

2）按《沥青路面施工及验收规范》GB 50092—96 做好纵缝接缝。纵缝要尽量采取直槎热接的方法，摊铺段不宜太长，一般在 60～100m 之间，于当日衔接；当第一幅摊铺完后，立即倒至第二幅摊铺，第一幅与第二幅搭接 2.5～5cm，然后再推回碾压。不是当日衔接的纵横缝上冷接槎，要刨直槎，涂刷粘层边油后再摊铺。横向冷接槎，可用热沥青混合料预热，即将热沥青混合料敷于冷槎上厚 10～15cm、宽 15～20cm，待冷槎混合料融化后（5～10min），再清除敷料，进行搂平碾压；或用喷灯烘烤冷槎后立即用热沥青混合料接槎压实。

3. 路面沉陷性、疲劳性裂缝

（1）质量问题及现象

1）路面产生非接茬部位不规则纵向裂缝，有时伴有路面沉陷变形。

2）在雨水支管部位出现不规则顺管走向的裂缝；在检查井周围出现不规则裂缝。

3）成片状的网状裂缝（裂块面积直径大于 30cm）和龟背状的裂缝（裂块面积直径小于 30cm）。

4）外界水会沿路面裂缝渗入路面基层，甚至渗入土基，造成其承载能力下降，使路面过早损坏。

5）裂缝部分，特别是裂缝密集的龟裂部分，受水浸入和车辆反复荷载的冲击，更会加速路面出现坑槽、车辙等严重损坏。

（2）原因分析

1）出现不规则的纵向裂缝和成片的网状裂缝，多属于路基或基层结构强度不足，或因路基局部下沉路面掰裂。

2）雨水支管多数处于路面底基层或基层中，支管肥槽回填由于不易夯实，造成局部路面强度削弱面发生沉陷和开裂，是路面最早出现的裂缝之一。

3）龟背状裂缝多属于路面基层结构强度不足，支承不住繁重的交通荷载，或沥青面层老化而形成，在车行道中，长条状网裂（网眼宽 20cm 左右，长 50～60cm 的网裂）多数属于路面结构在重复行车荷载作用下，发生疲劳破裂的裂缝。

4）路面结构层中有软夹层，如石料质软、含泥量大，尽管其他结构层强度足够，仍会发生沉陷、网裂和龟裂。

5）碾压中，由于沥青混合料表面过凉，里面过热，当摊铺层较厚时，用重型压路机碾压会引起路面表层切断，在第一遍碾压中，出现贯穿的纵向裂纹。

（3）预防处理方法

1）对雨水支管肥槽，采用水泥稳定砂砾或低强度等级混凝度处理，防止路面下沉开裂。

2）提高路面基层材料的均匀性和强度。

3）治理好路基的质量通病，防止路基下沉所造成的裂缝。

4）要注意对沥青混合料外观质量的检查，矿料拌合粗细要均匀一致，粗骨料的表面应被沥青和细矿料均匀涂复，不应有花白料或油少、干枯现象。

5）检查井周围，在路面底层铺筑后再将检查井升至路面高所留下的肥槽，用低强度等级混凝土补强处理。

6）对于出现的网裂、龟裂等采用下述方法处理：

① 由于土基、基层破坏所引起的裂缝，分析原因后，先消除土基或基层的不足之处，然后再修复面层。

② 龟裂采用挖补方法，连同基层一同处治。

③ 轻微龟裂，可采用刷油法处理或进行小面层喷油封面，防止渗水扩大裂缝。

4. 路面壅包、搓板

（1）质量问题及现象

1）沥青混合料面层发生拥动，有的形成壅包，其高度小则 2～3cm，大则 10cm 左右。有的形成波浪（波峰波谷较长），有的形成搓板（峰谷长度较短）。

2）破坏了路面的平整度，降低了路面行车的舒适性、安全性。损伤车辆机件。

3）由于不平坦性，增加了车载的冲击力，更会加剧路面的破坏。

（2）原因分析

1）沥青混合料本身含油量过大。或因运油路程过远，油分沉淀，致使局部油量过大；或在底层上洒布的粘层油量大。当气温升高时，粘层油泛至沥青混合料中来。上述种种都是使沥青混合料中存有较多"自由沥青"，成为混合料中的润滑剂，便拥推成油包、波浪。

2）面层和基层局部结合不好，在气温较高时，经行车作用，产生顺行车方向或向弯道外侧推挤，造成壅包。

3）表面处治用层铺法施工，洒油不匀，沥青用量过大，或拌合法施工时，摊铺时细料集中，局部油量偏大。当路拱大或平整度差时，炎热季节沥青混料会向低处积聚，形成壅包。

4）处理泛油不当，养护矿料过细；撒布不均形成壅包。

5）沥青混合料级配欠合理、细料多、嵌挤能力低、高温稳定性差；或施工时摊铺不平，压路机未按操作规程碾压；或基层不平有波浪，铺筑面层不等厚等，均形成搓板。

6）土基不平整，或粉砂石灰土基层表面状况不良，如偏干、起皮，在铺筑路面通车后，均引起波浪（或搓板）。

7）基层水稳性不好、压实不足、强度不均匀，使路面发生变形产生波浪（搓板）。

（3）预防处理方法

1）沥青混合料进场要做外观检查，如有含油大的现象，则不应摊铺，对油分沉淀部分要清除。

2）对在旧路面上加铺沥青石屑，粘层油应控制在 0.5kg/m^2 左右，厚层沥青混合料也不应该超过 1kg/m^2。如属碎石灌入，应按规范规定的碎石不同厚度控制用油量。

3）沥青洒布车停车时和其他原因所形成的油堆油坑应清除。

4）沥青混合料应使用软化点不低于 $45℃$ 的石油沥青。

5）对于路面壅包采用如下处治方法：

① 属基层原因引起的，较严重的壅包，用挖补法先处理基层，然后再做面层。

② 由面层原因引起的较严重壅包，在气温较高时，可用加热罩（器）烘烤发软后铲除，而后找补平顺，夯实后用烙铁烙平。

③ 轻微的壅包，已趋稳定，可在高温时直接铲平。

6）对路面波浪（搓板）的处理方法为：

① 如基层强度不足或稳定性差，应挖除面层作补强后，再补面层。

② 如面层和基层中间有夹层，应揭去面层，清除不稳定夹层，再将面层料掺加适当材料，炒拌后重铺面层。

③ 小面积的面层（搓板）波浪，可在波谷内填补沥青混合料，找平处治。起伏较大者，铲除波峰部分进行重铺。

④ 在停车站、红绿灯后，小半径弯道等停车启动行车变速的路段上，要选用热稳定性好的沥青混合料，如底面层选用中断级配、空隙大、颗粒间嵌锁能力强的沥青碎石（厂拌大料）；中面层选用粗集料的粗级配中粒式；表面层选用连续级配，石屑用量多的沥青石屑。

5. 水泥混凝土路面的板中横向裂缝

（1）质量问题及现象

混凝土路面的板中出现横缝、断板现象。

（2）原因分析

1）浇筑路面混凝土时，浇筑时间间隔过长，形成冷缝。

2）路面混凝土浇筑后，未及时切缝。

3）道路基层施工质量较差，形成道路刚度突变。

4）对横穿道路的管涵等设施的回填达不到规范要求，产生沉降。

5）混凝土的原材料、配合比等发生变化。

（3）预防处理方法

1）路面混凝土施工时不得在板块中部停止。如遇意外原因造成施工暂停，应在分块处按规范中的胀缝要求处理，并加传力杆。

2）对于涵洞等其他穿过路基的设施，应加强回填夯实，保证压实度。必要时可采用灌水填砂法或在混凝土中加钢筋网。

3）严格控制基层施工质量，消除可能造成路面刚度突变的因素。

4）切缝一定要及时。

5）严格控制路面混凝土原材料及配合比，保证混凝土的一致性。

6. 水泥混凝土路面的龟背状裂缝

（1）质量问题及现象

混凝土路面成型后，路面产生龟背状裂缝。

（2）原因分析

1）混凝土原材料不合格，砂石料含泥量超过标准或水泥过期。

2）道路基层压实度不均匀，或平整度不合格，表面凹凸不平。

3）混凝土振捣收浆不符合要求。

4）混凝土养护未按规范规定进行。

（3）预防处理方法

1）重视选择原材料质量。不同强度等级、品种的水泥不能混用，砂石料含泥量不得超过标准，水泥必须经复验才可使用。

2）路基填料尽量统一并达到标准压实度。

3）基层表面严禁凸凹不平，用于基层的稳定料或石灰必须分散稳定或完全消解。

4）保证混凝土施工质量，配比、振捣及外加剂使用等均应符合规范要求。

5）混凝土养护、切缝及时，严格按规范要求施工。

7. 水泥混凝土路面的纵向裂缝预防措施

（1）质量问题及现象

混凝土路面完工通车后，产生纵向裂缝。

（2）原因分析

主要原因是路基的不均匀沉降和边坡滑移。

（3）预防处理方法

1）从控制不均匀沉降入手，对扩建、山坡或路边有管、线、沟、渠、塘可造成路基纵向不均匀沉降的地段，都要认真做好压实工作。

2）对于①中所述情况可能引起塌陷、滑移者都要在边坡脚处加设支挡结构，如挡墙、护坡等。

3）原地面处理要彻底。新老路堤及山坡填土衔接处，一定要按要求做成阶梯形，保证压实度。

8. 胀缝处破损、拱胀、错台、填缝料失落

（1）质量问题及现象

混凝土路面当运行一段时间后，胀缝两侧的板面即出现裂缝、破损、出坑。严重时出现相邻两板错台或拱起。胀缝中填料被挤出被行车带走。水泥混凝土路面损坏所造成的坑洞、错台，是很难修补的，一般用沥青混凝土修补、接顺，不仅破坏了路容，同时刚、柔结合也很易使路面损坏。伸缩缝做不好、养护不好是造成早期破坏的祸根，会极大降低路面的使用年限，造成严重的经济损失。

（2）原因分析

1）胀缝板歪斜，与上部填缝料不在一个垂直面内，通车后即产生裂缝，引起破坏。

2）缝板长度不够，使相邻两板混凝土联结，或胀缝填料脱落，缝内落入坚硬杂物，热胀时混凝土板上部产生集中压应力，当超过混凝土的抗压强度时板即发生挤碎。

3）胀缝间距较长，由于年复一年的热胀冷缩，使伸缩缝内掉入砂、石等物，掉入砂、石等物，导致伸缩缝宽度逐年加大，热胀时混凝土板产生的压应力大于基层与混凝土板间的摩擦力（但未超过的抗压强度时），以致将出现相邻两板拱起。

4）胀缝下部接缝板与上部缝隙未对齐，或胀缝不垂直，则缝旁两板在伸胀挤压过程中，会上下错动形成错台；由于水的渗入使板的基层软化；或传力杆放置不合理，降低传力效果；或交通量、基层承载力在横向各幅分布不均，形成各幅运中沉陷量不一致；或路基填方土质不均、地下水位高、碾压实，冬季产生不均匀冻胀。

5）由于板的胀缝填缝料材质不良或填灌工艺不当，在板的胀缩和车辆行驶振动作用下，被挤出，被带走而脱落、散失。

（3）预防处理方法

1）胀缝板要放正，应在两条胀缝间作一个浇筑段，将胀缝板外加模板，以控制缝板的正确位置；缝板的长度要贯通全缝长，严格控制使胀缝中的混凝土不能连接。认真细致做好胀缝的清缝和灌缝操作。

2）填缝料要选择耐热耐寒性能好，粘结力好，不易脱落的材料。

3）伸缩缝填料，不是填一次一劳永逸的，而是要作定期养护，一般是在冬季伸缩缝间距最大时，将失效的填料和缝中的杂物剔除，重新填入新料，保持伸缩缝经常有效。

4）要求土基和基层的强度要均匀；当冰冻深度较大时，要设置足够厚度的隔温垫层，当对现有路基加宽时，应使新、旧路基结合良好，压实度符合有关标准要求。基层和垫层的压实工作，必须在冻前达到要求密实度和强度。

5）胀缝设传力杆的，传力杆必须平行于板面和中心线。传力杆要采取模板打眼或用固定支架的方法予以固定。如在浇筑混凝土过程中被撞碰移位，要注意随时调整。如果加活动端套管的，要保证伸缩有效。

6）接缝产生挤碎面积不大，只有1～3cm的啃边时，可清除接缝中杂物，用沥青砂或密级配沥青混凝土补平夯实；当挤碎较严重时，可用切割机械将挤碎部分开出正规和直壁的槽形，然后清洗槽内杂物并晾干，用沥青砂或密级配沥青混凝土夯实补平。

7）当接缝部分或裂缝部分产生轻微错台时（板间差3cm以内），扫净路面，用沥青砂或密级配沥青混凝土进行顺接；如错台较严重（板间差大于3cm），且相邻两板一平顺，一挠起，要用切割机将挠起部分割去，重新浇注混凝土路面。

8）当胀缝相邻两块板拱起损坏时，拆除破坏的混凝土板块，重新修建水泥混凝土路面。重新施工时，应去掉面层与基层之间的石粉和砂，加大面层与基层间的摩擦力。为尽快开放交通，浇注混凝土时掺早强剂，切割成1m以下0.5m以上的正方形。

9. 相邻板间高差过大

（1）质量问题及现象

在纵、横直缝两侧的混凝土板面有明显高差（错台），有的达1～2cm。相邻板高差影响量测质量、外观质量。从使用功能上看，路面不平，造成跳车。从对影响结构质量来看，对相对低的一侧板体加大了冲击力，会使低一侧的板更低，严重时会造成破坏。

（2）原因分析

1）主要是对模板高程控制不严，在摊铺、振捣过程中，模板浮起或下降或者混凝土板面高程来用模板顶高控制，都可能是造成混凝土板顶高偏离的原因。

2）在已完成的仓间浇筑时不照顾相邻已完成板面的高度，造成与相邻板的高差。

3）由于相邻两板下的基础一侧不实，通车后造成一侧沉降。

（3）预防处理方法

1）按规范要求要用模板顶高程控制路面板高程。

2）在摊铺、振捣过程中要随时检查，如有变化应及时调整。

3）在摊铺、振捣、成活全过程中，应时刻注意与相邻已完板面高度相匹配。

4）对土基、基层的密实度、强度与柔性应严格要求，对薄弱土基同样应做认真处理。

10. 板面起砂、脱皮、露骨或有孔洞

（1）质量问题及现象

混凝土硬化后，板面表层粗麻、砂粒裸露或出现水泥浆皮脱落，或经车辆走轧细料脱落，骨料外露。降低混凝土板的抗磨性能，失去保护层，随着时间的延长，可能出现深度的破损、出坑。造成路面的严重不平坦，降低路面的使用寿命。

（2）原因分析

1）混凝土板养护洒水时间过早或在浇筑中或刚刚成活后遇雨，还未终凝的表层受过量水分的浸泡，水泥浆被稀释，不能硬化，变成松散状态。水泥浆失效、析出砂粒、开放交通后表层易磨耗，便露出骨料。

2）混凝土的水灰比过大，板面出现严重泌水现象，成活过早、或撒干灰面，也是使表层剥落的一个原因。

3）冬季用盐水除雪，也易使板面剥落。

4）振捣后混凝土板厚度不够，拌砂浆找平或用推撵法找平，从而形成一层砂浆层，造成路表面水灰比不均匀，出现网状裂缝，在车轮反复作用下，甚至出现脱皮、露骨、麻面等现象。

5）混凝土板因施工质量差，或混凝土材料中夹有木屑、纸、泥块和树叶等杂物，或春季施工，骨料或水中有冰块，造成混凝土板面有孔洞。

（3）预防处理方法

1）要严格控制混凝土的水灰比和加水量，水灰比不能大于0.5。

2）养护开始洒水时间，要视气温情况，气温较低时，不能过早洒水，必须当混凝土终凝后再开始覆盖洒水养护。

3）雨期施工应有防雨措施，如运混凝土车应加防雨罩。铺筑过程中遇雨应及时架好防雨罩棚。

4）防止混凝土浇筑时，混入木屑、碎纸和冰块；砂、石材料要检测泥块含量，并加以去除泥块的处理；混凝土应振捣密实。

5）对于孔洞、局部脱落产生的露骨、麻面，轻微者，可用稀水泥浆进行封层处理。如特别严重时，可先把混凝土路面凿去2～3cm厚一层，孔洞处凿成形状规矩的直壁坑槽，应注意防止产生新的裂缝，然后吹扫干净，涂刷一层沥青，用沥青砂或细粒式沥青混凝土填补夯平。

11. 路面接槎不平、松散，路面有轮迹

（1）质量问题及现象

1）使用摊铺机摊铺或人工摊铺，两幅之间纵向接槎不平，出现高差，或在接槎处出现松散掉渣现象。

2）两次摊铺的横向接槎不平，有跳车。

3）油路面与立道牙接槎或与其他构筑物接茬部位留有轮迹。

4）纵向接槎不平，松散不实，经车轮冲击、雨雪侵蚀，易出坑损坏。

5）横向接槎不平，有跳车，冲击路面易损坏。

6）边缘部位不实，雨雪水易渗入，经浸泡和冬春冻融，路边会加大加深损坏面，雨雪水渗入基层和路基，会降低其强度和稳定性。

（2）原因分析

1）纵向接槎不平，一是由于两幅虚铺厚度不一致，造成高差；二是两幅之间皆属每幅边缘，油层较虚，经碾压后不实，出现松散出沟现象。

2）不论是热接或冷接的横向接槎，也是由于虚铺厚度的偏差和碾轮在铺筑端头的推挤作用都很难接平。

3）油路面与立道牙或与其他构筑物接槎部位，碾轮未贴边碾压，又未用墩锤烙铁夯实，亏油部分又未及时找补，造成边缘部位坑洼不平松散掉渣，或留下轮迹。

（3）预防处理方法

1）纵横向接茬均需力求使两次摊铺虚实厚度一致，如在碾压一遍发现不平或有涨油或亏油现象，应即刻用人工来补充或修整，冷接槎仍需刨立槎，刷边油，使用热烙铁将接槎熨烫平整后再压实。

2）对道牙根部和构筑物接槎，碾轮压不到的部位要由专人进行找平，用热墩锤和热烙铁夯烙密实，并同时消除轮迹。

12. 路面与平石、路缘石衔接不顺

（1）质量问题及现象

1）路缘石的偏沟处设平石（缘石）或设路缘石的路面，路面与平石或平路缘石之间出现相对高差，严重者达2～3cm。

2）油路面低于平石会造成路边积水。而且碾压时，碾轮易将平石边咬坏。

3）平石高程失控，易形成波浪，造成平石上积水。

4）影响路面横断面高程的合格率和外观质量。

（2）原因分析

1）忽视对沥青混合料路面底层边缘部位高程和平整度的严格控制，高低不平，预留沥青混合料的厚度薄厚不一致。当按一致高度摊铺，经压实后必然出现有的比平石高，有的比平石低。

2）平石高程失控，铺筑沥青混合料面层时，不能依据平石高程找平，出现路面与平石的错台。

3）摊铺机所定层厚失控，发生忽薄忽厚的现象。

4）摊铺机过后，对于平石与路面之间的小偏差，未采取人工整平找补措施。

（3）预防处理方法

1）各层结构在路边的高程也应视同中线高程一样严格控制。

2）平石安砌高程在严格控制的基础上高程和平整度偏差，应在铺油前予以找补压实，使平石下预留路度趋于一致。

3）边缘部位摊铺高的基准线应以平石面作依据，如发现偏离平石面的现象，应及时纠正。

4）对油路面与平石间小的偏差和毛茬，应由专人进行仔细修整，把毛病消灭在终碾前。

13. 检查井四周沉降

（1）检查井沉陷原因分析

1）施工人员质量意识淡薄，没有意识到检查井质量的严重性。开挖检查井沟槽断面尺寸不符合要求，井室砌筑后井室槽周围回填工作面窄，夯实机具不到位或根本无法夯实造成回填密实度达不到规定要求。检查井周围回填时将建筑垃圾如草等填入其内造成质量隐患。回填分层厚度超出规范规定或根本没有分层夯实。大面积作业时，压路机不到位或漏压。检查井的混凝土基础未按设计要求施工到位，井底积水将基础浸泡、造成软弱，使承载力下降，井身受车辆荷载累积后逐步下陷。

2）检查井井筒砌筑时，灰浆不饱满、勾缝不严，在荷载挤压下会造成井筒砖壁松动。这样在冬季时，检查井内的热蒸气就会沿上部井筒砖壁的空隙侵入外围土壤和道路结构层内，形成结晶冻结后到春融时期就极易造成检查井周边土壤形成饱和水状态，为井周围变形预埋下隐患。

3）检查井井框与路面高差值过大（标准为5mm）形成行驶冲击荷载，致使路基下沉造成检查井周边下沉、破损。

（2）预防措施

1）提高人员质量意识和责任心。在认识到检查井周边下沉给整体工程质量造成的不良结果情况下，施工中可采取一些切实有效的管理措施，如：从检查井底基础、井身砌筑到回填、夯实、碾压，把质量控制责任落实到个人，施工中严格检查验收，对操作人员进行技能培训，并做详细清楚的技术交底，使其循规作业。

2）检查井回填夯实。检查井开挖沟槽断面尺寸一定要符合施工要求，为回填夯实留有合理的工作面。当遇有障碍或其他特殊情况，开挖尺寸受限时，应对槽缝隙采取灌入低强度等级水泥混凝土的处理；如果夹缝较大，但常规夯实机具又下不去时，可制作专用的工具进行夯实，随井壁砌筑升高逐层将检查井外围捣实，在操作时应特殊注意：回填料应接近最佳含水量状态下的素土或灰土为宜，每层虚铺厚度以不超过20cm为宜。当回填工作面符合夯实、碾压机具作业时，也要由专人负责指挥操作，不得留"死角"，必须夯实碾压到位。

3）检查井周边回填土要杜绝回填碎砖、瓦块、渣土垃圾、草等。碾压时，除使用大型压路机外，检查井周围（环距井筒外墙60～80cm范围内）应配以小型机具如轻型夯实机、小型振动压路机及多功能振动夯等保证死角及薄弱区。基层压实后视温度环境采取相应的封闭式湿润养护，天数一般在5～7d为宜。

（3）检查井井筒、井框高程控制

检查井井框高程，应顺道路纵横坡两个方向测定，以免形成单侧高出路面。一般在施工中高程测定比较容易，关键是施工后高程的保持很难达到，因此必须保证井框与其底部结构筑实，以保证在施工碾压等其他外力作用下不发生变形。路面与井框接顺高差不得超过5mm。

（4）处理方法

检查井出现四周沉降，采取检查井重新加固处理的方式，按以下流程处理：施工准备——切割破除、清理混凝土或沥青混凝土路面（必要时应破除一定厚度的基层）——现浇或安装预制钢筋混凝土井盖板（安装预制钢筋混凝土盖板时用C15级混凝土填充盖板周边间隙)——安装井盖、井座并调整井盖板顶面高程——浇筑水泥混凝土或摊铺碾压井周沥青混凝土——养护成型，开放交通。

8.3 城市桥梁工程常见质量问题、原因分析及预防处理

本节以桥梁工程为例，介绍市政工程的钢筋（预应力）混凝土施工的质量问题、原因分析及预防处理方法。

8.3.1 钻孔灌注桩常见质量问题、原因分析及预防处理方法

1. 钻孔灌注桩塌孔与缩径

（1）原因分析

坍孔与缩径产生的原因基本相同，主要是地层复杂、钻进速度过快、护壁泥浆性能差、成孔后放置时间过长没有灌注混凝土等原因所造成。

（2）预防措施

1）陆上埋设护筒时，在护筒底部夯填 50cm 厚黏土，必须夯打密实。放置护筒后，在护筒四周对称均衡地夯填黏土，防止护筒变形或位移，夯填密实不渗水。

2）孔内水位必须稳定地高出孔外水位 1m 以上，泥浆泵等钻孔配套设备能量应有一定的安全系数，并有备用设备，以应急需。

3）避免成孔期间过往大型车辆和设备，控制开钻孔距应跳隔 1～2 根桩基开钻或新孔应在邻桩成桩 36h 后开钻。

4）根据不同土层采用不同的泥浆相对密度和不同的转速。

5）钢筋笼的吊放、接长均应注意不碰撞孔壁。

6）尽量缩短成孔后至浇筑混凝土的间隔时间。

7）发生坍孔时，用优质黏土回填至坍孔处 1m 以上，待自然沉实后再继续钻进。

8）发生缩径时，可用钻头上下反复扫孔，将孔径扩大至设计要求。

2. 钻孔灌注桩成孔偏斜

（1）原因分析

1）场地平整度和密实度差，钻机安装不平整或钻进过程发生不均匀沉降，导致钻孔偏斜。

2）钻杆弯曲、钻杆接头间隙太大，造成钻孔偏斜。

3）钻头翼板磨损不一，钻头受力不均，造成偏离钻进方向。

4）钻进中遇软硬土层交界面或倾斜岩面时，钻压过高使钻头受力不均，造成偏离钻进方向。

（2）预防措施

1）压实、平整施工场地。

2）安装钻机时应严格检查钻机的平整度和主动钻杆的垂直度，钻进过程中应定时检查主动钻杆的垂直度，发现偏差立即调整。

3）定期检查钻头、钻杆、钻杆接头，发现问题及时维修或更换。

4）在软硬土层交界面或倾斜岩面处钻进，应低速低钻压钻进。发现钻孔偏斜，应及

时回填土、片石，冲平后再低速低钻压钻进。

5）在复杂地层钻进，必要时在钻杆上加设扶正器。

6）偏斜过大时，回填黏土，待沉积密实后再钻。

3. 钻孔灌注桩孔深不足

（1）原因分析

1）孔壁坍塌，土方淤积于孔底。

2）清孔不足，孔底回淤。

（2）预防措施

1）吊放钢筋笼时不得碰撞孔壁。

2）必须二次清孔，清孔后的泥浆密度小于1.15。

3）尽量缩短成孔后至浇筑混凝土的间隔时间。

4. 掉钻、卡钻和埋钻

（1）质量问题及现象

1）钻头被卡住为卡钻。钻头脱开钻杆掉入孔内为掉钻。掉钻后打捞造成坍孔为埋钻。

2）出现该问题时影响钻孔正常进行，延误工期，造成人力和财力的浪费。

（2）原因分析

1）冲击钻孔时钻头旋转不匀，产生梅花形孔。或孔内有探头石等，均能发生卡钻。倾斜长护筒下端被钻头撞击变形及钻头倾倒，也能发生卡钻。

2）卡钻时强提、强扭，使钻杆、钢丝绳断裂；钻杆接头不良、滑丝；电机接线错误，使不能反转的钻杆松脱，钻杆、钢丝绳、联结装置磨损，未及时更换等均造成掉钻事故。

3）打捞掉入孔中钻头时，碰撞孔壁产生坍孔，造成埋钻事故。

（3）预防处理方法

1）经常检查转向装置，保证其灵活。经常检查钻杆，钢丝绳及联结装置的磨损情况，及时更换磨损件，防止掉钻。

2）用低冲程时，隔一段时间要更换高一些的冲程，使冲锥有足够的转动时间，避免形成梅花孔而卡钻。

3）对于卡钻，不宜强提，只宜轻提钻头。如轻提不动时，可用小冲击钻冲击，或用冲、吸的方法将钻头周围的钻渣松动后再提出。

4）对于掉钻，宜迅速用打捞叉、钩、绳套等工具打捞。

5）对于埋钻，较轻的是糊钻，此时应对泥浆稠度，钻渣进出口，钻杆内径大小，排渣设备进行检查计算，并控制适当的进尺。若已严重糊钻，应停钻提出钻头，清除钻渣。冲击钻糊钻时，应减小冲程，降低泥浆稠度，并在黏土层上回填部分砂、砾石。如是坍孔或其他原因造成的埋钻，应使用空气吸泥机吸走埋钻的泥砂，提出钻头。

5. 钻孔灌注桩钢筋笼上浮

（1）原因分析

1）混凝土初凝和终凝时间太短，使孔内混凝土过早结块，当混凝土面上升至钢筋骨架底时，结块的混凝土托起钢筋骨架。

2）清孔时孔内泥浆悬浮的砂粒太多，混凝土灌注过程中砂粒回沉在混凝土面上，形成较密实的砂层，并随孔内混凝土逐渐升高，当砂层上升至钢筋骨架底部时托起钢筋骨架。

3）混凝土灌注至钢筋骨架底部时，灌注速度太快，造成钢筋骨架上浮。

（2）预防措施

1）除认真清孔外，当灌注的混凝土面距钢筋骨架底部 1m 左右时，应降低灌注速度。当混凝土面上升到骨架底口 4m 以上时，提升导管，使导管底口高于骨架底部 2m 以上，然后恢复正常灌注速度。

2）浇筑混凝土前，将钢筋笼固定在孔位护筒上，可防止上浮。

6. 导管进水

（1）原因分析

1）首批混凝土储量不足，或虽混凝土储量已够，但导管底口距孔底的间距过大；混凝土下落后不能埋设导管底口，以至泥水从底口进入。

2）导管接头不严，接头间橡皮垫被导管高压气囊挤开，或焊缝破裂，水从接头或焊缝中贯入。

3）导管提升过猛，或测探出错，导管底口超出原混凝土面，底口涌入泥水。

（2）预防措施

1）应按要求对导管进行水密性能承压实验。

2）将导管提出，将散落在孔底的混凝土拌合物用反循环钻机的钻杆通过空压机吸出，不得已时需将钢筋笼提出采取复钻清除，重新灌注。

3）若是第二、三种情况，拔换原管下新管，或用原导管插入续灌，但灌注前应将进入导管内的水和沉淀土用吸泥和抽水的方法吸出，如系重下新管，必须用潜水泵将管内的水抽干，才可继续灌注混凝土，导管插入混凝土内应有足够的深度，大于 2m。续灌的混凝土配合比应增加水泥量，提高稠度后灌入导管内。

7. 导管堵管

（1）质量问题及现象

1）导管已提升很高，导管底口埋入混凝土接近 1m。但是灌注在导管中的混凝土仍不能涌翻上来。

2）堵管造成灌注中断，易在中断后灌注时形成高压气囊。严重时，易发展为断桩。

（2）原因分析

1）由于各种原因使混凝土离析，粗骨料集中而造成导管堵塞。

2）由于灌注时间持续过长，最初灌注的混凝土已初凝，增大了管内混凝土下落的阻力，使混凝土堵在管内。

（3）预防处理方法

1）灌注混凝土的坍落度宜在 1.8~2cm 之间，并保证具有良好和易性。在运输和灌注过程中不发生显著离析和泌水。

2）保证混凝土的连续灌注，中断灌注不应超过 30min。

3）灌注开始不久发生堵管时，可用长杆冲、捣或用振动器振动导管。若无效果，拔出导管，用空气吸泥机或抓斗将已灌入孔底的混凝土清出，换新导管，准备足够储量混凝土，重新灌注。

8. 灌注混凝土时桩孔坍孔

（1）质量问题及现象

灌注水下混凝土过程中，发现护筒内泥浆水位忽然上升溢出护筒，随即骤降并冒出气泡，为坍孔征兆。如用测深锤探测混凝土面与原深度相差很多时，可确定为坍孔。坍孔造成桩身扩径，桩身混凝土夹泥，严重时，会引发断桩事故。

（2）原因分析

1）灌注混凝土过程中，孔内外水头未能保持一定高差。在潮汐地区，没有采取措施来稳定孔内水位。

2）护筒刃脚周围漏水；孔外堆放重物或有机器振动，使孔壁在灌注混凝土时坍孔。

3）导管卡挂钢筋笼及堵管时，均易同时发生坍孔。

（3）预防处理方法

1）灌注混凝土过程中，要采取各种措施来稳定孔内水位，还要防止护筒及孔壁漏水。

2）用吸泥机吸出坍入孔内的泥土，同时保持或加大水头高，如不再坍孔，可继续灌注。

3）如用上法处治，坍孔仍不停时，或坍孔部位较深，宜将导管、钢筋笼拔出，回填黏土，重新钻孔。

9. 孔底沉渣过厚或灌注混凝土前孔内泥浆含砂量过大

（1）原因分析

1）清孔泥浆质量差，清孔无法达到设计要求。

2）测量方法不当造成误判。

3）钢筋笼吊放未垂直对中，碰剐孔壁泥土坍落孔底。

4）清孔后待灌时间过长，泥浆沉淀。

（2）预防措施

1）在含粗砂、砾砂和卵石的地层钻孔，有条件时应优先采用泵吸反循环清孔。

2）当采用正循环清孔时，前阶段应采用高黏度浓浆清孔，并加大泥浆泵的流量，使砂石粒能顺利地浮出孔口。

3）孔底沉渣厚度符合设计要求后，应把孔内泥浆密度降至 $1.1 \sim 1.2 \mathrm{g/cm^2}$。

4）要准确测量孔底沉渣厚度，首先需准确测量桩的终孔深度，应采用丈量钻杆长度的方法测定，取孔内钻杆长度＋钻头长度，钻头长度取至钻尖的 2/3 处。

5）钢筋笼要垂直缓放入孔内，避免碰撞孔壁。

6）清孔完毕立即灌注混凝土。

7）采用导管二次清孔，冲孔时间以导管内侧量的孔底沉渣厚度达到规范规定为准；提高混凝土初灌时对孔底的冲击力；导管底端距孔底控制在 $40 \sim 50 \mathrm{cm}$。

10. 桩身混凝土夹渣或断桩

（1）原因分析

1）初灌混凝土量不够，造成初灌后埋管深度太小或导管根本就没有进入混凝土。

2）混凝土灌注过程拔管长度控制不准，导管拔出混凝土面。

3）混凝土初凝和终凝时间太短或灌注时间太长，使混凝土上部结块，造成桩身混凝土夹渣。

4）清孔时孔内泥浆悬浮的砂粒太多，混凝土灌注过程中砂粒回沉在混凝土面上，形成沉积砂层，阻碍混凝土的正常上升，当混凝土冲破沉积砂层时，部分砂粒及浮渣被包入混凝土内。严重时可能造成堵管事故，导致混凝土灌注中断。

（2）预防办法

导管的埋置深度宜控制在 2～6m 之间。混凝土灌注过程中拔管应由专人负责指挥，并分别采用理论灌入量计算孔内混凝土面和重锤实测孔内混凝土面，取两者的低值来控制拔管长度，确保导管的埋置深度≥2m。单桩混凝土灌注时间宜控制在 1.5 倍混凝土初凝时间内。

8.3.2 墩台、盖梁常见质量问题、原因分析及预防处理方法

1. 混凝土出现蜂窝

（1）质量问题及现象

混凝土结构局部出现酥松、砂浆少、石子多、石子之间形成空隙类似蜂窝状的窟窿。

（2）原因分析

1）混凝土配合比不当或砂、石子、水泥材料加水量计量不准，造成砂浆少、粗骨料多。

2）混凝土搅拌时间不够，未拌合均匀，和易性差，振捣不密实。

3）下料不当或下料过高，未设串筒使粗骨料集中，造成石子、砂浆离析。

4）混凝土未分层下料，振捣不实，或漏振，或振捣时间不够。

5）模板缝隙未堵严，水泥浆流失。

6）钢筋较密，使用的粗骨料粒径过大或坍落度过小。

7）施工缝处未进行处理就继续灌上层混凝土。

（3）预防处理措施

1）认真设计、严格控制混凝土配合比，经常检查，做到计量准确，混凝土拌合均匀，坍落度适合；混凝土下料高度超过 2m 应设串筒或溜槽；浇灌应分层下料，分层振捣，防止漏振；模板缝应堵塞严密，浇灌中应随时检查模板支撑情况，防止漏浆；混凝土浇筑间隔过长时应对施工缝进行处理后再继续浇筑。

2）蜂窝：洗刷干净后，用 1：2 或 1：2.5 水泥砂浆抹平压实；较大蜂窝，凿去蜂窝处薄弱松散颗粒，刷洗净后，支模采用比原设计强度等级高一级细石混凝土仔细填塞捣实，如有较深蜂窝清除困难，可埋压浆管、排气管，表面抹砂浆或灌筑混凝土封闭后，进行水泥压浆处理。

2. 混凝土出现麻面

（1）质量问题及现象

混凝土局部表面出现缺浆和许多小凹坑、麻点，形成粗糙面，但无钢筋外露现象。

（2）原因分析

1）模板表面粗糙、未进行打磨或粘附的水泥浆渣等杂物未清理干净，拆模时混凝土表面被粘坏。

2）木模板未浇水湿润或湿润不够，构件表面混凝土的水分被吸去，使混凝土失水过多出现麻面。

3）模板拼缝不严，局部漏浆。

4）模板隔离剂涂刷不匀或局部漏刷或失效，混凝土表面与模板粘结造成麻面。

5）混凝土振捣不实，气泡未排出，停在模板表面形成麻点。

（3）预防处理措施

1）模板表面清理干净，不得粘有干硬水泥砂浆等杂物。浇灌混凝土前，模板应浇水充分湿润，模板缝隙应用胶带纸、泡沫胶等堵严；模板隔离剂应选用长效的、涂刷均匀，不得漏刷；混凝土应分层均匀振捣密实，至排除气泡为止。

2）应在麻面部位浇水充分湿润后，用原混凝土配合比去石子砂浆，将麻面抹平压光。

3. 混凝土出现孔洞

（1）质量问题及现象

混凝土结构内部有尺寸较大的空隙，局部没有混凝土或蜂窝特别大，钢筋局部或全部裸露。

（2）原因分析

1）在钢筋较密的部位或预埋件处，混凝土下料被搁住，未振捣就继续浇筑上层混凝土。

2）混凝土离析、砂浆分离、石子成堆、严重跑浆，又未进行振捣。

3）混凝土一次下料过多，过厚，下料过高，振捣器振动不到，形成松散孔洞。

4）混凝土内掉入器具、木块、泥块等杂物，混凝土被卡住。

（3）预防处理措施

1）在钢筋密集处及复杂部位，像先简支后连续梁端等部位，应采用细石混凝土浇灌。在模板内充满细石混凝土，并认真分层振捣密实，严防漏振。砂石中混有杂物等掉入混凝土内，应及时清除干净。

2）将预埋件周围的松散混凝土和软弱浆膜凿除，用压力水冲洗，湿润后用高强度等级细石混凝土仔细修补。

4. 混凝土浇筑时出现露筋

（1）质量问题及现象

混凝土内部主筋或箍筋局部裸露在结构构件表面。

（2）原因分析

1）灌筑混凝土时，钢筋保护层垫块位移或垫块太少或漏放，致使钢筋紧贴模板外露。

2）结构构件截面小、钢筋过密、石子卡在钢筋上，使水泥砂浆不能充满钢筋周围，造成露筋。

3）混凝土配合比不当，产生离析，靠模板部位缺浆或模板漏浆。

4）混凝土保护层太小或保护层处混凝土漏振或振捣不实；或振捣棒撞击钢筋或踩踏钢筋，使钢筋位移，造成露筋。

5）木模板未浇水湿润，吸水粘结或脱模过早，拆模时缺棱、掉角，导致漏筋。

（3）预防处理措施

1）浇灌混凝土，应保证钢筋位置和保护层厚度正确，并加强检（试）验查，钢筋密集时，应选用适当粒径的石子，保证混凝土配合比准确和良好的和易性；浇灌高度超过

2m，应用串筒或溜槽进行下料，以防止离析；模板应充分湿润并认真堵好缝隙；混凝土振捣严禁撞击钢筋，操作时，避免踩踏钢筋，如有踩弯或脱扣等及时调整直正；保护层混凝土要振捣密实；正确掌握脱模时间，防止过早拆模，碰坏棱角。

2）表面漏筋，刷洗净后，在表面抹1:2或1:2.5水泥砂浆，将漏筋部位抹平；漏筋较深时应凿去薄弱混凝土和松散颗粒，洗刷干净后，用比原来高一级的细石混凝土填塞压实。

5. 混凝土浇筑时出现缝隙、夹层

（1）质量问题及现象

混凝土存在水平或垂直的松散混凝土夹层。

（2）原因分析

1）施工缝或变形缝未经接缝处理、未清除表面水泥薄膜和松动石子，未除去软弱混凝土层并充分湿润就灌筑混凝土。

2）两层混凝土施工间隔时间过长。

3）施工缝处混凝土浮屑、泥土等杂物未清除或未清除干净。

4）混凝土浇灌高度过大，未设串筒、溜槽，造成混凝土离析。

5）桩柱交接处续接施工未凿毛处理。

（3）预防处理措施

1）认真按施工验收规范要求处理施工缝及变形缝表面；接缝处浮浆等杂物应清理干净并洗净；混凝土浇灌高度大于2m应设串筒或溜槽，接缝处浇灌前应将接触面凿毛，以利结合良好，并加强接缝处混凝土的振捣密实。

2）缝隙夹层不深时，可将松散混凝土凿去，洗刷干净后，用1:2或1:2.5水泥砂浆填密实；缝隙夹层较深时，应清除松散部分和内部夹杂物，用压力水冲洗干净后支模，灌细石混凝土或将表面封闭后进行压浆处理。

8.3.3 预制板、箱（T）梁常见质量问题、原因分析及预防处理方法

1. 空心板梁预制过程中芯模上浮

（1）原因分析

防内模上浮定位措施不力。

（2）预防措施

1）若采用胶囊做内模，浇筑混凝土时，为防止胶囊上浮和偏位，应用定位箍筋与主筋联系加以固定，并应对称平衡地进行浇筑；同时加设通长钢带，在顶部每隔1m采用一道压杠压住钢带，防止上浮。

2）当采用空心内模时，应与主筋相连或压重（压杠），防止上浮。

3）分两层浇筑，先浇筑底板混凝土。

4）避免两侧腹板过量强振。

2. 预应力张拉时发生断丝和滑丝

（1）原因分析

1）实际使用的预应力钢丝或预应力钢绞线直径有误，锚具与夹片不密贴，张拉时易发生断丝或滑丝。

2) 预应力筋没有或未按规定要求梳理编束，使得钢束长短不一或发生交叉，张拉时造成钢丝受力不均，易发生断丝。

3) 锚夹具的尺寸不准，夹片的误差大，夹片的硬度与预应力筋不配套，易断丝和滑丝。

4) 锚圈设置位置不准，支撑垫块倾斜，千斤顶安装不正，会造成预应力钢束断丝。

5) 施工焊接时，把接地线接在预应力筋上，造成钢丝间短路损伤钢丝，张拉时发生断丝。

6) 把钢束穿入预留孔道内时间过长，造成钢丝锈蚀，混凝土灰浆留在钢束上，又未清理干净，张拉时产生滑丝。

7) 油压表失灵，造成张拉力过大或张拉力增加过快、不均匀，易发生断丝。

（2）预防措施

1) 穿束前，预应力钢束必须按规定进行梳理编束，并正确绑扎。

2) 张拉前锚夹具需按规范要求进行检（试）验，特别是对夹片的硬度一定要进行测定，不合格的予以调换。

3) 张拉预应力筋时，锚具、千斤顶安装要正确；张拉力应缓慢增加。

4) 当预应力张拉达到一定吨位后，如发现油压回落，再加油时又回落，这时有可能发生断丝，如果发生断丝，应更换预应力钢束，重新进行预应力张拉。

5) 焊接时严禁利用预应力筋作为接地线，不允许发生电焊烧伤波纹管与预应力筋。

6) 张拉前必须对张拉端钢束进行清理，如发生锈蚀应重新调换。

7) 张拉前要经相应资质检测部门准确检（试）验标定千斤顶和油压表。

8) 发生断丝后经设计验算后，考虑提高其他束的张拉力进行补偿；更换新束；利用备用孔增加预应力束。

3. 后张法施工压浆不饱满

（1）原因分析

1) 压浆时锚具处预应力筋间隙漏浆。

2) 压浆时孔道未清净，有残留物或积水。

3) 水泥浆泌水率偏大。

4) 水泥浆的膨胀率和稠度指标控制不好。

5) 压浆时压力不够或封堵不严。

6) 压浆时大气温度较高。

（2）预防措施

1) 锚具外面预应力筋间隙应用环氧树脂、水泥浆等填塞，孔管连接处要密封；以免冒浆而损失压浆压力。封锚时应留排气孔。

2) 孔道在压浆前应采用水压冲洗，以排除孔内粉渣杂物，保证孔道畅通；冲洗后用空压机吹去孔内积水，要保持孔道湿润，使水泥浆与孔壁结合良好；在冲洗过程中，若发现冒水，漏水现象则应及时堵塞漏洞，当发现有窜孔现象而不易处理时，应判明窜孔数量，安排几个串孔同时压浆或某一孔道压浆后，立刻对相邻孔道用高压水进行彻底冲洗。

3) 正确控制水泥浆的各项指标，泌水率最高不超过3%，水泥浆中可掺入适当的铝粉等膨胀剂，铝粉的掺入量约为水泥用量的0.01%。水泥浆掺入膨胀剂后的自由膨胀应小于

10%。

4）压浆应缓慢、均匀地进行，通常每一孔道宜于两端先后各压浆一次。对泌水率较小的水泥浆，通过实验证明可达到孔道饱满，可采取一次压浆的方法。

5）保证压浆的压力，压浆应使用活塞式的压浆泵。压浆的压力以保证压入孔内的水泥浆密实为准，开始压力小逐渐增加，最大的压力一般为 0.5～0.7MPa，当输浆管道较长或采用一次压浆时，应适当加大压力，梁体竖向预应力孔道的压浆最大的压力控制在 0.3～0.4MPa，每个孔道压浆至最大压力后，应有一定的稳压时间，压浆应达到另一端和排气孔排出的水泥浆稠度符合规定为止，然后才能关闭出浆阀门。

4. 梁腹侧面水平裂缝

（1）质量问题及现象

用胶囊做内模的空心箱梁，浇注中在梁腹侧面产生水平裂缝，造成梁腹钢筋过早锈蚀，从而降低空心箱梁的耐久性。

（2）原因分析

浇注混凝土时为保证成型度，胶囊要保证在 2h 内具有一定气压范围，因此设专人定时对胶囊补气。施工中常易出现所设人离岗，当发现亏气时，已超过规定时间，强制突击补气，使已初凝的混凝土被胶囊胀裂，产生侧向水平裂缝。

（3）预防措施

所设专人不得离岗，为维持胶囊气压范围，随时补气，并注意所补气的气压，不得超过浇注混凝土所规定的最大值。

8.3.4 桥面铺装层常见质量问题、原因分析及预防处理方法

1. 水泥混凝土桥面铺装层的裂纹和龟裂

（1）原因分析

1）砂石原材料质量不合格。

2）水泥混凝土铺装层与梁板结构未能很好地联结成为整体，有"空鼓"现象。

3）桥面铺装层内钢筋网下沉，上保护层过大，钢筋网未能起到防裂作用。

4）铺装层厚度不够。

5）未按施工方案要求进行养护及封闭施工，桥面铺筑完成后养护不及时，在混凝土尚未达到设计强度时即开放交通，造成了铺装的早期破坏。

（2）预防措施

1）严把原材料质量关，各类粗细骨料必须分批检（试）验，各项指标合格后方可使用，混凝土配料时砂子应过筛，石料也应认真进行筛分试验，拌合时确保计量准确，以保证混凝土质量。

2）为使桥面铺装混凝土与行车道板紧密结合成整体，再进行梁板顶面拉毛或机械凿毛，以保证梁板与桥面铺装的结合。

3）浇筑桥面混凝土之前必须严格按设计重新布设钢筋网，以保证钢筋网上下保护层。

4）严格控制桥梁上、下部结构施工标高，以保证桥面铺装层的厚度。

5）水泥混凝土桥面铺装施工完成后必须及时覆盖和养护，并须在混凝土达到设计强度之后才能开放交通。

2. 沥青混凝土桥面铺装层的开裂和脱落

（1）原因分析

1）设计标准偏低，厚度偏薄。

2）沥青混凝土铺装层漏水，在沥青混凝土与水泥混凝土中间形成一层水膜，在车辆荷载的反复作用下两层分离、产生龟裂、造成脱落。

3）上下粘层油未渗入到混凝土面层中，未起到粘结作用。

4）施工碾压压实度不够。

（2）预防措施

1）在设计时应保证沥青混凝土铺装层的厚度满足使用要求，对于高等级路（桥）面，厚度应大于9cm。

2）沥青混凝土配比应采用密级配，确保沥青混凝土不渗水，同时在泄水孔的设计、施工时，保证泄水孔的顶面标高低于桥面水泥混凝土铺装层标高，确保一旦渗水可将渗下的水排出，以防止渗下的水浸泡沥青混凝土。

3）施工前应对水泥混凝土桥面进行机械凿毛、清扫和冲洗，对尖锐突出物及凹坑应予打磨或修补，以保证桥面平整、粗糙、干燥、清洁。

4）粘层油宜采用乳化沥青或改性沥青，洒布要均匀，确保充分渗入以起到粘结作用。

5）施工时沥青混凝土宜采用胶轮压路机及轻型双钢轮压路机组合压实，严格控制压实度，同时要加强检测，确保各项指标符合规范的规定。

3. 桥面伸缩缝不贯通

（1）质量问题及现象

桥台与梁端相接处及各联间的伸缩缝处，常发生桥台侧翼墙、地袱、防撞护栏、栏杆扶手在伸缩缝处不断开的通病。

（2）原因分析

桥主体上部结构完成后，进行附属设施施工时，技术交底未提出留缝要求，或施工操作人员不明白伸缩缝作用，造成上述问题。

（3）预防处理方法

1）附属构造物施工时技术交底应强调在桥面伸缩缝处全断开，使伸缩缝在桥横向完全贯穿。

2）提高操作人员的技术素质。

3）附属构造物施工中，要注意进行伸缩缝是否贯穿的检查。

4）可在该部位的桥台侧翼墙及地袱、栏杆进行局部返工，留出贯通缝。

4. 伸缩缝安装及使用质量缺陷

（1）质量问题及现象

1）伸缩缝下的导水槽脱落。

2）齿形板伸缩缝，橡胶伸缩缝的预埋件标高不符设计要求。

3）主梁预埋钢筋与联结角钢及底层钢板焊接不牢及焊接变形。

4）伸缩缝混凝土保护带的混凝土破碎，造成伸缩缝脱锚。

5）导水槽脱落造成在伸缩缝处漏水；安装标高不符合焊接变形，造成伸缩缝与桥面不平顺，产生跳车；焊接不牢、缝两侧混凝土保护带破碎使伸缩装置过早损坏。

（2）原因分析

1）导水 U 形槽锚、粘不牢，造成导水槽脱落。

2）齿形板伸缩缝的锚板，滑板伸缩缝的联结角钢，橡胶伸缩缝的衔接梁与主梁预埋件焊接前，高程未进行核查。

3）伸缩缝的各部分焊接件表面未除锈，施焊时焊接缝长度和高度不够，造成焊接不牢；施焊未跳焊，造成焊件变形大。

4）混凝土保护带未用膨胀混凝土浇筑，振捣不密实。

（3）预防处理方法

1）采取有效措施，锚牢或粘贴牢导水 U 形槽。

2）焊件表面彻底除锈，点焊间距不大于 50cm，控制施焊温度在 $+5℃\sim+30℃$ 之间，加固焊接要双面焊、跳焊，最后塞孔焊，确保焊接变形小，焊接强度高。

3）在主梁预埋件上焊锚板，连接角钢或衔接梁钢件时，要保持缝两侧同高，且顶面高程符合桥面纵横坡所推出的该点标高。

5. 板式橡胶支座质量缺陷

（1）质量问题及现象

1）板式橡胶支座橡胶或橡胶与加强钢板的固结，剪切破坏。

2）梁对两个橡胶支座的压缩不等，甚至个别支座有缝隙。

3）支座安装在支座槽内，吊梁后支座被压缩，梁底与桥台或桥墩盖梁顶面相接触，称为支座"落坑"。

4）支座顶面滑板当梁收缩量超过支座剪切变形量时不发生滑动。

5）当板式橡胶支座发生剪切破坏时，会限制上部结构的自由伸缩，将使上、下部结构产生附加应力。

6）梁下两支座压缩不等，甚至有缝隙，将使支座不均匀受力而缩短支座寿命。

7）支座"落坑"，使梁支点错位，不仅会使桥台或桥墩上顶，混凝土因梁低温收缩时发生局部劈裂，也改变了桥台、桥墩的受力状态，增大其偏心弯矩。

8）支座顶面应滑动时不能滑动，必然加剧支座的剪切变形，严重时会挤裂桥台面的混凝土。

（2）原因分析

1）板式橡胶支座粘结于支座垫石的环氧砂浆尚未固结就吊放上部结构，会使支座位移；或支座安装位置有误，在梁吊装后，欲纠正横顶梁使支座侧向剪切变形，形成支座在梁胀缩时，剪切变形过量而剪坏。

2）梁底面有些翘曲，或梁底预埋钢板变位，造成梁安放后与设计要求值出入过大，形成支座受力不等。此现象在人行天桥的梯道梁上最易发生。

3）桥台、桥墩或盖梁顶面实际标高大于设计值时，为保持梁底标高将支座处留成凹槽去凑合，形成梁底与墩、台顶面净空过小；或墩、台顶面未按桥面横坡要求留有坡度，造成部分梁下的墩、台顶面标高超标。

4）支座与滑板间及滑板上，未按操作工艺要求涂抹润滑物质。

（3）预防处理方法

1）环氧砂浆固结是有一定时间的，安装支座后必须静置足够时间，待环氧砂浆完全固结后才能进行上部结构的吊装，以保证支座位置的准确。

2）梁底支承部位，要求平整、水平、支承部位相对高程误差不应大于 0.5mm，桥墩台支承垫石顶面标高应准确，且上表面要平整；每一墩台上，同一片梁的支承垫石顶面相对高程误差不大于 1mm，相邻两墩台同一片梁下，支承垫石顶面相对高程误差不大于 3mm。

3）当达不到 2）项标准不得不留支座坑槽时，应使支座用环氧砂浆固结后，支座与坑槽间有足够变形预留量。同时，注意梁底面与墩、台顶面净空隙应大于支座压缩量加上 20mm 的量值。

4）橡胶支座安放时，应按设计要求，在墩台顶面标出其纵、横中线，安放后，位移偏差不得大于 5mm；不允许橡胶支座与梁底或支承垫石间，发生任何方向的相对移动。

5）支座与梁底，或支承垫石顶面，应全部紧密接触，局部有缝隙，不得超过 0.5mm 宽；有滑板时，必须按要求在支座与滑板间、滑板上涂抹润滑物质。

6）安装支座，最好在年平均气温时进行。否则，可使支座产生预变位（即梁两端就位压住支座，然后对梁施纵向推力，产生计算的变位值；然后再让另一端梁落到支座上）。

6. 现浇混凝土结构裂缝产生的原因及预防处理方法

（1）裂缝分类

按深度的不同，裂缝可分为贯穿裂缝、深层裂缝及表面裂缝三种：

1）表面裂缝主要是温度裂缝，一般危害性较小，但影响外观质量。

2）深层裂缝部分地切断了结构断面，对结构耐久性产生一定危害。

3）贯穿裂缝是由混凝土表面裂缝发展为深层裂缝，最终形成贯穿裂缝，切断了结构的断面；可能破坏结构的整体性和稳定性，其危害性是较严重的。

（2）裂缝发生原因

1）水泥水化热影响

水泥在水化过程中产生了大量的热量，因而使混凝土内部的温度升高，当混凝土内部与表面温差过大时，就会产生温度应力和温度变形。温度应力与温差成正比，温差越大温度应力越大，当温度应力超过混凝土内外的约束力时，就会产生裂缝。混凝土内部的温度与混凝土的厚度及水泥用量有关，混凝土越厚，水泥用量越大，内部温度越高。

2）内外约束条件的影响

混凝土在早期温度上升时，产生的膨胀受到约束而形成压应力。当温度下降，则产生较大的拉应力。另外，混凝土内部由于水泥的水化热而形成中心温度高、热膨胀大，因而在中心区产生压应力，在表面产生拉应力。若拉应力超过混凝土的抗拉强度，混凝土将会产生裂缝。

3）外界气温变化的影响

大体积混凝土在施工阶段，常受外界气温的影响。混凝土内部温度是由水泥水化热引起的绝热温度，浇筑温度和散热温度三者的叠加。当气温下降，特别是气温骤降，会大大增加外层混凝土与混凝土内部的温度梯度，产生温差和温度应力，使混凝土产生裂缝。

4）混凝土的收缩变形

混凝土中的 80% 水分要蒸发，约 20% 的水分是水泥硬化所必需的。而最初失去的 30% 自由水分几乎不引起收缩，随着混凝土的陆续干燥而使 20% 的吸附水逸出，就会出现干燥收缩，而表面干燥收缩快，中心干燥收缩慢。由于表面的干缩受到中心部位混凝土的约束，因而在表面产生拉应力而出现裂缝。

5）混凝土的沉陷裂缝

支架、支撑变形下沉会引发结构裂缝，过早拆除模板支架易使未达到强度的混凝土结构发生裂缝和破损。

（3）裂缝控制的主要措施

1）优化混凝土配合比

① 大体积混凝土因其水泥水化热的大量积聚，易使混凝土内外形成较大的温差，而产生温差应力，因此应选用水化热较低的水泥，以降低水泥水化所产生的热量，从而控制大体积混凝土的温度升高。

② 充分利用混凝土的中后期强度，尽可能降低水泥用量。

③ 严格控制集料的级配及其含泥量。如果含泥量大的话，不仅会增加混凝土的收缩，而且会引起混凝土抗拉强度的降低，对混凝土抗裂不利。

④ 选用合适的缓凝、减水等外加剂，以改善混凝土的性能。加入外加剂后，可延长混凝土的凝结时间。

⑤ 控制好混凝土坍落度，不宜过大，一般在 $120\pm20mm$ 即可。

2）浇筑与振捣措施

采取分层浇筑混凝土，利用浇筑面散热，大大减少施工中出现裂缝的可能性。选择浇筑方案时，除应满足每一处混凝土在初凝以前就被上一层新混凝土覆盖并捣实完毕外，还应考虑结构大小、钢筋疏密、预埋管道和地脚螺栓的留设、混凝土供应情况以及水化热等因素的影响，常采用的方法有以下几种：

① 全面分层

即在第一层全面浇筑完毕后，再回头浇筑第二层，此时应使第一层混凝土还未初凝，如此逐层连续浇筑，直至完工为止。采用这种方案，结构的平面尺寸不宜太大，施工时从短边开始，沿长边推进比较合适。必要时可分成两段，从中间向两端或从两端向中间同时进行浇筑。

② 分段分层

混凝土浇筑时，先从底层开始，浇筑至一定距离后浇筑第二层，如此依次向前浇筑其他各层，由于总的层数较多，所以浇筑到顶后，第一层末端的混凝土还未初凝，又可以从第二段依次分层浇筑。这种方案适用于单位时间内要求供应的混凝土较少，结构物厚度不太大而面积或长度较大的工程。

③ 斜面分层

要求斜面的坡度不大于 1/3，适用于结构的长度大大超过厚度 3 倍的情况。混凝土从浇筑层下端开始，逐渐上移。混凝土的振捣也要适应斜面分层浇筑工艺，一般在每个斜面层的上、下各布置一道振动器。上面的一道布置在混凝土卸料处，保证上部混凝土的捣实。下面一道振动器布置在近坡脚处，确保下部混凝土密实。随着混凝土浇筑的向前推进，振动器也相应跟上。

3）养护措施

混凝土养护的关键是保持适宜的温度和湿度，以便控制混凝土内外温差，促进混凝土强度的正常发展的同时防止混凝土裂缝的产生和发展。混凝土的养护，不仅要满足强度增长的需要，还应通过温度控制，防止因温度变形引起混凝土开裂。混凝土养护阶段的温度控制措施：

① 混凝土的中心温度与表面温度之间、混凝土表面温度与室外最低气温之间的差值均应小于 20℃；当结构混凝土具有足够的抗裂能力时，不大于 25～30℃。

② 混凝土拆模时，混凝土的表面温度与中心温度之间、表面温度与外界气温之间的温差不超过 20℃。

③ 采用内部降温法来降低混凝土内外温差。内部降温法是在混凝土内部预埋水管，通入冷却水，降低混凝土内部最高温度。冷却在混凝土刚浇筑完时就开始进行。还有常见的投毛石法，也可以有效控制混凝土开裂。

④ 保温法是在结构外露的混凝土表面以及模板外侧覆盖保温材料（如草袋、锯木、湿砂等）。在缓慢地散热过程中，保持混凝土的内外温差小于 20℃。根据工程的具体情况，尽可能延长养护时间，拆模后立即回填或再覆盖保护，同时预防近期骤冷气候影响，防止混凝土早期和中期裂缝。

7. 桥头"跳车"的产生原因分析与治理要点

（1）质量问题及现象

台背路基出现沉降、凹陷、伸缩缝破损、台背部位错台等。

（2）原因分析

桥头跳车的主要原因为桥头搭板的一端搭在桥台牛腿上，基本无沉降；而另一端则置于路堤上，随路堤的沉降而下沉，使之在搭板的前后端形成较大的沉降坡差，当沉降到达一定数量时，就会引起跳车。主要原因有：

1）台背填土施工工作面窄小，适合的施工机械少，多数台背回填为人工配合振动平板夯回填，这是台背填土下沉的重要因素。

2）填土范围控制不当，台背填土与路基衔接面太陡。

3）填料不符合要求，且未采取相应技术措施。

4）铺筑层超厚，压实度不够。

5）挖基处理不当。

6）桥头部位的路基边坡失稳。

（3）预防措施

1）无软基路段

无软基路段产生桥头跳车基本上属于台背回填的质量问题。因此，必须在施工管理、工艺、质量控制上下功夫予以解决这一通病。

① 编制作业指导书，落实专人专管责任。桥头路堤填筑应专门编制作业指导书，按照设计和规范要求，合理安排施工计划、填料具体的质量要求、施工操作工艺、自检内容和要求等，并指定专人对材料质量和关键工序进行专管及自检控制。

② 做好施工现场的排水工作。两侧边沟断面尺寸符合设计要求，排水畅通，桥台处路堤下部设置的排水盲沟系统完整到位，材料不受污染。排水层与一般填料层同步填筑碾压。

③ 对大型碾压机械作用不到的部位，如台背处及路基边缘等局部区域，应采用小型

碾压机具或人工夯击辅助压实。分层填筑砂砾（石），控制最佳含水量和铺筑层厚，最大填筑厚度不超过20cm，确保压实度符合标准规定。

④ 填料优先选用砂类土或透水性土，当采用非透水性土时应适当增加石灰、水泥等稳定剂，改善处理。

2）软基路段地基处理要点

严格施工顺序，保证材料质量，专业队伍施工，质量措施有力。

① 施工顺序

无论采取何种处理方式，首先应是开沟排水（沟深、沟宽符合设计要求），再清基整平。对于打设排水体处理地基的，则在铺设下半层砂砾层后才能打设排水体，排水体顶端应按设计要求预留一定的长度（30cm左右），最后再铺设土工织物（有的话）和上半层砂砾层；对于采用水泥搅拌桩处理地基的，则在地基整平后，采用轻型碾压机械适当整平碾压原地面，使之符合规定要求后，再作地基的搅拌处理；对于采用粉煤灰填筑路段，由于粉煤灰为渗透性材料，并具有一定的污染性，因此，基底设置隔（排）水层和两侧用黏土防护很重要。基底隔（排）水层横向贯通，桥台路堤两侧黏土防护层，水平宽度不小于150cm，要求填心的粉煤灰和边侧的黏性土同步摊铺碾压，施工横坡不小于3%。

② 材料质量

所有被用于地基处理的材料包括排水体（如塑料排水板、袋装砂井的砂袋、砂子、灌装质量等）和石灰、水泥、土工材料等，都必须按设计和规范要求的质量指标采购、堆放，严禁遭到污染或使用过期产品。塑料排水板和砂袋（聚丙烯材料）应避免紫外线直接照射，堆放时要做好覆盖工作。

③ 质量措施

对于塑料排水板和袋装砂井处理时，常见的问题有：导管倾斜，使排水体入土偏位倾斜；拔管带出淤泥污染砂砾层；排水体顶端预留长度不足或预留段遭泥土污染等。对此，要求由地基处理专业队伍施工，其机械设备应尽量选择行走系统比较完备、功率较大并能确保插入板体或板（井）体不扭曲、不污染。插板前机座整平要由仪器监测，插入导管长度必须保证处理深度（插入深度等于处理深度＋回带长度＋砂砾层厚）。对于拔管带出的泥土要及时清除，顶部预留段应及时弯折埋没于砂砾层中，使之与砂砾排水层连为一体。

④ 土工织物铺设时，存在的主要问题是绷拉不紧、搭接不规范或宽度不够、覆土和碾压方向不对等。对此施工要求做到绷紧拉直；采用缝制拼接时，拼缝强度不小于本体的同向强度；土工织物上覆土填筑应从路基中间向横向两侧展开，并同向碾压，这样能使下设土工织物绷得更紧。土工织物的两侧回折长度应不小于2.0m。

⑤ 搅拌桩处理时，存在的主要问题是桩体上下喷粉（或浆液）不匀、下部水泥剂量不足、上下部强度差异大等。对此，要求施工设备中必须配有自动记录的计量系统，对于粉喷桩推荐采用双相称重计量系统装置（即在灰罐口和插入导杆顶部均有喷粉记录装置）。施工时，先正旋钻头喷气下沉预搅至桩底标高以下，然后，反旋钻头喷粉（成浆）搅拌缓慢提升至设计停灰面，再钻进1/2桩深，自下往上复搅1次。施工前应先进行工艺试验桩，以摸索最佳工艺（气压、气量、喷灰（浆）量以及搅拌速度），待试桩测定满足设计要求后，再进行正常施工。

3）路基填筑要点

严格填料粒径和分层厚度，动态控制填筑速率；尽早预压，及时补方；排水通畅，防护适时。

① 路堤填筑与速率控制。地基处理完成后，应适时进行路堤填筑。对于排水处理地基的，可即时填筑；对于水泥土桩处理的，应在一个月后填筑路堤。填筑速率动态控制，对于填筑高度在极限高度以下时，填筑速率可适当快些，但沉降量必须严格控制在允许范围内，当填筑高度超过极限值时，则应由实测的垂直沉降和水平位移速率控制，只要日变形量不大于控制值（沉降不大于 10mm/d，位移不大于 3mm/d）一般可以正常填筑；若日变形量（沉降和位移）陡增，就必须增加测试频率，分析原因；并及时采取必要的措施（如停止加载、卸载等）；若日沉降速率大于控制标准，而水平位移量未超过控制标准，则应减缓填土速率，加强对位移的观测和分析，只要位移速率不增大、无异常现象，填筑可以正常进行。

② 填筑时不能污染护坡道外的砂砾排水层，填筑宽度应按设计的施工坡率控制。摊铺时拉线控制摊铺厚度，拉线定位要经常自检。

③ 位移观测

对于路堤施工的安全稳定来说，水平位移的观测显得比垂直沉降观测更重要，施工单位必须重视位移观测。对不按规定埋设位移观测桩和不进行观测，或观测不正常或观测数据整理不及时的施工单位，应责令停工整改；对屡教不改的要通报批评，甚至清退出场。

④ 预压与沉降补方

填土预压时间越长，工后沉降就越小。因此，对有预压要求的路段，尤其是桥头路段和与箱涵相接路段，在施工安排上应尽可能早地安排堆载预压。堆载顶面要干整密实有横坡。沉降后应及时补方，一次补方厚度不应超过一层填筑厚度，并适当压实。对地基稳定性较好的路段，也可按预测沉降随路堤填筑一次抛填到位。但对于在预压期间低于原定预压标高以下的均需及时补填。对此，施工单位应按施工方案测定并向有关方面报告。严禁在预压后期补填，或在路面施工时一次补填的做法（这样会引起过大的沉降发生）。

⑤ 两次开挖与回填

开挖断面尺寸应符合设计要求。按设计要求开挖并放样，开挖材料不宜堆放在开挖场地周边，如需暂存，应经安全验算。靠路堤端按设计图纸以台阶形式向下开挖。开挖分两次，第一次开挖至砂砾层顶面以上一层填土顶面（以保护砂砾层），待桥台桩柱施工后，清除桥桩施工的一些杂土杂物，然后再做第二次开挖，挖去靠桥台侧砂砾层顶面原填土，设置盲沟排水系统，再按设计要求的材料和路堤结构进行回填。回填材料的粒径和分层填筑厚度要严格按设计要求控制。回填区仍要求采用大型碾压机具碾压，对于压实较难的台背处和与原路堤连接部位，应配合使用小型机具或人工辅助夯实。

⑥ 排水与防护

软基处理路段的排水极为重要，边沟不沟通、排水不畅或沟底积水都会影响软基处理效果，施工单位应将此作为自检重点。由于软基沉降有一个过程，需要一定的时间，故边沟、护坡道和桥头锥坡的防护应在地基沉降基本稳定或预压结束后进行，以避免由于沉降而使防护层变形、破坏或影响美观。

4）处理措施

对已经出现下沉苗头的台背，可采用注浆加固等措施进行处理。

8.4 市政管道工程常见质量问题、原因分析及预防处理

8.4.1 管道基础下沉

1. 质量问题及现象

管道脱空、变形；基层混凝土浇筑后起拱、开裂，甚至断裂。

2. 原因分析

1）槽底土体松软、含水量高，土体不稳定，基础变形下沉。

2）地下水泉涌。当槽底土体遇有原暗浜或流砂现象，沟槽降水措施不良或井点失效，处理时间过长，直接造成已浇筑的水泥混凝土基础拱起甚至开裂。

3）明水冲刷。在浇筑水泥混凝土基础过程中突遇强降水，地面水大量冲入沟槽，使水泥浆流失，水泥混凝土结构损坏。另一种情况是在下游铺设水泥混凝土基础时，其上游来水浸渍沟槽，由于未采取有效的挡水措施，使上游地下水流入下游槽内，造成水泥混凝土基础破坏。

4）土基压实度不合格，基础施工所用的水泥混凝土强度不合格。

5）基座厚度偏差过大，不符合设计要求。

6）混凝土养护未按规定进行，养护期不够。

3. 预防措施

1）管道基础浇筑，首要条件是沟槽开挖与支撑符合标准。沟槽排水良好、无积水；槽底的最后土应在铺设碎石或砾石砂垫层前挖除，避免间隔时间过长。

2）采用井点降水，应经常观察水位降低程度，检查漏气现象以及中点泵机械故障等，防止井点降水失效。

3）水泥混凝土拌制应使用机械搅拌，级配正确，控制水胶比。

4）在雨期浇筑水泥混凝土时，应准备好防雨措施。

5）做好每道工序的质量检（试）验，宽度、厚度不符合设计要求，应予返工重做。

6）控制混凝土基础浇筑后卸管、排管的时间，根据管材类别、混凝土强度和当时气温情况决定，若施工平均气温在4℃以下，应符合冬期施工要求。

4. 纠正措施

1）混凝土基础因强度不足或遭到破坏，最好返工重做，按设计要求重新浇筑。

2）如因土质不良，地下水位高，发生起拱或管涌造成混凝土基础破坏，则必须采取人工降水措施或修复井点系统，待水位降至沟槽基底以下时，再重新浇筑水泥混凝土。

3）局部起拱、开裂，采取局部修补；凿毛接缝处，洗净后补浇混凝土基础；必要时采用膨胀水泥。

8.4.2 槽底泡水

1. 质量问题及现象

沟槽开挖后槽底土基被水浸泡。被浸泡后地基土质变软，会大大降低其承载力，引起管道基础下沉，造成管道结构折裂损坏。

2. 原因分析

1）天然降水或其他客水流进沟槽。

2）对地下水或浅层滞水，未采取排降水措施或排降水措施不力。

3. 预防措施

1）雨季施工，要将沟槽四周叠筑闭合的土埂。必要时要在埂外开挖排水沟，防止雨水流入槽内。

2）下水道接通河道或接入旧雨水管渠的沟段，开槽应在枯水期先行施工，以防下游水倒灌入沟槽。

3）在地下水位以下或有浅层滞水地段挖槽，应使排水沟、集水井或各种井点排降水设备经常保持完好状态，保证正常运行。

4）沟槽见底后应随即进行下一道工序，否则，槽底以上可暂留 20cm 土层不予挖出，作为保护层。

4. 治理方法

1）沟槽已被泡水，应立即检查排降水设备，疏通排水沟，将水引走、排净。

2）已经被水浸泡而受扰动的地基土，可根据具体情况处治。当土层扰动在 10cm 以内时，要将扰动土挖出，换填级配砂砾或砾石夯实；当土层扰动深度达到 30cm 但下部坚硬时，要将扰动土挖出，换填大卵石或块石，并用砾石填充空隙，将表面找平夯实。

8.4.3 管道接口渗漏水、闭水试验不合格

1. 产生原因

基础不均匀下沉，管材及其接口施工质量差、闭水段端头封堵不严密、井体施工质量差等原因均可产生漏水现象。

2. 防治措施

1）管道基础条件不良将导致管道和基础出现不均匀沉陷，一般造成局部积水，严重时会出现管道断裂或接口开裂。预防措施是：

① 认真按设计要求施工，确保管道基础的强度和稳定性。当地基地质水文条件不良时，应进行换土改良处治，以提高基槽底部的承载力。

② 如果槽底土壤被扰动或受水浸泡，应先挖除松软土层，对超挖部分用砂砾石或碎石等稳定性好的材料回填密实。

③ 地下水位以下开挖土方时，应采取有效措施做好坑槽底部排水降水工作，确保干槽开挖，必要时可在槽坑底预留 20cm 厚土层，待后续工序施工时随挖随清除。

2）混凝土管材质量差，存在裂缝或局部混凝土松散，抗渗能力差，容量产生漏水。因此要求：

① 所用管材要有合格证和厂方试验报告等资料。

② 管材外观质量要求表面平整、无松散露骨和蜂窝麻面现象。

③ 安装前再次逐节检查，对已发现或有质量疑问的应责令退场或经有效处理后方可使用。

3）化工建材管进场应复验，环刚度和含灰量应符合标准规定。

4）管接口填料及施工质量差，管道在外力作用下产生破损或接口开裂。防治措施：

① 选用质量良好的接口填料并按试验配合比和合理的施工工艺组织施工。

② 抹带施工时，接口缝内要洁净，必要时应凿毛处理，再按照施工操作规程认真施工。

③ 选用的橡胶止水带（密封圈）物理性能必须符合规范规定，其质量应符合耐酸、耐碱、耐油以及几何尺寸标准。

④ 铺设管道安放橡胶止水带应谨慎小心、就位正确，橡胶圈表面均匀涂刷中性润滑剂，合龙时两侧应同步拉动，不使扭曲脱槽。

5）检查井施工质量差，井壁和与其连接管的结合处渗漏，预防措施：

① 检查井砌筑砂浆要饱满，勾缝全面不遗漏；抹面前清洁和湿润表面，抹面时及时压光收浆并养护；遇有地下水时，抹面和勾缝应随砌筑及时完成，不可在回填以后再进行内抹面或内勾缝。

② 与检查井连接的管外表面应先湿润且均匀刷一层水泥原浆，并坐浆就位后再做好内外抹面，以防渗漏。

6）规划预留支管封口不密实，因其在井内而常被忽视，如果采用砌砖墙封堵时，应注意做好以下几点：

① 砌筑前应把管口 0.5m 左右范围内的管内壁清洗干净，涂刷水泥原浆，同时把所用的砖块润湿备用。

② 砌筑砂浆强度等级应不低于 M7.5，且具良好的稠度。

③ 勾缝和抹面用的水泥砂浆强度等级不低于 M15。管径较大时应内外双面较小时只做外单面勾缝或抹面。抹面应按防水的 5 层施工法施工。

④ 一般情况下，在检查井砌筑之前进行封砌，以利保证质量。

7）闭水试验是对管道施工和材料质量进行全面的检（试）验，其间难免出现一次不合格现象。这时应先在渗漏处一一做好记号，在排干管内水后进行认真处理。对细小的缝隙或麻面渗漏可采用水泥浆涂刷或防水涂料涂刷，较严重的应返工处理。严重的渗漏除了更换管材、重新填塞接口外，还可请专业技术人员处理。处理后再做试验，如此重复进行直至闭水合格为止。

8.4.4　沟槽沉陷

1. 质量问题及现象

（1）沟槽填土的局部地段或部位，甚至大部分沟槽（特别是检查井周围）出现程度不同的下沉。

（2）回填土的下沉，如在农田中或在绿地中会使已种下的农作物或林木花草遭受破坏；在建筑物旁，会危及建筑物的安全；在铺装道路上，会使铺装的结构层遭到破坏，有的几次修补几次下沉，一则影响交通，还会造成交通事故；二则在经济上会造成严重损失，造成恶劣的社会影响。

（3）钢筋混凝土管材的受力特点是要求管道胸腔和管顶以上都要夯实形成卸力拱以保护管体。如不进行夯实，会造成管顶以上松土下沉，将管体压裂或接口破坏。

2. 原因分析

（1）松土回填，未分层夯实或虽分层但超厚夯实，一经地面水浸入或经地面荷载作用，造成沉陷。

（2）沟槽中的积水、淤泥、有机杂物没有清除和认真处理，虽经夯打，但在饱和土上不可能夯实；有机杂物一经腐烂，必造成回填土下沉。

（3）部分槽段，尤其是小管径或雨水口连接管沟槽，槽宽较窄、夯实不力，没有达到要求的密实度。

（4）使用压路机碾压回填土的沟槽，在检查井周围和沟槽边角碾压不到的部位，又未用小型夯具夯实，造成局部漏夯。

（5）在回填土中含有较大的干土块或含水量较大的粘土块较多，回填土的夯实质量达不到要求。

（6）回填土不用夯压方法，采用水沉法（纯砂性土除外），密实度达不到要求。

3. 预防措施

（1）要分层铺土进行夯实，铺土厚度应根据夯实或压实机具性能而定。

（2）沟槽回填土前，须将槽中积滞水、淤泥、杂物清理干净。回填土中不得含有碎砖及大于10cm的干硬土块，含水量大的粘土块及冻土块。

（3）每种土都应做出标准密度（在实验室进行土样击实试验做出最佳干容重和最佳含水量）。回填土料应在最佳含水量和接近最佳含水量状态下进行夯实，每个分层都应按质量标准规定的范围和频率，做出压实度试验，直至达标为止。

（4）铺土应保持一定的坡势，采用排降水的沟槽，一定要在夯实完毕后，方能停止排降水运行。不得用带水回填土，严禁使用水沉法。

（5）凡在检查井周围和边角机械碾压不到位的地方，一定要有机动夯和人力夯补夯措施，不得出现局部漏夯。

（6）非同时进行的两个回填土段的搭接处，应将每个夯实层留出台阶状，阶梯长度应大于高度的2倍。

4. 治理方法

（1）局部有小量沉陷应立即将土挖出，重新分层夯实。

（2）面积、深度较大的严重沉陷，除重新将土挖出分层夯实外，还应会同设计、建设、质量监督、监理部门共同检验管道结构有无损坏，如有损坏应挖出换管或其他补救措施。

8.4.5　管道基础尺寸线形偏差

1. 现象

边线不顺直，宽度、厚度不符合设计要求。

2. 原因分析

1）挖土操作，不注意修边，产生上宽下窄现象，直至沟槽底部宽度不足。

2）采用机械挖土，逐段开挖时未及时进行直线控制校正，造成折点，或宽窄不一。

3）测量放样沟槽中心线，引用导线校核或路中心校核不准确或计量不标准、读数错误等造成管道轴线错误。

3. 预防措施

1）在采用横列板撑时，注意整修槽壁保持垂直，必要时应用垂球挂线校验。

2）严格测量放样复核制，特别是轴线放样，应由质检人员复核和监理人员复核。

3）施工人员可以在沟槽放样时给规定槽宽留出适当余量，一般两边再加放 5～10cm，以防止因上宽下窄造成底部基础宽度不够。

4. 纠正措施

1）如采用横列板支撑发生上宽下窄，造成混凝土基础宽度不足时，需将突出的横列板自下而上逐档换撑、铲边修正，直至满足基础宽度为止。

2）属于测量放样错误导致管道轴线不准确时，应经复检确认后重新测设轴线。

3）返工返修，按设计要求重新放线，重新开挖沟槽。

8.4.6 管道基础标高偏差

1. 现象

当管道基础铺设后发现基础高度不符合设计要求，特别是重力流管道发生倒坡时，必须返工重做。

2. 原因分析

1）水准点（B. M）、临时水准点（T. B. M）数据应引自国家或当地省市级水准网。

2）测量用的水准仪超过检（试）验校正期限及使用方法不当造成管道基础标高有误。

3）控制管道高程用的样板架（俗称龙门板）发生走动及样尺使用不当。

4）相邻施工段的双方使用的水准点，数值未相互检测统一，各自使用自身临时水准点，使施工衔接处产生误差。

3. 预防措施

1）如设计图出图后相隔数年再施工时，应向当地测绘管理部门查询所引用的水准点数值有否变动，如有变动则应按调整后的数值测放临时水准点，并进行闭合复测。

2）水准仪等测绘仪器应保证在校正有效期内使用。

3）测量人员应互检，避免读尺或计算错误，严格测量放样复核制度。

4）测放高程的样板应坚持每天复测，样板架设置必须稳固，不准将样板钉在沟槽支撑的竖列板上。

5）两个以上施工单位，在相邻施工段施工，事前应相互校对测量用的水准点，务必达到统一数值，避免双方衔接处发生高差。

4. 纠正措施

一旦发生管道基础高程错误，如误差在验收规范允许偏差范围内，则可做微小的调整；超过允许偏差范围必须拆除基础返工重做。

8.4.7 管道铺设偏差

1. 现象

管道不顺直、水力坡度错误、管道位移、沉降等。

2. 原因分析

1）管道轴线线形不直，又未予纠正。

2）标高测放误差，造成管底标高不符合设计要求，甚至发生水力坡度错误。

3）稳管垫块放置的随意性，使用垫块与施工方案不符致使管道铺设不稳定、接口不

8.4.12 金属管道焊缝外形尺寸不符合要求

1. 问题表现

焊缝外形高低不平；焊波宽窄不齐；焊缝增高量过大或过小；焊缝宽度太宽或太窄；焊缝和母材之间的过渡不平滑等，如图 8-1 所示。

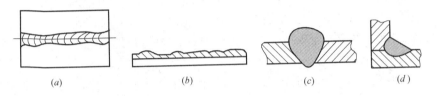

图 8-1 焊缝尺寸不符合要求

（a）焊波宽窄不齐；（b）焊缝高低不平；（c）焊缝与母材过渡不平滑；（d）焊脚尺寸相差过大

2. 原因分析

焊缝成型不好，出现高低不平、宽窄不匀的现象，如图 8-2 所示。产生这种现象的原因主要是焊接工艺参数选择不合理或操作不当或者是在使用电焊时，选择电流过大、焊条熔化太快，从而不易控制焊缝成型。

图 8-2 焊缝外形尺寸缺陷

3. 正确做法

选择合理的坡口角度（45°为宜）和均匀的装配间隙（2mm 为宜）；保持正确的运条角度匀速运条；根据装配间隙变化，随时调整焊速及焊条角度；视钢板厚度正确选择焊接工艺参数。焊缝尺寸要求见表 8-1～表 8-3。

二、三级焊缝外观质量标准（单位：mm）　　　　　表 8-1

项　　目	允　许　偏　差	
缺陷类型	二级	三级
未焊满（指不足设计要求）	≤0.2+0.02t，且≤1.0	≤0.2+0.04t，且≤2.0
	每 100.0 焊缝内缺陷总长≤25.0　（100.0mm）	
根部收缩	≤0.2+0.02t，且≤1.0	≤0.2+0.04t，且≤2.0
	长度不限	
咬边	≤0.05t 且≤0.5；连续长度≤100.0，且焊缝两侧咬边总长≤10%焊缝全长	≤0.1t 且≤1.0，长度不限
弧坑裂纹	—	允许存在个别长度≤5.0mm 的弧坑裂纹
电弧擦伤		允许存在个别电弧擦伤
接头不良	缺口深度 0.05t 且≤0.5，每 1000.0mm 焊缝不应超过 1 处	缺口深度 0.1t，且≤1.0
表面夹渣	—	深≤0.2t 长≤0.5 且≤20.0mm
表面气孔	—	每 50.0mm 焊缝长度内允许直径≤0.4t，且≤3.0mm 的气孔 2 个，孔距≥6 倍孔径

注：表 8-1 内 t 为连接处较薄的板厚。

顺、影响流水畅通。

　　4）承插管未按承口向上游、插口向下游的安放规定。

　　5）管道铺设轴线未控制好，产生折点、线形不直。

　　6）铺设管道时未按每节（根）管用水平尺校验及用样板尺观察高程。

3. 预防措施

　　1）在管道铺设前，必须对管道基础仔细复核。复核轴线位置、线形以及标高是否与设计标高吻合。如发现有差错，应给予纠正或返工。切忌跟随错误的管道基础进行铺设。

　　2）稳管用垫块应事前按施工方案预制成形，安放位置准确。使用三角形垫块，应将斜面作为底部，并涂抹一层砂浆，以加强管道的稳定性。预制的管枕强度和几何尺寸应符合设计标准，不得使用不标准的管枕。

　　3）管道铺设操作应从下游向上游敷设，承口向上游，切忌倒向排管、安管。

　　4）采取边线控制排管时所设边线应紧绷，防止中间下垂；采取中心线控制排管时应在中间铁撑柱上画线，将引线扎牢、防止移动，并随时观察，防止外界扰动。

　　5）每节（根）管应先用样尺与样板架观察校验，然后再用水准尺检（试）验落水方向。

　　6）在管道铺设前，必须对样板架再次测量复核，符合设计高程后开始稳管。

4. 纠正措施

　　一旦发生管道铺设错误，如误差在验收规范允许偏差范围内，则一般做微小调整即可，超过允许偏差范围，只有拆除返工重做。

8.4.8 管道错口

1. 质量问题及现象

管道对口处的内壁部分或全周出现错台，相邻管节内壁不平顺。管内接口处错口，增加了管道内壁的粗糙系数。如属管内底部错口，还会降低该量测项目的合格率，都会降低排水功能。大的错口会拦挡杂草杂物，增加淤塞的机会。特别是小管径的错口，会阻挡疏通工具，影响管道维护。

2. 原因分析

　　1）管壁厚度有薄有厚，有的椭圆度超标，致使管子内径偏差过大，正误差和负误差在对口处产生相对错口。

　　2）稳管时垫石不牢固，浇注管座混凝土时振动挤压造成管节上浮或移动、出现错口。

　　3）同井距内分段安管，由于测量放线错误，待两段合拢时对不上口，出现错口事故。

3. 预防措施

　　1）把住进场管材的质量检验关，对于个别规格超标，如管壁厚度偏差过大的管材，在详细掌握平基标高情况的前提下，采用对号入座的办法安管，以减少错口现象。

　　2）加强施工管理，同一井距应尽量一起安管，当必须分段安管时，应加强测量控制，精心测设全井段的中线和高程的控制点，尽量悬挂通线，分段安装。

　　3）稳管和浇注管座混凝土应按操作规程进行，沟槽深度大于 2m 时，运送混凝土，应采用串筒或溜槽。振捣管座混凝土时，振捣器不得与管外皮碰撞以防管子移位。

8.4.9 顶管中心线、标高偏差

1. 现象

顶管中心线标高的偏差超过允许值，导致顶力增加。

2. 原因分析

工作坑后背不垂直，后背土质不均匀，管道中心线出现偏移；导轨安装中心线偏差大，导轨高程偏差大，导轨不稳固，导轨不直顺；工作坑基础不稳定，顶管过程中出现不均匀下沉；顶管过程中检测频率少，出现偏差后，未及时处理或者处理不当。遇到软土、地下水位增高或者遇到滞水层，首节管向下倾斜，使高程误差增大。

3. 预防措施

1）顶管后背墙，按照规范规定计算最大顶力，且进行强度和稳定性验算，保证整个后背具有足够的刚度和足够的强度。

2）导轨本身在安装前必须进行直顺度检（试）验，安装后对中心线、轨距、坡度、高程进行验收，安装必须平行、牢固。

3）导轨基础形式，取决于工作坑的槽底土质，管节重量及地下水等条件，必须按照施工方案要求进行铺设。

4）千斤顶安装前进行校验，以确保两侧千斤顶行程一致，千斤顶安装时，其布置要与管道中心线轴线相对称，千斤顶要放平、放安稳。

5）首节管入土前，严格进行中心线和高程的检（试）验，每顶进 30cm，必须对管道的中心线和高程进行检测。

6）采取降水措施，将软土中的水位降低或者将滞水抽干。

4. 纠正措施

人工顶管时发生偏差不超过 10~20mm 时，宜采用超挖的方法进行纠偏；偏差大于 20mm 时，宜采用木杠支顶或者千斤顶支顶法；发生严重偏差时，如果顶进长度较短，可采用拔出管道后重新顶进管道，如果顶进长度较长，宜增加工作坑进行补救。机械顶管时，应在出井（坑）段试顶，取得试验参数后正式顶进并及时调整纠偏。

8.4.10 顶进误差严重超标

1. 质量问题及现象

（1）在管道顶进中，中心偏差和高程偏差超过允许偏差值时，未及时查找原因立即纠正偏差，越顶偏差值越大，以致严重超标，达无法纠正的地步。

（2）在顶进中遇软土，首节管下扎，使高程负值偏差加大。

（3）由于不能及时纠正偏差，使偏差逐渐加大，以致无法挽回，造成顶管质量低劣。

2. 原因分析

（1）不能坚持每顶一镐（初期）或每顶几镐（后期）进行中心和高程的校测，使顶进误差加大。

（2）工作坑内后视方向有误差没有及时发现，或坑内引入水准标高未经复测，存在误差，均能造成顶进偏差过大。

（3）在顶进前已知管位在地下水位之内，未采取降水措施，或在顶进中遇浅层滞水，

土质变软，首节管下扎，加大负误差。

（4）顶管顶进误差校正方式不当，造成误差超标，采用补救方式又不及时。

3. 预防处置方法

（1）必须在顶进中，建立和执行严格的校测制度和交接班制度，严格控制顶进中心和高程，及时校测、纠偏。接口处要求做法安放钢板涨圈，防止管道发生错口。

（2）对坑内引入的水准点及后视方向桩，要经常复测，发现问题，及时纠正。

（3）根据地质水文资料，已知管位在地下水位以内时，应采取降水措施，对于在顶进中偶发的浅层滞水或土壤含水量较大管子有下扎可能时，应采取地基处理的方法予以解决。

（4）顶进中，管道发生中心或高程偏差时，用挖土校正法调整。当土层土质不好，或有地下水时及偏差超过 10mm 时，也可采用强制校正法来造成局部阻力，迫使管子向校正方向转移。

8.4.11 顶管工作坑回填严重塌陷

1. 质量问题及现象

1）回填的顶管工作坑，地面发生严重塌陷，铺装路面沉降开裂。

2）顶管坑在路面上沉降，造成跳车或严重跳车，影响行车速度，降低通行能力，损坏车辆机件，影响乘车的舒适性和安全性。如塌陷过多，还会阻塞交通甚至阻断交通。

3）顶管坑如与构筑物相邻较近，也易造成构筑物下沉和裂损。

4）顶管坑在绿地里或农田里，也会破坏花草树木或农作物。

2. 原因分析

顶管工作坑的塌陷主要是回填夯实不力，密实度没有达到标准要求，其具体原因如下：

1）超厚回填，分层厚度过厚。

2）回填土太干或太湿，未达到或接近最佳含水量。

3）回填土的土质不符合要求，属有机质土或含块石土（石块、砖块、混凝土块等）不易夯实。

4）回填土属松散材料，如砂砾料等不易夯实。

5）分层夯实遍数不够，密度不达标或夯实机具不力等。

3. 预防处理方法

因为顶管坑的回填压实，比长距离、大面积压实难度大，中间又有检查井，夯实难度更大，因此应比其他夯实更加重视，认真参照下述要求去做：

1）分层厚度要比规定的厚度小一些来控制。

2）一定要控制全铺土层均匀的含水量，土干时应该洒水翻拌。不能回填过湿土。

3）不符合要求的土质不能作为顶管坑的回填土。并且一定要使用便于夯实的土质回填。

4）如为节约，应就地取材。使用砂砾材料时应采取薄层，大水使用平板振捣器的办法。

5）在路面结构层下加做石灰土结构层，该加固层范围可比原顶管坑面积稍大，使石灰土结构像一块盖板一样扣住顶管坑。

顺、影响流水畅通。

4）承插管未按承口向上游、插口向下游的安放规定。

5）管道铺设轴线未控制好，产生折点、线形不直。

6）铺设管道时未按每节（根）管用水平尺校验及用样板尺观察高程。

3. 预防措施

1）在管道铺设前，必须对管道基础仔细复核。复核轴线位置、线形以及标高是否与设计标高吻合。如发现有差错，应给予纠正或返工。切忌跟随错误的管道基础进行铺设。

2）稳管用垫块应事前按施工方案预制成形，安放位置准确。使用三角形垫块，应将斜面作为底部，并涂抹一层砂浆，以加强管道的稳定性。预制的管枕强度和几何尺寸应符合设计标准，不得使用不标准的管枕。

3）管道铺设操作应从下游向上游敷设，承口向上游，切忌倒向排管、安管。

4）采取边线控制排管时所设边线应紧绷，防止中间下垂；采取中心线控制排管时应在中间铁撑柱上画线，将引线扎牢、防止移动，并随时观察，防止外界扰动。

5）每节（根）管应先用样尺与样板架观察校验，然后再用水准尺检（试）验落水方向。

6）在管道铺设前，必须对样板架再次测量复核，符合设计高程后开始稳管。

4. 纠正措施

一旦发生管道铺设错误，如误差在验收规范允许偏差范围内，则一般做微小调整即可，超过允许偏差范围，只有拆除返工重做。

8.4.8 管道错口

1. 质量问题及现象

管道对口处的内壁部分或全周出现错台，相邻管节内壁不平顺。管内接口处错口，增加了管道内壁的粗糙系数。如属管内底部错口，还会降低该量测项目的合格率，都会降低排水功能。大的错口会拦挡杂草杂物，增加淤塞的机会。特别是小管径的错口，会阻挡疏通工具，影响管道维护。

2. 原因分析

1）管壁厚度有薄有厚，有的椭圆度超标，致使管子内径偏差过大，正误差和负误差在对口处产生相对错口。

2）稳管时垫石不牢固，浇注管座混凝土时振动挤压造成管节上浮或移动、出现错口。

3）同井距内分段安管，由于测量放线错误，待两段合拢时对不上口，出现错口事故。

3. 预防措施

1）把住进场管材的质量检验关，对于个别规格超标，如管壁厚度偏差过大的管材，在详细掌握平基标高情况的前提下，采用对号入座的办法安管，以减少错口现象。

2）加强施工管理，同一井距应尽量一起安管，当必须分段安管时，应加强测量控制，精心测设全井段的中线和高程的控制点，尽量悬挂通线，分段安装。

3）稳管和浇注管座混凝土应按操作规程进行，沟槽深度大于2m时，运送混凝土，应采用串筒或溜槽。振捣管座混凝土时，振捣器不得与管外皮碰撞以防管子移位。

8.4.9 顶管中心线、标高偏差

1. 现象

顶管中心线标高的偏差超过允许值，导致顶力增加。

2. 原因分析

工作坑后背不垂直，后背土质不均匀，管道中心线出现偏移；导轨安装中心线偏差大，导轨高程偏差大，导轨不稳固，导轨不直顺；工作坑基础不稳定，顶管过程中出现不均匀下沉；顶管过程中检测频率少，出现偏差后，未及时处理或者处理不当。遇到软土、地下水位增高或者遇到滞水层，首节管向下倾斜，使高程误差增大。

3. 预防措施

1) 顶管后背墙，按照规范规定计算最大顶力，且进行强度和稳定性验算，保证整个后背具有足够的刚度和足够的强度。

2) 导轨本身在安装前必须进行直顺度检（试）验，安装后对中心线、轨距、坡度、高程进行验收，安装必须平行、牢固。

3) 导轨基础形式，取决于工作坑的槽底土质，管节重量及地下水等条件，必须按照施工方案要求进行铺设。

4) 千斤顶安装前进行校验，以确保两侧千斤顶行程一致，千斤顶安装时，其布置要与管道中心线轴线相对称，千斤顶要放平、放安稳。

5) 首节管入土前，严格进行中心线和高程的检（试）验，每顶进 30cm，必须对管道的中心线和高程进行检测。

6) 采取降水措施，将软土中的水位降低或者将滞水抽干。

4. 纠正措施

人工顶管时发生偏差不超过 10～20mm 时，宜采用超挖的方法进行纠偏；偏差大于 20mm 时，宜采用木杠支顶或者千斤顶支顶法；发生严重偏差时，如果顶进长度较短，可采用拔出管道后重新顶进管道，如果顶进长度较长，宜增加工作坑进行补救。机械顶管时，应在出井（坑）段试顶，取得试验参数后正式顶进并及时调整纠偏。

8.4.10 顶进误差严重超标

1. 质量问题及现象

（1）在管道顶进中，中心偏差和高程偏差超过允许偏差值时，未及时查找原因立即纠正偏差，越顶偏差值越大，以致严重超标，达无法纠正的地步。

（2）在顶进中遇软土，首节管下扎，使高程负值偏差加大。

（3）由于不能及时纠正偏差，使偏差逐渐加大，以致无法挽回，造成顶管质量低劣。

2. 原因分析

（1）不能坚持每顶一镐（初期）或每顶几镐（后期）进行中心和高程的校测，使顶进误差加大。

（2）工作坑内后视方向有误差没有及时发现，或坑内引入水准标高未经复测，存在误差，均能造成顶进偏差过大。

（3）在顶进前已知管位在地下水位之内，未采取降水措施，或在顶进中遇浅层滞水，

土质变软，首节管下扎，加大负误差。

（4）顶管顶进误差校正方式不当，造成误差超标，采用补救方式又不及时。

3. 预防处置方法

（1）必须在顶进中，建立和执行严格的校测制度和交接班制度，严格控制顶进中心和高程，及时校测、纠偏。接口处按要求做法安放钢板涨圈，防止管道发生错口。

（2）对坑内引入的水准点及后视方向桩，要经常复测，发现问题，及时纠正。

（3）根据地质水文资料，已知管位在地下水位以内时，应采取降水措施，对于在顶进中偶发的浅层滞水或土壤含水量较大管子有下扎可能时，应采取地基处理的方法予以解决。

（4）顶进中，管道发生中心或高程偏差时，用挖土校正法调整。当土层土质不好，或有地下水时及偏差超过 10mm 时，也可采用强制校正法来造成局部阻力，迫使管子向校正方向转移。

8.4.11 顶管工作坑回填严重塌陷

1. 质量问题及现象

1）回填的顶管工作坑，地面发生严重塌陷，铺装路面沉降开裂。

2）顶管坑在路面上沉降，造成跳车或严重跳车，影响行车速度，降低通行能力，损坏车辆机件，影响乘车的舒适性和安全性。如塌陷过多，还会阻塞交通甚至阻断交通。

3）顶管坑如与构筑物相邻较近，也易造成构筑物下沉和裂损。

4）顶管坑在绿地里或农田里，也会破坏花草树木或农作物。

2. 原因分析

顶管工作坑的塌陷主要是回填夯实不力，密实度没有达到标准要求，其具体原因如下：

1）超厚回填，分层厚度过厚。

2）回填土太干或太湿，未达到或接近最佳含水量。

3）回填土的土质不符合要求，属有机质土或含块石土（石块、砖块、混凝土块等），不易夯实。

4）回填土属松散材料，如砂砾料等不易夯实。

5）分层夯实遍数不够，密度不达标或夯实机具不力等。

3. 预防处理方法

因为顶管坑的回填压实，比长距离、大面积压实难度大，中间又有检查井，夯实难度更大，因此应比其他夯实更加重视，认真参照下述要求去做：

1）分层厚度要比规定的厚度小一些来控制。

2）一定要控制全铺土层均匀的含水量，土干时应该洒水翻拌。不能回填过湿土。

3）不符合要求的土质不能作为顶管坑的回填土。并且一定要使用便于夯实的土质来回填。

4）如为节约，应就地取材。使用砂砾材料时应采取薄层，大水使用平板振捣器振实的办法。

5）在路面结构层下加做石灰土结构层，该加固层范围可比原顶管坑面积稍大一些，使石灰土结构像一块盖板一样扣住顶管坑。

8.4.12 金属管道焊缝外形尺寸不符合要求

1. 问题表现

焊缝外形高低不平；焊波宽窄不齐；焊缝增高量过大或过小；焊缝宽度太宽或太窄；焊缝和母材之间的过渡不平滑等，如图8-1所示。

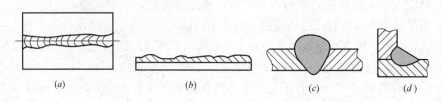

图 8-1　焊缝尺寸不符合要求

(a) 焊波宽窄不齐；(b) 焊缝高低不平；(c) 焊缝与母材过渡不平滑；(d) 焊脚尺寸相差过大

图 8-2　焊缝外形尺寸缺陷

2. 原因分析

焊缝成型不好，出现高低不平、宽窄不匀的现象，如图8-2所示。产生这种现象的原因主要是焊接工艺参数选择不合理或操作不当或者是在使用电焊时，选择电流过大、焊条熔化太快，从而不易控制焊缝成型。

3. 正确做法

选择合理的坡口角度（45°为宜）和均匀的装配间隙（2mm为宜）；保持正确的运条角度匀速运条；根据装配间隙变化，随时调整焊速及焊条角度；视钢板厚度正确选择焊接工艺参数。焊缝尺寸要求见表8-1～表8-3。

二、三级焊缝外观质量标准（单位：mm）　表 8-1

项　目	允　许　偏　差	
缺陷类型	二级	三级
未焊满(指不足设计要求)	$\leqslant 0.2+0.02t$，且$\leqslant 1.0$	$\leqslant 0.2+0.04t$，且$\leqslant 2.0$
	每100.0焊缝内缺陷总长$\leqslant 25.0$	(100.0mm)
根部收缩	$\leqslant 0.2+0.02t$，且$\leqslant 1.0$	$\leqslant 0.2+0.04t$，且$\leqslant 2.0$
	长度不限	
咬边	$\leqslant 0.05t$且$\leqslant 0.5$；连续长度$\leqslant 100.0$，且焊缝两侧咬边总长$\leqslant 10\%$焊缝全长	$\leqslant 0.1t$且$\leqslant 1.0$，长度不限
弧坑裂纹	—	允许存在个别长度$\leqslant 5.0$mm的弧坑裂纹
电弧擦伤	—	允许存在个别电弧擦伤
接头不良	缺口深度$0.05t$且$\leqslant 0.5$，每1000.0mm焊缝不应超过1处	缺口深度$0.1t$，且$\leqslant 1.0$
表面夹渣	—	深$\leqslant 0.2t$ 长$\leqslant 0.5t$且$\leqslant 20.0$mm
表面气孔	—	每50.0mm焊缝长度内允许直径$\leqslant 0.4t$，且$\leqslant 3.0$mm的气孔2个，孔距$\geqslant 6$倍孔径

注：表8-1内 t 为连接处较薄的板厚。

序号	项目	图例	允许偏差	
			一、二级	三级
1	对接焊缝余高 c		$B<20$：$0\sim3.0$ $B\geqslant20$：$0\sim4.0$	$B<20$：$0\sim4.0$ $B\geqslant20$：$0\sim5.0$
2	对接焊缝错边 d		$d<0.15t$，且$\leqslant2.0$	$d<0.15t$，且$\leqslant3.0$

注：B 为焊缝规格。

部分焊透组合焊缝和角焊缝外形尺寸允许偏差（单位：mm）　　　表 8-3

序号	项　目	图　例	允　许　偏　差
1	焊脚尺寸 h_f		$h_f\leqslant6$：$0\sim1.5$ $h_f>6$：$0\sim3.0$
2	角焊缝余高 c		$h_f\leqslant6$：$0\sim1.5$ $h_f>6$：$0\sim3.0$

注：1. $h_f>8.0$mm 的角焊缝其局部焊脚尺寸允许低于设计要求值 1.0mm，但总长度不得超过焊缝长度 10%。
　　2. 焊接 H 形梁腹板与翼缘板的焊缝两端在其两倍翼缘板宽度范围内，焊缝的焊脚尺寸不得低于设计要求值。

8.4.13　金属管道焊缝接口渗漏

1. 问题表现

管道通入介质后，在碳素钢管的焊口处出现潮湿、滴漏现象，这将严重影响管道使用功能和安全，应分析确定成因后进行必要的处理。

2. 成因分析

在管道焊接中，一般的小管径多采用气焊（一般管子壁厚应小于 4mm），大管径则采用电弧焊接。但是，焊缝的质量缺陷大致分为两点：外部缺陷（一般用肉眼或低倍放大镜在焊缝外部可观察到）；内部缺陷（用破坏性试验或无损检测技术来探测）。

1）咬肉

在焊缝两侧与基体（母体）金属交界处形成凹槽，如图

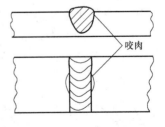

图 8-3　咬肉

8-3 所示。咬肉减小了焊缝的有效截面，因而降低了接缝的强度。同时还易产生压力集中，引起焊件断裂，所以这种现象必须加以限制。产生的原因主要是焊接工艺参数选择不合理，焊接时操作不当以及电焊时焊接电流过大。

2）未焊透

未焊透（满）是指母材与母材之间，或母材与熔敷金属之间局部未熔合（焊透）的现象，如图8-4所示。在电焊中产生未焊透的原因主要是电流强度不够，运条速度太快，从而不能充分熔合；对口不正确，如钝边太厚，对口间隙太小，根部就很难熔透；另外氧化铁皮及熔渣等也能阻碍层间熔合，焊条角度不对或电弧偏吹，从而造成电弧覆盖不到的地方就不易熔合；焊件散热速度太快，熔融金属迅速冷却，从而造成焊头之间未熔合等现象。

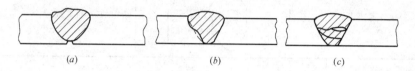

图8-4　未焊透的类型

（a）根部未焊透；（b）边缘未焊透；（c）层间未焊透

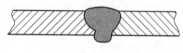

图8-5　凸瘤

3）烧穿和凸瘤

所谓烧穿是指在焊缝底部形成穿孔，造成熔化金属往下漏的现象。特别是在焊薄壁时，烧穿就更易出现。由于烧穿，就很容易形成根部凸瘤，如图8-5所示。这种缺陷同样会引起应力集中，降低接头强度，特别是凸瘤还能减小管道的内截面。

4）夹渣

焊件边缘及焊层之间清理不干净，焊接电流过小；熔化金属块凝固太快，熔渣来不及浮出；操作不符合要求，熔渣与钢水分离不清；焊件及焊条的化学成分不当等。

5）气孔

气孔是指在焊接过程中，焊缝金属中的气体在金属冷却以前未来得及逸出，而在焊缝金属内部或者表面都形成了孔穴。气孔的类型如图8-6所示，焊缝金属中存有气孔，能降低接缝的强度和严密性。

产生气孔的主要原因有：熔化金属冷却太快，气体来不及逸出；焊工操作不良；焊条涂料太薄或受潮；焊件或焊条上粘有锈、漆、油等杂物；基体金属或焊条化学成分不当等。

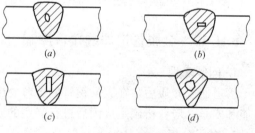

图8-6　气孔类型

6）裂纹

指在焊接过程中或焊接以后，在焊接接缝区域内所出现的金属局部破裂现象。裂纹有纵向裂纹、横向尸裂纹、热影响区内部裂纹，如图8-7所示。

产生裂纹有多种原因，如焊接材料化学成分不当；熔化金属冷却太快；焊件结

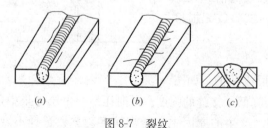

图8-7　裂纹

（a）纵向裂纹；（b）横向裂纹；（c）热影响区裂纹

构设计不合理；在焊接过程中，阻碍了焊件的自由膨胀和收缩；对口不符合规范规定等均能造成裂纹。

3. 正确做法

1）为防止焊缝尺寸产生过大偏差，除选择正确的焊接规范和正确地进行操作外，还应根据表 8-4 和表 8-5 的规定进行对口。

手工电弧焊对口形式与组对要求 表 8-4

接头名称	对口形式	接头尺寸(mm)			坡口角度 $\alpha(°)$	备注
		壁厚 δ	间隙 c	钝角 p		
管子对接 V 形坡口		5～8	1.5～2.5	1～1.5	60～70	$\delta \leqslant 4mm$ 管子对接如能保证焊透可不开坡口
		8～12	2～3	1～1.5	60～65	

氧-乙炔焊对口形式与组对要求 表 8-5

接头名称	对口形式	接头尺寸(mm)			坡口角度 $\alpha(°)$
		壁厚 δ	间隙 c	钝角 p	
对接不开坡口		<3	1～2	—	—
对接 V 形坡口		3～6	2～3	0.5～1.5	70～90

2）预防咬肉缺陷的主要措施是根据管壁厚度，正确选择焊接电流和焊条。操作时焊条角度要正确，并沿焊缝中心线对称和均匀地摆动。

3）为防止烧穿和结瘤，主要措施是在焊接薄壁管时要选择较小的中性火焰或较小电流。对口时要符合规范要求，当间隙较大时就容易产生结瘤。

4）正确选择对口规范是预防未焊透的主要措施，并注意坡口两侧及焊层之间的清理。运条时，随时注意调整焊条角度，使熔融金属与基体金属之间充分熔合。对热导性高、散热大的焊件可提前预热或在焊接过程中加热。此外还应正确选择焊接电流。

5）选择适宜的电流值是预防产生气孔的措施，但运条速度不应太快，焊接中不允许焊接区域受到风吹雨打，当环境温度在 0℃ 以下时可进行焊口预热。焊条在使用前要进行干燥，操作前要清除焊口表面的污垢。

6）确定焊缝位置时要合理，减少交错接头是预防焊口裂纹的措施。对于含碳量较高的碳钢焊前要预热，必要时在焊接中加热，焊后进行退火。点焊时，焊点要具有一定尺寸和强度，施焊前要检查点焊处是否存在裂纹，若有则应铲掉重焊。勿突然熄弧，熄弧时要填满熔池。避免大电流薄焊肉的焊接方法，因为薄焊肉的强度低，在应力作用下容易出现裂纹。

7）夹渣的预防首先要注意坡口及焊层间的清理，将高低不平处铲平，然后才可施焊。为避免熔渣超过钢水而引起夹渣，操作时运条要正确，弧长适宜，使熔渣能上浮到钢水表面，避免焊缝金属冷却过快；选择电流要适当。

8.4.14　塑料（化工建材）管道热熔、电熔连接出现裂纹、碰伤

1. 问题表现

聚乙烯（PE）塑料管有裂纹、碰伤等质量缺陷；或安装后接口处有漏气现象，影响其安装质量及管道正常运行。

2. 原因分析

存放或运输不当导致聚乙烯塑料管有裂纹、碰伤。接口连接时操作方法不符合要求造成安装后接口有漏气现象。

3. 处理办法

1）聚乙烯塑料管存放、运输应符合规范规定。机械设备吊装安装时，必须采用非金属绳（带）吊装。管节应水平堆放在平整的支撑物或地面上。当直管采用三角形式堆放或两侧加支撑保护的矩形堆放时，堆放高度不宜超过 1.5m；当直管采用分层货架存放时，每层货架高度不宜超过 1m，堆放总高度不宜超过 3m。

2）聚乙烯塑料管连接时，应保持管端清洁，应避免杂物留在接缝中。应将聚乙烯管材或管件的连接部位擦拭干净，并铣削连接件端面，使其与轴线垂直。切削平均厚度不宜大于 0.2mm，切削后的熔接面应防止污染。对口安装错边不应大于壁厚的 10%，焊接应符合焊接工艺的要求。

3）管道回填土应符合设计要求，且不得有石块、杂物、硬物等，以便避免伤及管道；严禁带水回填作业，管道周围应用中砂或砂性土回填。

8.4.15　埋地钢管环氧沥青防腐绝缘层泄漏

1. 问题表现

埋地钢管环氧沥青防腐绝缘层总厚度不够，涂层不均匀，有褶皱、鼓包等质量缺陷，影响整个管道系统的使用寿命。

2. 问题分析

选用材料不合格，涂料所用底漆、面漆、稀释剂和固化剂未按设计配方由厂家配套供应。环氧沥青涂层施工方法不正确。

3. 处理办法

1）钢管表面应进行喷砂、钢丝刷或抛丸除锈，除去油污、锈蚀物等，露出金属本色。并符合规范规定。

2）应选用合格的材料，涂料配制时应按设计规定，且由固定专人严格掌握规定配比。底漆使用前必须充分搅拌，使漆料混合均匀。加入固化剂应充分搅拌均匀。涂料应根据需要量随用随配。

3）底漆涂刷应均匀，不得漏涂。面漆应在底漆表面干后进行涂刷，各层面漆之间的间隙时间应以漆膜表面干燥为准。玻璃布包扎应和面漆涂刷同时进行，使玻璃布浸透

漆料。

8.4.16 井圈、井盖安装不符合要求

1. 质量问题及现象

1）铸铁井圈往砖砌井墙上安装不座水泥砂浆，单摆浮搁或垫沥青混合料或支垫碎砖、碎石等。

2）位于未铺装地面上的检查井安装井圈后，未在其周围浇筑水泥混凝土圈予以固定。

3）型号用错，在有重载交通的路面上安装轻型井盖。

4）误将污水井盖安装在雨水检查井上或反之，或排水管渠检查井上安装其他专业井盖。

5）安装井盖过高，高出地面很多；过低，低于原地面，常被掩埋，找不到。

2. 原因分析

施工单位不了解或不重视，检查井盖的安装在结构质量上和使用功能上的重要性，如井圈必须与井墙紧密联接，以保障井圈在检查井上的牢固性和稳定性，保证地面行人、车辆和其他作业的安全性，而且保护排水管道不掉入泥土和杂物，保证泄水正常的运行；通过井盖的外露，标志管线的准确位置，防止人为占压；通过井盖的特征，能区别于其他专业设施。因此对检查井盖的安装敷衍了事，以致产生上述诸多现象。

3. 预防处理方法

1）施工技术负责人，必须首先掌握安装井盖在结构质量和使用功能上的重要性，加强对工程管理人员和操作工人的教育和交底。

2）井圈与井墙之间必须座水泥砂浆。未经铺装的地面上的检查井，周围必须浇注水泥混凝土圈，要露出地面，在农田和绿地中要较地面高出 20～30cm。

3）严格按照专业专用的原则，安装排水管道井盖。在繁重交通的路面上必须安装重型井盖。

第9章 质量资料的收集、整理、编写

9.1 施工资料的分类

市政基础设施工程施工资料分类，应根据工程类别和专业项目进行划分。施工资料宜分为施工管理资料、施工技术资料、工程物资资料、施工测量监测资料、施工记录、施工试验记录及检测报告、施工质量验收资料和工程竣工验收资料等八类。

在大量的施工资料中，质量资料主要是指隐蔽/预检工程的质量检查验收记录；检验（收）批、分项工程的检查验收记录；原材料、构配件、设备的质量证明文件、复验报告；结构物实体功能性检测报告；分部工程、单位工程的验收记录。

9.2 质量保证资料、复检报告的收集与整理

9.2.1 原材料质量证明文件、复检报告的收集与编制

（1）一般规定

1）必须有出厂质量合格证书和出厂检（试）验报告，并归入施工技术文件（材质证明资料要做汇总表，合格证书、出厂检（试）验报告及复试报告按汇总表顺序依次排列）。

2）合格证书、检（试）验报告为复印件的必须加盖供货单位印章方为有效，并注明使用工程名称、规格、数量、进场日期、经办人签名及原件存放地点（注明内容写在空白处并签章，复印件禁止加盖"再次复印无效"章）。

3）凡使用新技术、新工艺、新材料、新设备的，应有法定单位鉴定证明和生产许可证。产品要有质量标准、使用说明和工艺要求。使用前应按其质量标准进行检（试）验。

4）进入施工现场的原材料、成品、半成品、构配件，在使用前必须按现行国家有关标准的规定在监理的见证下抽取试样，交由具有相应资质的检测、试验机构进行复试，复试结果合格方可使用。

5）对按国家规定只提供技术参数的测试报告，应由使用单位的技术负责人依据有关技术标准对技术参数进行判别并签字认可。

6）进场材料凡复试不合格的，应按原标准规定的要求再次进行复试，再次复试的结果合格方可认为该批材料合格，两次报告必须同时归入施工技术文件。

7）必须按有关规定并有见证取样和送检制度，其记录、汇总表纳入施工技术文件。

8）总含碱量有要求的地区，应对混凝土使用的水泥、砂、石、外加剂、掺合料等的含碱量进行检测，并按规定要求将报告纳入施工技术文件。

（2）水泥

1）水泥应有生产厂家的出厂质量证明书和试验报告（内容包括厂家、品种、强度等级、生产日期、出厂日期和试验编号）。

2）水泥生产厂家的检（试）验报告应包括后补的 28d 强度报告。

3）水泥使用前复试的主要项目为：胶砂强度、凝结时间、安定性、细度等。试验报告应有明确结论。

4）混凝土试配单、混凝土强度试验报告单上注明的水泥品种、强度等级、试验编号应与水泥出厂证明或复验单上的内容相一致。

（3）钢材（钢筋、钢板、型钢）

1）钢筋应有出厂质量证明书和试验报告单，并按有关标准的规定抽取试件做力学性能和重量偏差检（试）验；当发现钢筋脆断，焊接性能不良或力学性能显著不正常等现象时，应对该批钢材进行化学成分检验或其他专项检验。

2）预应力混凝土所用钢材进场时应分批验收，机械性能验收时，除应对其出厂质量证明书及外观包装、商标和规格进行检查外，尚须按规定进行检（试）验。每批重量不大于 60t 按规定抽样，若有试样不合格，则不合格盘报废，另取双倍试样重新检（试）验，如再有不合格项，则整批预应力筋报废。

3）钢材配件必须有出厂质量证明书，并应符合设计文件的要求。检（试）验报告的项目应填写齐全，要有试验结论。

（4）沥青

应有沥青的出产地、品种、标号和报告单。使用前必须复试的项目为：延度、针入度、软化点。

（5）涂料

防火涂料应具有经消防主管部门认可的证明材料。

（6）焊接材料

应具有焊接材料与母材的焊性试验报告。

（7）砌块（砖、料石、预制块等）

用于承重结构时，使用前复试项目为：抗压、抗折强度。

（8）砂、石

工程所使用的砂、石按规定批量取样进行试验。试验项目一般有：筛分析、表现密度、堆积密度和紧密密度、含泥量、泥块含量、针状和片颗粒的总含量等。结构或设计有特殊要求时，还应按要求加做压碎指标值等相应项目试验。

（9）混凝土外加剂、掺合料

各种类型的混凝土外加剂、掺合料使用前，应按相关规定中的要求进行现场复试并出具试验报告和掺量配合比配单。

（10）防水材料及粘接材料

防水卷材、涂料，填缝、密封、粘接材料，沥青玛瑞脂、环氧树脂等应按国家相关规定进行抽样试验，并出具试验报告。

（11）防腐、保温材料

其出厂质量合格书应标明该产品质量指标、使用性能。

（12）石灰

石灰使用应按次取样，检测石灰的氧化钙和氧化镁含量。

（13）水泥、石灰、粉煤灰类混合料

1）混合料的生产单位按规定，提供产品出厂质量合格证书。

2）连续供料时，生产单位出具合格证书的有效期最长不得超过 7d。

（14）沥青混合料

沥青混合料生产单位应按同类型、同配比，每批次至少向施工单位提供一份产品质量合格证书。连续生产时，每 2000t 提供一次。

（15）商品混凝土

1）商品混凝土生产单位应按同配比、同批次、同强度等级提供出厂质量合格证书。

2）总含碱量有要求的地区，应提供混凝土碱含量报告。

（16）管材、管件、设备、配件

1）厂（场）、站工程成套设备应有产品质量合格证书。设备安装使用说明等。工程竣工后整理归功档。

2）厂（场）、站工程的其他专业设备及电气安装的材料、设备、产品按现行国家或行业相关规定、规程、标准要求进行进场检查、验收，关留有相关文字记录。

3）进口设备必须配有相关内容的文字资料。

4）上述（1）、（2）两项供应厂家应提供相关的检测报告。

5）混凝土管、金属管生产厂应提供有关的强度、严密性、无损探伤的检测报告。施工单位应依照有关标准进行检查验收。

（17）预应力混凝土张拉材料

1）应有预应力锚具、连接器、夹片、金属波纹管等材料的出厂检（试）验报告及复试报告。

2）设计或规范有要求的桥梁预应力锚具，锚具生产厂家及施工单位应提供锚具组装件的静载锚固性能试验报告。

（18）混凝土预制构件

1）钢筋混凝土及预应力钢筋混凝土梁、板、墩、柱、挡墙板等构件生产厂家，应提供相应的能够证明产品质量的基本质量保证资料。如：钢筋原材复试报告、焊（连）接检验报告；达到设计强度值的混凝土强度报告（含 28d 标养及同条件养护的）；预应力材料及设备的检验、标定和张拉资料等。

2）一般混凝土预制构件如栏杆、地袱、挂板、防撞墩、小型盖板、检查井盖板、过梁、缘石（侧石）、平石、方砖、树池砌件等，生产厂家应提供出厂合格证书。

3）施工单位应依照有关标准进行检查验收。

（19）钢结构构件

1）作为主体结构使用的钢结构构件，生产厂家应依照本规定提供相应的能够证明产品质量的基本质量保证资料。如：钢材的复试报告、可焊性试验报告；焊接（缝）质量检验报告；连接件的检验报告；机械连接记录等。

2）施工单位应依照有关标准进行检查验收。

（20）各种地下管线的各类井室的井圈、井盖、踏步等，应有生产单位出具的质量合格证书。

（21）支座、变形装置、止水带等产品应有出厂质量合格证书和设计有要求的复试报告。

9.2.2 施工检（试）验报告

（1）凡有见证取样及送检要求的，应有见证记录、有见证试验汇总表。

（2）压实度（密度）、强度试验资料

1）填土、路床压实（密度）度资料

① 有按土质种类做的最大干密度与最佳含水量试验报告。

② 有按质量验评标准分层、分段取样的填土压实度试验记录。

2）道路基层压实度和强度试验资料

① 石灰类、水泥类、二灰类等无机混凝料基层的标准击实试验报告。

② 有按质量验评标准分层、分段取样压实度试验记录。

③ 道路基层强度试验报告。

A. 石灰类、水泥类、二灰类等无机混凝料应有石灰、水泥实际剂量的检测报告。

B. 石灰、水泥等无机稳定土类道路基层应有 7d 龄期的无侧限抗压强度试验报告。

C. 其他基层强度试验报告。

3）道路面层压实度资料

① 有沥青混凝料厂提供的标准密度。

② 有按质量标准分层取样的实测干密度。

③ 有路面弯沉试验报告。

（3）水泥混凝土抗压、抗折强度，抗渗、抗冻性能试验资料

1）应有试配申请单和有相应资质的试验室签发的配合比通知单。施工中如果材料发生变化时，应有修改配合比的通知单。

2）应有按规范规定组数的试块强度试验资料和汇总表。

① 标准养护试块 28d 抗压强度试验报告。

② 水泥混凝土桥面和路面应有 28d 标养的抗压、抗折强度试验报告。

③ 结构混凝土应有同条件养护试块抗压强度试验报告作为拆模、卸支架、预应力张拉、构件吊运、施加临时荷载等的依据。

④ 冬期施工混凝土，应有检验混凝土抗冻性能的同条件养护试块抗压强度报告。

⑤ 主体结构，应有同条件养护试块抗压强度报告，以验证结构物实体强度。

⑥ 当强度未能达到设计要求而采取实物钻芯取样试压时，应同时提供钻芯试压报告和原标养试块抗压强度试验报告。如果混凝土钻芯取样试压强度仍达不到设计要求时，应由设计单位提供经设计负责人签署并加盖单位公章的处理意见资料。

3）凡设计有抗渗、抗冻性能要求的混凝土，除应有抗压强度试验报告外，还应有按规范规定组数标养的抗渗、抗冻试验报告。

4）商品混凝土应以现场制作的标养 28d 的试块抗压、抗折、抗渗、抗冻指标作为评定的依据，并应在相应试验报告中标明商品混凝土生产单位名称、合同编号。

5）应有按现行国家标准进行的强度统计评定资料。（水泥混凝土路面、桥面要有抗折强度评定资料）

（4）砂浆试块强度试验资料

1）有砂浆配合比申请单、配比通知单和强度试验报告。

2）预应力孔道压浆每一工作班留取不少于三组的 $7.07\mathrm{cm} \times 7.07\mathrm{cm} \times 7.07\mathrm{cm}$ 立方体试件，其中一组作为标准养护 28d 的强度资料，其余二组做移运和吊装时强度参考值资料。

3）有按规定要求的强度统计评定资料。

4）使用沥青玛瑞脂、环氧树脂砂浆等粘接材料，应有配合比通知单和试验报告。

（5）钢筋焊、连接检（试）验资料

1）钢筋连接接头采用焊接方式或采用锥螺纹、套管等机械连接接头方式的，均应按有关规定进行现场条件下连接性能试验，留取试验报告。报告必须对抗弯、抗拉试验结果有明确结论。

2）试验所用的焊（连）接试件，应从外观检查合格后的成品中切取，数量要满足现行国家规范规定。试验报告后应附有效的焊工上岗证复印件。

3）委托单位加工的钢筋，其加工单位应向委托单位提供质量合格证书。

（6）钢结构、钢管道、金属容器等及其他设备焊接检（试）验资料应按国家相关规范执行。

（7）桩基础应按有关规定，做检（试）验并出具报告。

（8）检（试）验报告应由具有相应资质的检测、试验机构出具。

9.2.3 隐蔽工程质量检查验收记录的收集与整理

凡被下道工序、部位所隐蔽的，在隐蔽前必须进行质量检查，并填写隐蔽工程检查验收记录。隐蔽检查的内容应具体，结论应明确。验收手续应及时办理，不得后补。需复验的要办理复验手续。

9.3 结构实体功能性检测报告的收集和整理

9.3.1 结构实体功能性检测报告的收集

功能性试验是对市政基础设施工程在交付使用之前进行的使用功能检查。功能性试验按有关标准进行，并由有关单位参加、填写试验记录，由参加各方签字，使得手续完备。

1. 道路工程的功能性检（试）验资料

道路工程功能性检测主要是土路床、基层及沥青面层的弯沉检测，由有资质的检测单位到现场进行弯沉检测并出具试验检测报告。

2. 给水排水工程的功能性检（试）验资料

给排水管道功能性试验分为压力管道的水压试验和无压管道的严密性试验。

（1）水池满水试验与气密性试验

水池应按设计要求进行满水试验和气密性试验，并由试验（检测）单位出具试验（检测）报告。

（2）雨污水管道闭水试验

已经施工完成的雨污水管道，在回填前应该按照设计及规范要求进行闭水试验，试验员在试验工程中做好试验记录，并由监理、设计、业主等参与各方签字确认试验结果。

（3）给水管道压力试验或闭气试验

给水管道需要进行压力管道强度及严密性试验，并由试验（检测）单位出具试验（检测）报告。

3. 桥梁工程的功能性检（试）验资料

桥梁工程完工后需要进行静载、动载试验，并由试验（检测）单位出具试验（检测）报告。

9.4 质量检查验收资料

9.4.1 质量检查验收资料的编制、收集和整理

对于单位工程除原材料、半成品、构配件出厂质量证明及试（检）验报告和功能性试验记录外，还有隐蔽记录、施工记录、过程试验报告、质量检查记录等，因此质量检查验收应按检验（收）批、分项工程、分部工程、单位工程进行资料的收集和整理。其主要内容如下：

（1）基础/主体结构工程验收。

（2）分部验收记录。

（3）工程竣工验收证明书。

（4）工程竣工报告。

（5）施工测量监控记录等。

9.5 工程竣工验收资料

市政建设项目从施工准备开始到竣工交付使用，要经过若干工序、工种的配合施工。施工质量的优劣，取决于各个施工工序、工种的管理水平和操作质量。因此，为了便于控制、检查、评定和监督每个工序和工种的工作质量，就要把整个项目逐级划分为若干个子项目，并分级进行编号，在施工过程中据此来进行质量控制和检查验收。

根据《建筑工程施工质量验收统一标准》GB 50300—2013规定，市政工程质量验收应逐级划分为单位（子单位）工程、分部（子分部）工程、分部工程和检验（收）批。具体如表9-1所示。

施工质量验收项目表 表 9-1

序号	验收层次	验收时间	验收资料	验收组织形式
1	隐蔽工程	隐蔽工程隐蔽前	《隐蔽工程检查验收记录》	专业监理工程师负责验收
2	检验（收）批	检验（收）批完工自检合格后	《检验（收）批质量验收记录》	由专业监理工程师组织施工单位质量检查员等验收
3	分项工程	分项工程完工自检合格后	《分项工程质量验收记录》	由专业监理工程师组织施工单位项目专业技术负责人等进行验收

序号	验收层次	验收时间	验收资料	验收组织形式
4	分部工程	分部工程完工自检合格后	《分部（子分部）工程质量验收记录》	由总监理工程师组织施工单位项目负责人和有关勘察、设计单位项目负责人进行验收
5	单位工程	单位工程完工自检合格后	《单位（子单位）工程质量竣工验收记录》《单位（子单位）工程质量控制资料核查记录》《单位（子单位）工程安全和功能检（试）验资料核查及主要功能抽查记录》《单位（子单位）工程观感质量检查记录》	建设单位项目负责人组织建设单位项目技术质量负责人、有关专业设计人员、总监理工程师和专业监理工程师、施工单位项目负责人参加工程验收
6	竣工验收	构成各分项工程、分部工程、单位工程质量验收均合格后	《工程竣工验收报告（建设单位）》、《工程竣工报告（施工单位）》、《工程质量评价报告（监理单位）》、《工程质量检查报告（勘察单位）》、《工程质量检查报告（设计单位）》、《工程竣工验收证书》、《质量保修书》及规划、公安、消防、环保等部门出具的认可文件或允许使用文件	工程竣工验收应由建设单位组织验收组进行。验收组应由建设、勘察、设计、施工、监理与设施管理等单位的有关负责人组成，亦可邀请有关方面专家参加

9.5.1 检验（收）批的检查验收记录

检验（收）批的质量验收应按主控项目和一般项目验收。检验（收）批施工完成后，施工单位首先自行检查验收，填写检验（收）批质量验收记录，确认符合设计文件、相关验收规范的规定，然后向专业监理工程师提交申请，由专业监理工程师组织检查并予以确认。

检验（收）批的质量验收包括了质量资料的检查和主控项目、一般项目的检（试）验两方面的内容。质量控制资料反映了检验（收）批从原材料到验收的各施工工序的完整施工操作依据，质量验收记录检查情况以及保证质量所必需的管理制度等。

检验（收）批的合格质量主要取决于对主控项目和一般项目的检（试）验结果。其中主控项目是对检验（收）批的基本质量起决定性影响的检（试）验项目，因此必须全部符合有关专业工程验收规范的规定。

检验（收）批的质量验收记录由施工项目专业质量检查员填写，专业监理工程师组织项目专业质量检查员等进行验收，并签字确认。

当国家现行标准有明确规定隐蔽工程检测项目的设计文件和合同要求时，应进行隐蔽工程验收并填写隐蔽工程检查记录、形成验收文件，验收合格方可继续施工，如表9-2所示。

9.5.2 分项工程的检查验收记录

分项工程的验收在检验（收）批的基础上进行。在一般情况下，两者具有相同或相近的性质，只是批量的大小不同而已。构成分项工程的各检验（收）批的验收资料完整，并且均验收合格，则分项工程验收合格。

_____ 检验批质量检验记录　　　　　　　　　　　　　　　　表 9-2

建设单位：_____　　监理单位：_____　　　　　　　　　　合同号：_____

施工单位：_____　　　　　　　　　　　　　　　　　　　　　　编　号：_____

单位(子单位)工程名称		项目经理	
分部(子分部)工程名称		执行标准	
验收部位			

序号	项目	检验依据/允许偏差 （规定值或＋/－偏差值）(mm)	检查结果/实测点偏 差值或实测值						监理单位验收记录
1									
2									
3									
4									
5									
6									

施工单位检查评定结果	专业工长(施工员)		施工班组长	
	质量检查员：　　　　年　　月　　日			

监理单位验收结论	
	专业监理工程师：　　　　年　　月　　日

　　分项工程验收记录由施工项目专业质量检查员填写，专业监理工程师组织施工单位项目专业技术负责人等进行验收，并签字确认。见表 9-3。

分项工程质量检验记录　　　　　　　　　　　　　　　　表 9-3

建设单位：_____　　监理单位：_____　　　　　　　　　　合同号：_____

施工单位：_____　　　　　　　　　　　　　　　　　　　　　　编　号：_____

单位(子单位)工程名称			
分部(子分部)工程名称		分项工程名称	
检验批数		项目经理	

序号	检验批部位、区段	施工单位检查评定结果	监理(建设)单位验收结论
1			
2			
3			
4			
5			
6			
7			
8			
9			

序号	检验批部位、区段	施工单位检查评定结果	监理(建设)单位验收结论
10			
11			
12			
13			
14			
15			

施工单位检查评定结果	专业工长(施工员)		施工班组长	
	质量检查员: 年 月 日			
监理单位验收结论	专业监理工程师: 年 月 日			

9.5.3 分部工程的验收记录

分部工程验收记录由施工项目专业质量检查员填写，总监理工程师组织施工单位项目负责人和有关勘察、设计单位项目负责人等进行验收。由各方负责人签字加盖项目章确认。见表9-4：

分部（子分部）工程检验记录　　　　　　　　　　表 9-4

建设单位：_____　　监理单位：_____　　　　　　合同号：_____

施工单位：_____　　　　　　　　　　　　　　　　　　编　号：_____

单位(子单位)工程名称				
分部(子分部)工程名称		项目经理		

序号	分项工程名称	检验批数	施工单位检查评定	验收意见
1				
2				
3				
4				
5				
6				
7				
8				
9				
10				
11				
12				
13				
14				

	质量控制资料			
	安全和功能检验(检测)报告			
	观感质量验收			
验收单位	分包单位		项目经理	年 月 日
	施工单位		项目经理	年 月 日
	勘察单位		项目负责人	年 月 日
	设计单位		项目负责人	年 月 日
	监理单位		总监理工程师	年 月 日
	建设单位		建设单位项目专业负责人	年 月 日

9.5.4　单位工程验收记录

验收记录由施工单位填写，验收结论由监理（建设）单位填写。综合验收结论由参加验收各方共同商定，建设单位填写，应对工程质量是否符合设计和规范要求和总体质量水平作出评价，由各方负责人签字加盖公章确认。见表9-5：

单位（子单位）工程质量竣工验收记录　　　　表 9-5

建设单位：＿＿＿＿＿＿　　监理单位：＿＿＿＿＿＿　　　　　　合同号：＿＿＿＿＿

施工单位：＿＿＿＿＿＿　　　　　　　　　　　　　　　　　　编　号：＿＿＿＿＿

单位(子单位)工程名称			道路类型	
项目经理		项目技术负责人	工程造价	
开工日期		竣工日期		

序号	项目	验收记录	验收结论
1			
2			
3			
4			
5			
6			
7			
8			
9			
10			

参加验收单位	建设单位	监理单位	施工单位	设计单位
	（公章） 单位(项目负责人)： 年 月 日	（公章） 总监理工程师： 年 月 日	（公章） 单位负责人： 年 月 日	（公章） 单位(项目负责人)： 年 月 日

9.6　建设工程文件归档的质量要求

9.6.1　竣工资料的编制与组卷

1. 组卷方法和要求

（1）工程文件可按建设程序划分为工程准备阶段的文件、监理文件、施工文件、竣工图、竣工验收文件 5 部分。工程完工后参建各方应对各自的工程资料进行收集整理，编制组卷。

（2）工程资料组卷应遵循以下原则：

1）组卷应遵循工程文件资料的形成规律，保证卷内文件资料的内在联系，便于文件资料保管和利用。

2）基建文件和监理资料可按一个项目或一个单位工程进行整理和组卷。

3）施工资料应按单位工程进行组卷，可根据工程大小及资料的多少等具体情况选择按专业或按分部、分项等进行整理和组卷。

4）施工资料管理过程中形成的分项目录应与其对应的施工资料一起组卷。

5）竣工图应按设计单位提供的各专业施工图序列组卷。

6）工程资料可根据资料数量多少组成一卷或多卷。

7）专业承包单位的工程资料应单独组卷。

8）工程系统节能检测资料应单独组卷。

（3）工程资料案卷应符合以下要求：

1）案卷不宜过厚，文字材料卷厚度不宜超过 20mm，图纸卷厚度不宜超过 50mm。

2）案卷应美观、整齐，卷内不应有重复文件；印刷成册的工程文件宜保持原状。

（4）移交城建档案管理部门保存的工程档案案卷封面、卷内目录、备考表应符合城建档案管理部门的有关要求。卷内文件排列顺序一般为封面、目录、文件材料和备考表。

1）文件封面应具有工程名称、开竣工日期、编制单位、卷册编号、单位技术负责人、法人代表或法人委托人签字并加盖单位公章。

2）文件材料部分的排列宜按下列顺序：

① 施工组织设计。

② 施工图设计文件会审、技术交底记录。

③ 设计变更通知单、洽商记录。

④ 原材料、成品、半成品、构配件、设备出厂质量合格证书、出厂检（试）验报告和复试报告（须一一对应）。

⑤ 施工试验资料。

⑥ 施工记录。

⑦ 测量复核及预检记录。

⑧ 隐蔽工程检查验收记录。

⑨ 工程质量检验评定资料。

⑩ 使用功能试验记录。

⑪ 事故报告。

⑫ 竣工测量资料。

⑬ 竣工图。

⑭ 工程竣工验收文件。

（5）市政工程工程资料归档保存应符合住房和城乡建设部和当地主管部门的规定。

（6）单位工程档案总案卷数超过 20 卷的，应编制总目录卷。

具体要求见表 9-6～表 9-8。

封面样表 表 9-6

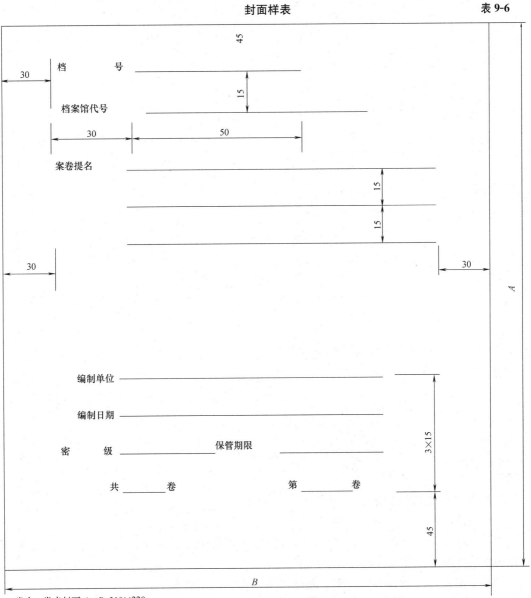

卷盒、卷夹封面 $A \times B = 310 \times 220$
案卷封面 $A \times B = 297 \times 210$
尺寸单位统一为：mm
比例 1:2

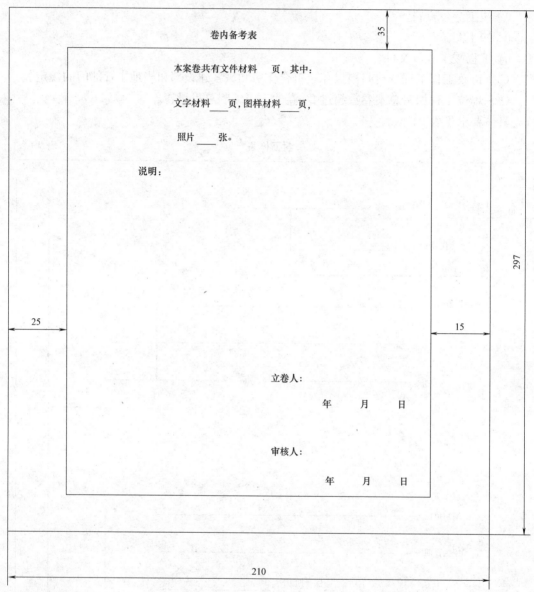

尺寸单位统一为: mm
比例1:2

2. 归档文件的质量要求

（1）归档的工程文件应为原件。

（2）工程文件的内容及其深度必须符合国家现行有关工程勘察、设计、施工、监理等方面的技术规范、标准和规程。

（3）工程文件的内容必须真实、准确，与工程实际相符合。

（4）工程文件应采用碳素墨水、蓝黑墨水等耐久性强的书写材料，不得使用红色墨水、纯蓝墨水、圆珠笔、复写纸、铅笔等易褪色的书写材料。计算机输出文字和图件应使用激光打印机，不应使用色带式打印机、水性墨打印机和热敏打印机。

案卷号	案卷提名	卷内数量			编制单位	编制日期	保管期限	密级	备注
		文字(页)	图纸(张)	其他					
──	──	──	──	──	──	──	──	──	──
──	──	──	──	──	──	──	──	──	──
──	──	──	──	──	──	──	──	──	──
──	──	──	──	──	──	──	──	──	──
──	──	──	──	──	──	──	──	──	──
──	──	──	──	──	──	──	──	──	──
──	──	──	──	──	──	──	──	──	──
──	──	──	──	──	──	──	──	──	──

（5）工程文件应字迹清楚，图样清晰，图表整洁，签字盖章手续完备。

（6）工程文件中文字材料幅面尺寸规格宜为 A4 幅面（297mm×210mm）图纸宜采用国家标准图幅。

（7）工程文件的纸张应采用能够长期保存的韧力大、耐久性强的纸张。图纸一般采用蓝晒图，竣工图应是新蓝图。计算机出图必须清晰，不得使用计算机出图的复印件。

（8）竣工图的编制

1）工程竣工后应及时进行竣工图的整理，竣工图的绘制与改绘应符合国家现行有关制图标准的规定。

绘制竣工图须遵照以下原则：

① 各项新建、改建、扩建的工程均须编制竣工图。竣工图应与工程实际境况相一致，均按单位工程进行整理。

② 竣工图的图纸必须是蓝图或绘图仪绘制的白图，不得使用复印的图纸。

③ 竣工图应有图纸目录，目录所列的图纸数量、图号、图名应与竣工图内容相符。应字迹清晰并与施工图比例一致。

④ 凡在施工中，按图施工没有变更的，在新的原施工图上加盖"竣工图"的标志后，可作为竣工图。

⑤ 无大变更的，应将修改内容按实际发生的描绘在原施工图上，并注明变更或洽商编号，加盖"竣工图"标志后作为竣工图。

⑥ 凡结构形式、工艺、平面布置、项目等重大改变或图面变更超过 1/3 的，应该重新绘制竣工图。竣工图应依据审核后的竣工图、图纸会审记录、设计变更通知单、工程洽商记录、工程测量记录等编制，并应真实反映工程的实际情况。

⑦ 绘竣工图必须使用不褪色的绘图墨水。

2）所有竣工图均应加盖竣工图章。

① 竣工图章的基本内容包括："竣工图"字样、施工单位、编制人、审核人、技术负

责人、编制日期、监理单位、现场监理、总监。

② 竣工图章示例，如表 9-9 所示。

竣工图章示例表　　　　　　　　　　　　　　　表 9-9

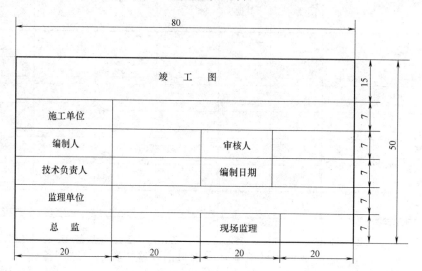

③ 竣工图章尺寸为：50mm×80mm。

3）竣工图章应使用不易褪色的红印泥，应盖在图标栏上方空白处。

4）不同幅面的工程图纸应按《技术制图　复制图的折叠方法》GB/T 10609.3 统一折叠成 A4 幅面（297mm×210mm）。应图面朝内，首先沿标题栏的短边方向以 W 形折叠，然后再沿标题栏的长边方向以 W 形折叠，并使标题栏露在外面。

（9）建设工程电子文件归档要求

1）归档的建设工程电子文件应采用下表所列开放式文件格式或通用格式进行存储。专用软件产生的非通用格式的电子文件应转换成通用格式。如表 9-10 所示。

文件通用格式转换　　　　　　　　　　　　　　　表 9-10

文件类别	格　式
文本（表格）文件	PDF、XML、TXT
图像文件	JPEG、TIFF
图形文件	DWG、PDF、SVG
影像文件	MPEG2、MPEG4、AVI
声音文件	MP3、WAV

2）归档的建设工程电子文件应包含元数据，保证文件的完整性和有效性。元数据应符合现行行业标准《建设电子档案元数据标准》CJJ/T 187 的规定。

3）归档的建设工程电子文件应采用电子签名等手段，所载内容应真实和可靠。

4）归档的建设工程电子文件的内容必须与其纸质档案一致。

5）离线归档的建设工程电子档案载体，应采用一次性写入光盘，光盘不应有磨损、划伤。

6）存储移交电子档案的载体应经过检测，应无病毒、无数据读写故障，并应确保接收方能通过适当设备读出数据。

9.6.2 资料验收与移交的相关要求

（1）分包单位应按合同约定将工程资料案卷向总包单位进行移交，并应单独组卷，办理相关移交手续。

（2）监理单位、施工总包单位应按合同约定将工程资料案卷向建设单位进行移交，并办理相关的移交手续。

（3）列入城建档案馆（室）档案接收范围的工程，建设单位在组织工程竣工验收前，应提请城建档案管理机构对工程档案进行预验收。建设单位未取得城建档案馆管理机构出具的认可文件，不得组织工程竣工验收。

（4）城建档案管理部门在进行工程档案预验收时，应重点验收以下内容：

1）工程档案齐全、系统、完整。

2）工程档案的内容真实、准确地反映工程建设活动和工程实际状况。

3）工程档案已整理立卷，立卷符合本规范的规定。

4）竣工图绘制方法、图式及规格等符合专业技术要求，图面整洁，盖有竣工图章。

5）文件的形成、来源符合实际，要求单位或个人签章的文件，其签章手续完备。

6）文件材质、幅面、书写、绘图、用墨、托裱等符合要求。

（5）列入城建档案馆（室）接收范围的工程，建设单位在工程竣工验收后 3 个月内，必须向城建档案馆（室）移交一套符合规定的工程档案。

（6）停建、缓建建设工程的档案，暂由建设单位保管。

（7）对改建、扩建和维修工程，建设单位应当组织设计、施工单位据实修改、补充和完善原工程档案。对改变的部位，应当重新编制工程档案，并在工程竣工验收后 3 个月内向城建档案馆（室）移交。

（8）建设单位向城建档案馆（室）移交工程档案时，应办理移交手续，填写移交目录，双方签字、盖章后交接。

参考文献

［1］ 中华人民共和国行业标准. JGJ/T 250—2011 建筑与市政工程施工现场专业人员职业标准［S］. 北京：中国建筑工业出版社，2012.

［2］ 中华人民共和国住房和城乡建设部. 建筑与市政工程施工现场专业人员考核评价大纲（试行）. 建人专函（2012）70 号.

［3］ 中华人民共和国行业标准. CJJ 1—2008 城镇道路工程施工与质量验收规范［S］. 北京：中国建筑工业出版社，2008.

［4］ 中华人民共和国行业标准. CJJ 2—2008 城市桥梁工程施工与质量验收规范［S］. 北京：中国建筑工业出版社，2008.

［5］ 中华人民共和国国家标准. GB 50268—2008 给水排水管道工程施工及验收规范［S］. 北京：中国建筑工业出版社，2008.

［6］ 中华人民共和国行业标准. CJJ 38—2005 城镇燃气输配工程施工及质量验收规范［S］. 北京：中国建筑工业出版社，2005.